STARK

KLAUSUREN

Geographie Oberstufe

Rainer Koch (Hrsg.)

STARK

Umschlagbild:
Delphotos/Alamy Stock Foto

Inhalt

Autorinnen und Autoren:

Sandra Böker: Klausuren 4, 9, 14
Nina Erdmann: Klausuren 11, 21
Michael Hägele: Klausuren 1–3
Gabriele Heigemeir: Klausur 18
Marcus Hillerich: Klausuren 7, 12, 16
Rainer Koch: Herausgeber; Autor Klausur 20, Hinweise und Tipps
Hanno Ohletz: Klausuren 13, 17
Thomas Stigler: Klausuren 6, 10
Steffen Walz: Klausuren 5, 8, 19
Dr. Jens Willhardt: Klausur 15

Vorwort

Liebe Schülerinnen und Schüler,

auf Ihrem Weg zum Abitur werden Sie im Fach **Geographie/Erdkunde** Klausuren schreiben. Deren Anzahl wird bis zum Abitur steigen, ihre zeitliche Dauer zunehmen. Damit hängt zusammen, dass die Aufgabenstellung komplexer und der Materialteil ggf. umfangreicher wird.

Mit diesem Band möchten wir Sie Schritt für Schritt auf diese Anforderungen vorbereiten. Das einführende Kapitel **Hinweise und Tipps** informiert Sie über Anforderungsbereiche und den Umgang mit fachspezifischen Materialien wie Karten, Diagrammen, Modellen etc. Sie erhalten außerdem umfangreiche Hinweise zu den allgemeinen Leistungsanforderungen im Fach Geographie.

Die **21 Übungsaufgaben** dieses Buches könnten in dieser Art auch von Ihren Lehrerinnen und Lehrern gestellt werden; sie berücksichtigen die Vorgaben der bundesweit gültigen Einheitlichen Prüfungsanforderungen in der Abiturprüfung (EPA).
Gleichwohl weisen die Klausurvorgaben in den einzelnen Bundesländern Besonderheiten z. B. hinsichtlich der Bearbeitungszeit oder des Materialumfangs auf. Aus diesem Grund finden Sie in diesem Band Klausuren unterschiedlicher Art, deren inhaltliche Schwerpunkte jedoch zu allen Bundesländern passen. Insofern stehen Ihnen hiermit **ideale Trainingsmöglichkeiten** zur Verfügung, die Sie bei Ihren Vorbereitungen auf alle Klausuren in der Oberstufe wie auch auf das Abitur unterstützen.
Vor den Lösungsvorschlägen finden Sie wertvolle **Tipps**, die Ihnen bei der Erschließung der einzelnen Arbeitsanweisungen helfen. Die **Musterlösungen** liefern Ihnen Beispiele für eine gelungene Bearbeitung. **Checklisten** am Ende jeder Klausur bieten Ihnen die Möglichkeit, konkret zu überprüfen, inwieweit Sie die jeweiligen inhaltlichen und methodischen Anforderungen (schon) meistern können und ob Sie hinreichend vorbereitet sind auf Klausuren und Abiturprüfung.

Autorinnen und Autoren, Herausgeber und Verlag wünschen Ihnen bei Ihren Klausuren und den Vorbereitungen auf die schriftliche Abiturprüfung viel Erfolg!

HINWEISE UND TIPPS

Hinweise und Tipps

1 Zur Arbeit mit diesem Buch

Die folgenden Hinweise und Tipps sowie die 21 Beispielklausuren bieten Ihnen die Möglichkeit, praxisnah das Schreiben von Klausuren unterschiedlicher Anforderungsniveaus, unterschiedlicher Länge und unterschiedlicher Inhalte einzuüben.

Alle Klausurbeispiele berücksichtigen Inhalts- und Themenfelder, die von den Geographie-Richtlinien und Lehrplänen der einzelnen Bundesländer für den Oberstufenunterricht vorgeschrieben sind. Außerdem werden die Anforderungen der **E**inheitlichen **P**rüfungsanforderungen in der **A**biturprüfung (**EPA**) beachtet. Die EPA können Sie unter folgender Internetadresse abrufen:
http://www.kmk.org/fileadmin/veroeffentlichungen_beschluesse/1989/1989_12_01-EPA-Geographie.pdf

Zu Beginn sollten Sie sich über **Operatoren** und **Anforderungsbereiche** informieren (S. 2 ff.). Diese Voraussetzung benötigen Sie, wenn Sie treffsicher die gestellten Aufgaben bearbeiten und die erwarteten Lösungen erreichen möchten. In der Liste der Operatoren finden Sie jeweils eine beispielhafte Arbeitsanweisung, überwiegend aus einer der Klausuren dieses Buches.

Im Fach Geographie bzw. Erdkunde kommt den unterschiedlichen **fachspezifischen Arbeitsmaterialien** sowohl im Unterricht als auch in den Klausuren eine hohe Bedeutung zu. Im Buch finden Sie ab S. 5 für alle relevanten Materialtypen Beispiele und Bearbeitungshinweise, ganz gleich, ob es sich um Karten, Bilder, Diagramme, Statistiken, Quellentexte oder Modelle handelt.
In dem sich anschließenden allgemeinen Teil (ab S. 15) erhalten Sie **Strategiehinweise** zu Zeiteinteilung, Strukturierung und Aufbau, Anforderungen an die Darstellungsleistung und an die formale Gestaltung einer Klausur.

Den Hauptteil des Buchs machen die **21 Beispielklausuren** aus. Sie wurden von Autorinnen und Autoren unterschiedlicher Bundesländer erstellt. Deshalb unterscheiden sie sich in Aufbau, Struktur, Materialumfang usw. zum Teil deutlich voneinander. Nichtsdestotrotz sind die gestellten Themen, wie oben erläutert, auf die Lehrpläne aller Bundesländer abgestimmt und demzufolge auch für alle Schülerinnen und Schüler der Oberstufe relevant. Auch wenn Ihnen der Aufbau der einen oder anderen Klausur auf den ersten Blick also seltsam erscheinen mag – die geforderten Inhalte sind mit Sicherheit auch für Sie wichtig!

Für jede Klausur erhalten Sie neben den Aufgabenstellungen und dem Materialteil einen **vollständigen Lösungsvorschlag**. Vor jeder Teilaufgabenlösung steht ein kurzer Abschnitt mit **Tipps** zur jeweiligen Anforderung und zum notwendigen Bearbeitungsschwerpunkt. Außerdem erhalten Sie einen Hinweis auf die Gewichtung jeder Teilaufgabe, woraus Sie u. a. Rückschlüsse auf deren Bedeutung und die notwendige Bearbeitungsintensität ziehen können. Mit dieser Musterlösung können Sie Ihre eigene Lösung vergleichen; die Musterlösung können Sie zudem nutzen, um am Beispiel zu lernen und Wissenslücken zu schließen. In der **Randspalte** der Musterlösung finden Sie zudem stichwortartig Hinweise zum Aufbau der Klausur bzw. zu inhaltlichen Hauptaspekten.
Den Abschluss jedes Klausurbeispiels bildet eine **Checkliste**, mit deren Hilfe Sie überprüfen können, inwieweit Sie die gestellten Anforderungen erfüllen und die geforderten Kompetenzen nachweisen. Markieren Sie auf diesem Bewertungsbogen, was Ihnen bereits gut gelungen ist und woran Sie noch weiter arbeiten sollten; ggf. wiederholen Sie die Bearbeitung einer Teilaufgabe, wenn dies notwendig erscheint.

Bei einigen Klausuren stehen Ihnen per **QR-Code** bzw. Link ausgewählte **Materialien** zusätzlich **in Farbe** zum Download zur Verfügung – achten Sie auf das nebenstehende Symbol!

2 Anforderungsbereiche (AFB)

Die in einer Oberstufenklausur gestellten Anforderungen nehmen von der Einführungsphase bis zum Abitur allmählich zu. Der zeitliche Umfang wächst, ebenso die Komplexität der gestellten Anforderungen.
Die drei für die gymnasiale Oberstufe wichtigen **Anforderungsbereiche I–III** werden in den EPA erläutert; sie drücken aus, was von Ihnen bezüglich Verstehens- und Darstellungsleistung gefordert wird. Diese drei Anforderungsbereiche werden durch unterschiedliche **Operatoren** angezeigt; sie sind sowohl für die Aufgabenstellung wichtig als auch für die Bewertung der Prüfungsleistungen.
Einige Bundesländer haben im Zusammenhang mit den zentralen Prüfungen eigene Operatorenlisten, die sich an den EPA orientieren, veröffentlicht. In der folgenden Übersicht werden die AFB kurz skizziert und im Zusammenhang mit ausgewählten, häufig vorkommenden Operatoren erläutert. Ein Beispiel dient jeweils zum näheren Verständnis.

Operatoren, die vorrangig Leistungen im Anforderungsbereich I (Reproduktion) verlangen, sind vor allem:	
(BE-)NENNEN, AUFZEIGEN	
Informationen/Sachverhalte ohne Kommentierung wiedergeben	*Benennen Sie die in M 1 nummerierten Formen.*
BESCHREIBEN, WIEDERGEBEN	
Materialaussagen/Sachverhalte mit eigenen Worten geordnet und fachsprachlich angemessen wiedergeben	*Beschreiben Sie Vorkommen und Förderung von Kobaltkrusten, Manganknollen und Massivsulfiden.*
DARSTELLEN, BESTIMMEN	
aus dem Unterricht bekannte oder aus dem Material entnehmbare Informationen und Sachzusammenhänge geordnet (grafisch, verbal) verdeutlichen	*Stellen Sie den traditionellen Quinoa-Anbau in der Region Puno in Bezug zu den naturräumlichen Gegebenheiten dar.*
LOKALISIEREN, VERORTEN	
Einordnen von Fall-/Raumbeispielen in bekannte topographische Orientierungsraster	*Lokalisieren Sie Dubai.*

Operatoren, die vorrangig Leistungen im Anforderungsbereich II (Reorganisation und Transfer) verlangen, sind vor allem:	
EIN-/ZUORDNEN	
einem Raum/Sachverhalt auf der Basis festgestellter Merkmale eine bestimmte Position in einem Ordnungsraster zuweisen	*Ordnen Sie die Klimadiagramme I–III begründet den Stationen A–C zu.*
KENNZEICHNEN	
einen Raum/Sachverhalt auf der Basis bestimmter Kriterien begründet charakterisieren	*Kennzeichnen Sie die Voraussetzungen für die Entstehung der Montanindustrie in Luxemburg.*
ANALYSIEREN	
komplexe Materialien/Sachverhalte in ihren Einzelaspekten erfassen mit dem Ziel, Entwicklungen/Zusammenhänge zwischen ihnen aufzuzeigen	*Analysieren Sie die Karikatur M 2.*
ERLÄUTERN	
Sachzusammenhänge mithilfe ergänzender Informationen verdeutlichen	*Erläutern Sie Probleme, die sich aus dem in das Meer eingetragenen Plastikmüll ergeben.*

Erklären	
Begründungszusammenhänge, Voraussetzungen und Folgen bestimmter Strukturen und Prozesse darlegen	*Madagaskar liegt im Bereich der Südostpassate. Erklären Sie das Zustandekommen dieser Hauptwindrichtung.*
Vergleichen	
Gemeinsamkeiten und Unterschiede zwischen (vergleichbaren) Strukturen/Prozessen erfassen und kriterienbezogen verdeutlichen	*Vergleichen Sie Schwarzerde und Rendzina hinsichtlich ihrer Entstehung und ihrer agrarischen Nutzbarkeit.*
Anwenden	
Theorien/Modelle/Regeln mit konkretem Fall-/Raumbeispiel/Sachverhalt in Beziehung setzen	*Wenden Sie Webers Standorttheorie auf das Prinzip der Nassen Hütten an.*
Erstellen	
Sachverhalte geordnet in Form einer Übersicht/einer Skizze/eines Schemas verdeutlichen	*Erstellen Sie ein Wirkungsgefüge zum Dust-Bowl-Syndrom.*

Operatoren, die vorrangig Leistungen im Anforderungsbereich III (Reflexion und Problemlösung) verlangen, sind vor allem:	
Erörtern, Diskutieren	
einen Sachverhalt unter Abwägen verschiedener Pro- und Kontra-Argumente klären und abschließend eine schlüssige Meinung entwickeln	*Erörtern Sie, ob die Welthandelsbeziehungen von 1990 bis 2016 ein Abbild ehemals kolonialer bzw. imperialistischer Wirtschaftsbeziehungen waren.*
(Kritisch) Stellung nehmen	
unter Abwägung unterschiedlicher Argumente zu einer begründeten Einschätzung eines Sachverhalts/einer Behauptung gelangen	*„Der größte afrikanische Albtraum ist die Megastadt.“* *Nehmen Sie auf Grundlage der Materialien und Ihres Unterrichtswissens Stellung zu diesem Statement.*

ENTWICKELN	
begründet Position beziehen zu einer Themen-/Problemfrage	*Entwickeln Sie ein stimmiges Szenario für die Auswirkungen der sozioökonomischen und demographischen Veränderungen sowie des Klimawandels auf den Tourismus in Deutschland.*
ÜBERPRÜFEN	
(Hypo-)Thesen/Argumentationen/Darstellungsweisen auf ihre Angemessenheit/Stichhaltigkeit/Effizienz hin untersuchen	*Überprüfen Sie, ob die jüngsten Planungen im Rahmen des CreativReviers Heinrich Robert zum „Leitbild der kompakten und durchmischten Stadt der kurzen Wege" passen.*
BEURTEILEN, BEWERTEN	
auf der Basis von Fachkenntnissen/Materialinformationen/eigenen Schlussfolgerungen unter Offenlegung/Reflexion der angewendeten Wertmaßstäbe zu einer sachlich fundierten, qualifizierenden Einschätzung gelangen/eine begründete, differenzierte eigene Meinung entwickeln	*Bewerten Sie die aktuelle Wirtschaftsstruktur Luxemburgs.*

3 Arbeit mit fachspezifischen Materialien

Klausuren im Fach Geographie müssen **materialgestützt** sein. Zum Materialteil gehören neben der Abbildung des zu untersuchenden Raumes (Karten, Bilder) tabellarische (Statistiken), grafische (verschiedene Diagrammformen), zeichnerische (Skizzen, Karikaturen), textliche und abstrakte Darstellungen (Schemata, Modelle). Manche davon liegen in Kombination vor (z. B. Kartogramm: thematische Karte und Diagramm; Plakat: Bild und Text).
Die Bearbeitung dieser Materialien erfordert jeweils unterschiedliche Methoden, will man ihre Aussagen richtig und vollständig erfassen und darstellen. Nachfolgend wird die Auswertung derjenigen Materialien, die sehr häufig im Unterricht und in Klausuren vorkommen, an je einem Beispiel aus den in diesem Band enthaltenen Klausuren kurz dargestellt.

3.1 Interpretation von Karten

Physisch-geographische Karten

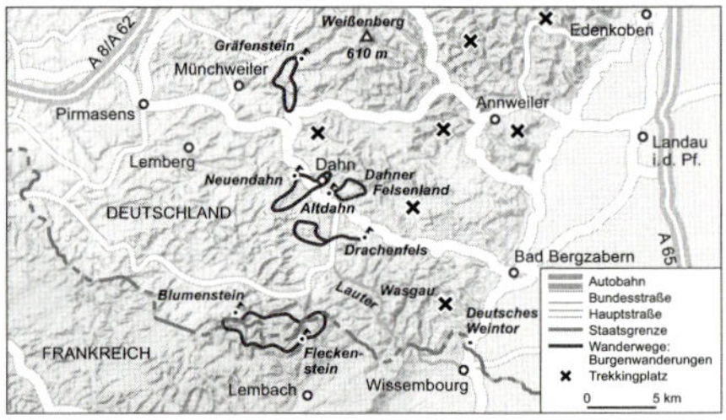

Übungsaufgabe 15, M 2:
Wandern und Trekking im Pfälzerwald

Sie erfüllen in Klausuren meist einen doppelten Zweck: Sie werden zur räumlichen Einordnung des zu untersuchenden Raumes benötigt (Lokalisation) und liefern gleichzeitig Informationen zur Größe und räumlichen Ausstattung.

Fragen zur Lokalisation:

- Auf welchem Kontinent oder Weltmeer liegt der Raum/Ort?
- Zwischen welchen Längen- und Breitenkreisen erstreckt er sich?
- Wie groß ist folglich seine räumliche Ausdehnung?
- Welche weiteren Lagebeziehungen sind für die Themenstellung von Bedeutung (Nachbarländer/-orte, Küsten-/Binnen-/Gebirgslage)?

Diese Aussagen sind meistens zu Beginn einer Klausur notwendig, wenn es darum geht, die räumlichen Voraussetzungen für das zu bearbeitende Thema darzustellen.

Fragen zur Raumausstattung:

- Wie hoch (über N. N.) liegt der Raum/Ort?
- Wie ist das Relief beschaffen?
- Über welche natürlichen/künstlichen Gewässer verfügt der Raum?
- Welche Siedlungen (Anzahl, Größenordnung) sind vorhanden?
- Welche Verkehrsträger sind erkennbar (Wasserwege, Eisenbahntrassen, Straßen, Flughäfen)?

Diese Aussagen werden Sie einer physisch-geographischen Karte z. B. im Zusammenhang mit den Teilaufgaben 2 und 3 entnehmen müssen, wenn es darum geht, die Beschaffenheit oder Eignung eines Raumes/Ortes unter der vorgegebenen Fragestellung zu erläutern. In unserem Beispiel ist die Frage der Eignung der Region Pfälzerwald für den Ausbau eines Trekkingnetzes zu beantworten; hierbei ist diese Eignung im Zusammenhang mit der Weiterentwicklung einer Tourismusregion zu untersuchen.

Thematische Karten

Sie bilden jeweils unterschiedliche Raumgegebenheiten ab, weisen unterschiedliche Maßstäbe auf, fokussieren ein bestimmtes Thema. Häufig sind sie das zentrale Material einer Klausur und sollten bei jeder Teilaufgabe für die Auswertung herangezogen werden.

Fragen zur Kartenauswertung:

- Was besagt die Überschrift zum Thema?
- Welcher Raum ist dargestellt?
- Wie groß ist seine räumliche Ausdehnung?
- Unter welchem geographischen Aspekt soll er betrachtet werden?
- Welche Elemente enthält die Legende?
- Sind in der Legende auch quantifizierende Angaben enthalten?
- Lässt sich ein Wechselbezug zwischen den Elementen der Karte herstellen (z. B. Verkehrsinfrastruktur und touristisches Angebot)?

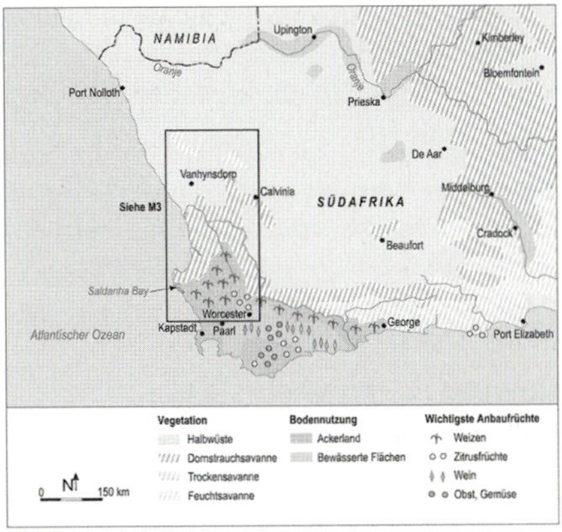

Übungsaufgabe 12, M 1: Südafrika / westlicher Teil – Landnutzung

In unserem Beispiel ist die Eignung einer bestimmten Region in Südafrika für die landwirtschaftliche Nutzung herauszuarbeiten. Hierfür enthält die Karte Hinweise auf die naturräumlichen Voraussetzungen und die aktuelle Bodennutzung. Die vollständige Erklärung ist jedoch nur möglich, wenn Informationen anderer Materialien ergänzend hinzugezogen werden, hier z. B. diejenigen aus den Angaben zum Klima in M 2.

3.2 Auswertung von Bildern

Im Unterschied zu Karten enthalten Bilder weitgehend getreue Abbildungen der Erde, lässt man Verzerrungen durch bestimmte Objektive und den abstandsbedingten Größenunterschied vom Bild zum Gegenstand außer Acht. Bilder vermitteln eine sehr anschauliche Vorstellung von der Wirklichkeit.

Fotografisches Abbild

Bei der Auswertung von Bildern ist eine systematische Vorgehensweise notwendig, um alle geographischen Sachverhalte zu erfassen und angemessen darzustellen.

Fragen zur Bildauswertung:

- Was ist das Thema/wie lautet die Bildüberschrift?
- Welche Informationen liefern Bildvordergrund, -mitte und -hintergrund?

Übungsaufgabe 11, M 4 b: Waru-Waru u. a. mit Kartoffeln und Quinoa

- Liefern die Farben bzw. die Grautöne des Bildes Hinweise auf geographische Sachverhalte (z. B. Pflanzenfarben = Rückschluss auf Pflanzenart, Reifezustand o. a.)?
- Sind Bildinhalte „Indikatoren“ für etwas (z. B. Wolkenformen und deren Hinweis auf Wettergeschehen)?

In unserem Beispiel lassen sich Wasserflächen (Bewässerungskanäle) und bepflanzte Hochbeete mit verschiedenen Anbaufrüchten deutlich trennen.

Luftbilder

Luftbilder geben die Wirklichkeit aus der Vogelperspektive in stark verkleinerter Form wieder. Man unterscheidet **Schrägluftbilder**, bei denen sich das Kameraobjektiv schräg zur Erdoberfläche befindet, und **Senkrechtluftbilder**.
Bei Schrägluftbildern vermitteln Aufnahmewinkel und ggf. auftretende Schattenbildung oft einen dreidimensionalen Eindruck, weshalb Oberflächenstrukturen und Gegenstände recht deutlich abgebildet werden. Hingegen ergibt sich bei Senkrechtaufnahmen nur ein zweidimensionaler Eindruck, was die Auswertung erschwert. Eine Aufteilung in mehrere Bildsegmente (max. 9: vorne, zentral, hinten – jeweils rechts, Mitte, links) erleichtert die Auswertung. Bildüberschrift und Aufnahmezeitpunkt (Jahreszeit, Uhrzeit) liefern weitere Hinweise.

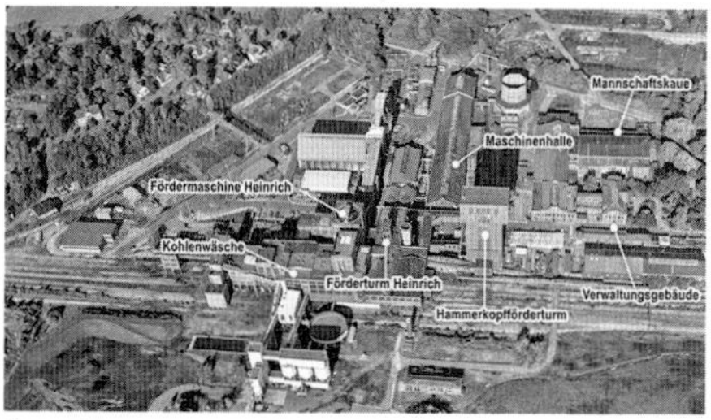

Übungsaufgabe 16, M 2: Steckbrief – Zeche Heinrich Robert

In unserem Beispiel bilden die Fördertürme, weiteren Zechengebäude und Verkehrsanlagen im Zentrum des Bildes einen deutlichen Gegensatz zu den Brachflächen im rechten und linken Bildvordergrund sowie zur Wald- und Siedlungsfläche im linken Bildhintergrund.
Das Schrägluftbild ermöglicht eine anschauliche Vorstellung vom Gebäudebestand und der flächenhaften Ausdehnung der ehemaligen Zeche. Für eine genaue Verortung ist das Hinzuziehen einer Karte (hier M 1) notwendig.

3.3 Auswertung von Diagrammen

In Diagrammen werden Zahlen und Statistiken grafisch umgesetzt; auf diese Weise wird die Aussage besser „lesbar“ und zudem vergleichbar. Der Taschenrechner zur Erfassung der Aussagen einer Statistik wird überflüssig, da sich Zustände (Maxima, Minima) und Entwicklungen leicht ablesen lassen. Da mehrere Sachverhalte gleichzeitig dargestellt werden können, kann man auch Vergleiche besser herstellen.
Diagramme bieten allerdings die Gefahr von Manipulationen, da die Entscheidungen zur grafischen Gestaltung (Maßstab, Farbgebung, Symbolwahl) vom jeweiligen Autor getroffen werden und dabei durchaus subjektiv ausfallen können – Informationen

können weggelassen werden, einiges wird grafisch (= optisch) überbetont, anderes in seiner Wirkungsabsicht zurückgesetzt. Da sich das Auge des Betrachters täuschen lässt, ist ein materialkritischer Umgang mit Diagrammen notwendig.
Je nach Aussageabsicht können unterschiedliche Diagrammtypen verwendet werden: Block- und Säulendiagramme, Kreissektorendiagramme (zwei- und dreidimensional), Klimadiagramme oder Kurvendiagramme. Für ihre Auswertung gibt es eine grundsätzliche Strategie, die in der folgenden Checkliste enthalten ist:

Beschreibung:

- Welche Überschrift hat das Diagramm?
- Aus welchem Jahr und von wem stammt es?
- Welche Inhalte werden dargestellt?
- Welcher Zeitpunkt bzw. Zeitraum wird dargestellt? Liegen alle Zeitpunkte in Vergangenheit und Gegenwart oder enthält das Diagramm auch Prognosen?
- Welche Maßeinheit/Maßeinheiten enthält das Diagramm (absolute Zahlen, Prozentzahlen, Indexwerte, Beziehungszahlen wie Einw./km^2)?
- Wie sind x- und y-Achse gestaltet, weist z. B. die Zeitachse „Sprünge“ auf?
- Auf welchen Raum beziehen sich die Aussagen? Werden ggf. mehrere Räume dargestellt, die somit verglichen werden können?
- Welche Minimal- und Maximalwerte enthält das Diagramm?
- Wie verläuft, falls dargestellt, die Entwicklung? Gibt es hier Regelmäßigkeiten und Unterschiede, lassen sich Phasen erkennen?

Erklärungen/Interpretationen:

Diese sind oft nur dadurch möglich, dass Sie Aussagen weiterer Materialien hinzuziehen und zudem Ihr Unterrichtswissen anwenden. Andererseits bietet der Vergleich und gegenseitige Bezug verschiedener Informationen, die in einem Diagramm abgebildet sind, die Möglichkeit, Begründungen, Folgerungen, Zusammenhänge, Wechselbeziehungen und Abhängigkeiten aufzuzeigen.

Bewertung:

Bei diesem anspruchsvollsten Arbeitsschritt ist die Frage zu stellen, ob die beabsichtigte Aussage mithilfe der gewählten Diagrammform möglich ist und ob bei der Diagrammerstellung methodisch „sauber“ vorgegangen wurde:

- Sind Maßstab und Legende fehlerfrei?
- Sind bei relativen Zahlenangaben die Bezugswerte enthalten?
- Sind zeitliche Abstände einheitlich eingetragen oder wird durch Unterschiede ggf. eine falsche Entwicklung(sgeschwindigkeit) suggeriert?
- Erlaubt die Auswertung aufgrund des gewählten Zeitpunktes/Zeitraumes der Darstellung einen Vergleich mit anderen Materialien?

Klimadiagramm

Ein Klimadiagramm nach WALTER/LIETH enthält: Stationsname, Lageangaben, Durchschnittstemperatur und Jahresniederschlagsmenge.
In unserem Beispiel sind Jahresgang von Temperatur und Niederschlag in Kapstadt eindeutig erkennbar; deren Maßstabsanordnung erlaubt Aussagen zu Aridität und Humidität und somit zum vorhandenen Wasserangebot für die Nutzung durch den Menschen. Die methodische Darstellung ist sachgerecht.

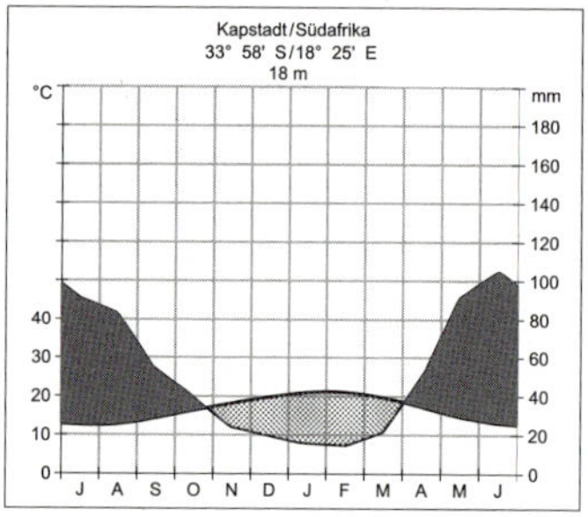

Übungsaufgabe 12, M 2 a: Klimadiagramm Kapstadt

Säulendiagramm

Die senkrechte Anordnung der Säulen (grundsätzlich ist auch eine waagerechte denkbar) erlaubt ein schnelles Ablesen und Vergleichen der Werte zum genannten Zeitpunkt.
Im nebenstehenden Diagramm ist klar erkennbar, dass der Anteil der Industrie am Bruttosozialprodukt Luxemburgs von 1970 bis 2011 kontinuierlich von ca. 47 % auf ca. 8 % zurückgegangen und bis 2020 wieder auf über 10 % gestiegen ist. Gleiches gilt im Prinzip für den Anteil der Eisen- und Stahlindustrie, wobei sich hier für den Zeitraum 2011–2020 eine Stagnation bei ca. 3 % ergibt.

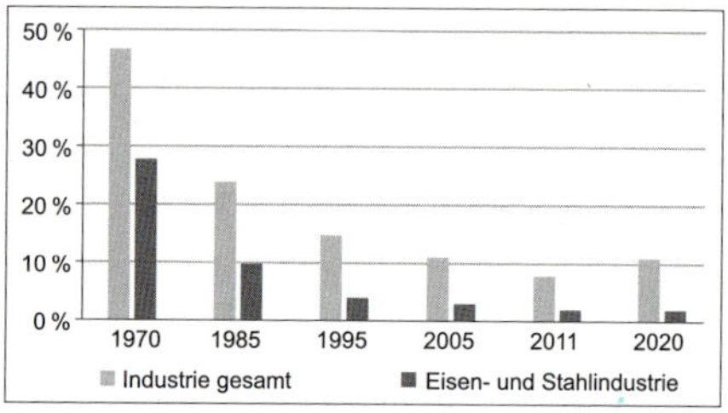

Übungsaufgabe 17, M 3: Bruttosozialprodukt-Anteile der Industrie (in Luxemburg)

Kreissektorendiagramm

Mithilfe dieser Diagrammart werden ausschließlich Anteile eines Sachverhalts bezogen auf ein Ganzes dargestellt. Dabei ist es möglich, durch die Größe des Kreises/Radius zusätzlich eine Aussage zur absoluten Gesamtgröße des dargestellten Sachverhaltes zu machen, was vor allem beim Vergleich mehrerer Kreissektorendiagramme zum selben Sachverhalt weitere Aussagen ermöglicht.

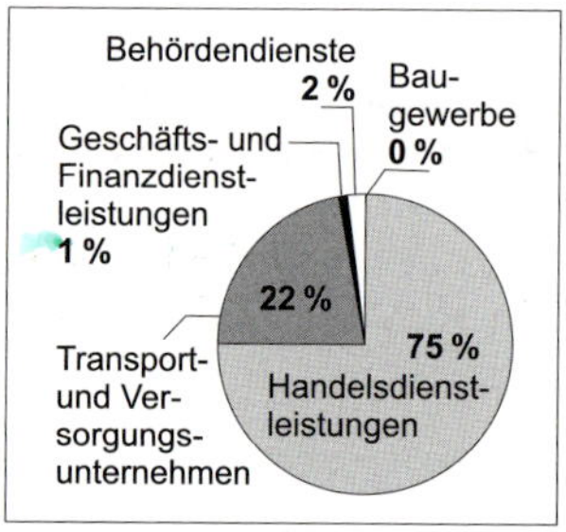

Übungsaufgabe 14, M 5 a: Anteil Beschäftigte in unterschiedlichen Branchen (in der Karibik)

Im obigen Diagramm ist auf den ersten Blick die Dominanz der Handelsdienstleistungen erkennbar: Hier sind drei Viertel aller Beschäftigten tätig. Die einzige weitere Branche von Bedeutung ist diejenige der Transport- und Versorgungsunternehmen mit 22 %; alle anderen Bereiche sind zu vernachlässigen.

Kurvendiagramm

Kurvendiagramme dienen dazu, Entwicklungen darzustellen. Nach Möglichkeit (falls der darzustellende Zeitraum nicht zu groß ist) wird die Zeitachse dabei lückenlos abgebildet und die y-Achse weist einen einheitlichen Maßstab auf. Da mehrere Kurven abgebildet werden können, ist ein Vergleich ähnlicher oder unterschiedlicher Entwicklungen leicht möglich.

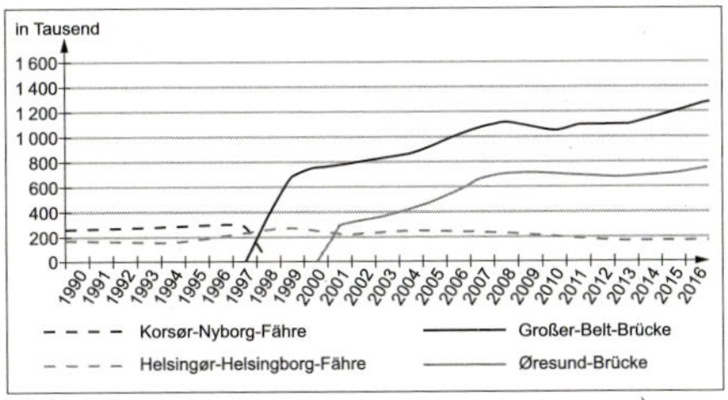

Übungsaufgabe 20, M 4 b: Zum Vergleich: Pkw-Verkehr vor und nach Eröffnung der Großer-Belt-Brücke und der Øresund-Brücke

In nebenstehendem Diagramm lässt sich ablesen, dass es im Anschluss an die Brückenbauten am Großen Belt und am Øresund in den Jahren 1998 bzw. 2000 zu einem deutlichen Anstieg des Pkw-Verkehrs auf diesen Brücken kam. Dafür wurde die Korsør-Nyborg-Fähre offensichtlich eingestellt und die Auslastung der Helsingør-Helsingborg-Fähre ging zurück.

Bevölkerungsdiagramm

Bevölkerungsdiagramme werden auch Bevölkerungs- oder Alterspyramiden genannt. Sie veranschaulichen die Altersstruktur eines Raumes oder Landes im Hinblick auf die Anzahl der verschiedenen Altersgruppen sowie auf die Anteile der männlichen und weiblichen Bevölkerung. Die meisten Bevölkerungsdiagramme lassen sich einer Grundform (z. B. Urnenform, Bienenkorbform) zuordnen.

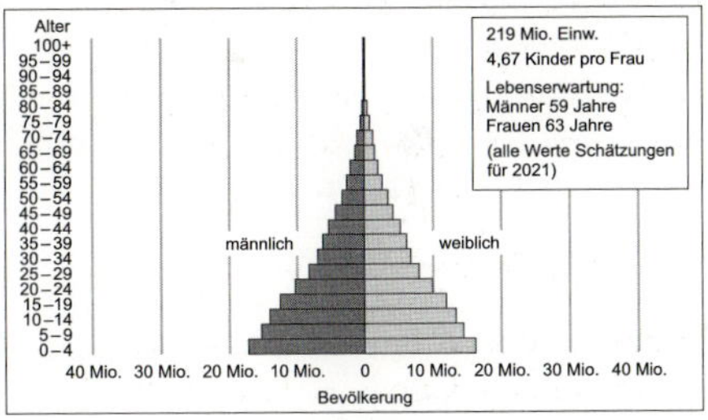

Übungsaufgabe 8, M 1: Bevölkerungsdiagramm von Nigeria

Unser Beispiel zeigt eine Pyramidenform, wie sie typisch für viele Entwicklungsländer ist: Die Geburtenrate ist hoch, was zu einer breiten Basis und einer sich nach oben stetig verschmälernden Spitze führt.

3.4 Auswertung von Tabellen/Statistiken

Statistische Angaben gehören fast zu jeder Klausur und Abituraufgabe; der Großteil davon wird in Form von tabellarisch angeordneten Zahlen/Zahlenreihen dargeboten.
Solche Tabellen können Aussagen zu ganz unterschiedlichen Sachverhalten enthalten; sie können sich auf nur einen Zeitpunkt beziehen oder aber durch Angaben zu unterschiedlichen Zeitpunkten Entwicklungen widerspiegeln.

Bei der Auswertung bietet sich folgende systematische Vorgehensweise an bzw. folgende *Checkliste:*

2020				2100*			
Rang	Einw. (Mio.)	Stadt	Land	Rang	Einw. (Mio.)	Stadt	Land
1	37,5	Tokio	Japan	1	88,3	Lagos	Nigeria
2	28,5	Delhi	Indien	2	83,5	Kinshasa	Kongo
3	25,6	Shanghai	China	3	73,7	Dar es Salaam	Tansania
4	21,7	Sao Paolo	Brasilien	4	67,2	Mumbai	Indien
5	21,6	Mexico City	Mexiko	5	57,3	Delhi	Indien
6	20,1	Kairo	Ägypten	6	56,6	Khartoum	Sudan
7	20,0	Mumbai	Indien	7	56,1	Niamey	Niger
8	19,6	Peking	China	8	54,3	Dhaka	Bangladesh
9	19,5	Dhaka	Bangladesch	9	52,4	Kolkata	Indien
10	19,3	Osaka	Japan	10	50,3	Kabul	Afghanistan
11	18,8	New York	USA	11	49,1	Karachi	Pakistan
12	15,4	Karachi	Pakistan	12	46,7	Nairobi	Kenia
13	15,0	Buenos Aires	Argentinien	13	41,4	Lilongwe	Malawi
14	14,8	Chonqing	China	14	40,9	Blantyre City	Malawi
15	14,7	Istanbul	Türkei	15	40,5	Kairo	Ägypten
16	14,6	Kolkata	Indien	16	40,1	Kampala	Uganda
17	13,5	Manila	Philippinen	17	40,0	Manila	Philippinen
18	13,4	Lagos	Nigeria	18	37,7	Lusaka	Sambia
19	13,3	Rio de Janeiro	Brasilien	19	36,4	Mogadishu	Somalia
20	13,2	Tianjin	China	20	35,8	Addis Abeba	Äthiopien

Übungsaufgabe 8, M 4: Die größten Megastädte der Welt bis zum Jahr 2100

- Wie lautet die Überschrift? Was sagt sie über das Thema aus? Was ist die Aussageabsicht dieser Statistik?
- Aus welcher Quelle stammen die Daten? Wie verlässlich sind sie folglich?
- Zu welchen und zu wie vielen Aspekten enthält sie Aussagen?
- In welchem Maßstab/welchen Maßstäben sind diese dargestellt?
- Welcher Zeitpunkt/Zeitraum ist dargestellt? Erfolgen die Angaben in regelmäßigen zeitlichen Abständen oder „beliebig“? (Achtung: hier besteht die Gefahr von Fehlaussagen wegen unterschiedlicher Rhythmik!)
- Lassen sich Regelmäßigkeiten oder Grundtendenzen feststellen? Fallen einige Werte „aus dem Rahmen“?
- Besteht zwischen den Aspekten/Indikatoren einzelner Spalten ein innerer sachlogischer Zusammenhang (den Sie aus dem Unterricht kennen)? Falls ja, formulieren Sie die erkennbaren Bezüge.

Bei Darstellung von Daten über einen größeren Zeitraum hinweg: Beobachten Sie Zu- oder Abnahme (linear, exponentiell, unterschiedlich), Stagnation oder Abwechselndes/Schwankungen. Sollte die Tabelle/Statistik auch Prognosen zu künftigen Entwicklungen enthalten, so müssen Sie dies als Annahmen/Hypothesen formulieren (sprachlich: z. B. Konjunktiv verwenden!).
In den beiden hier angeführten Tabellen zu den größten Megastädten der Welt 2020 bzw. 2100 sind jeweils der Rang, die Einwohnerzahl in Mio., der Name der jeweiligen Stadt und des Landes angeführt. Diese Gleichmäßigkeit des inneren Aufbaus der Tabellen erleichtert den Vergleich bei der Auswertung der Entwicklung der Megastädte zwischen 2020 und 2100. Es wird deutlich, dass 2020 von den 20 größten Megastädten der Welt 11 in Süd- oder Ostasien liegen; einzige westliche Megastadt unter den Top 20 ist New York. 2100 rückt Lagos mit 88,3 Mio. Einw. – mehr als

Deutschland heute! – auf den ersten Platz des Rankings. 13 der 20 größten Städte der Welt liegen laut Prognose auf dem afrikanischen Kontinent, alle anderen in Asien. Die kleinste der größten 20 Städte hat 35,8 Mio. Einw., mehr als 2020 die größte.

3.5 Auswertung von Kausalprofilen

In Kausalprofilen, die den Bereich zwischen zwei Orten/Regionen schematisch und abstrahierend unter einer bestimmten Themenstellung darstellen, sollen kausale Zusammenhänge zwischen zwei oder mehreren Bestimmungsfaktoren veranschaulicht werden. Grundsätzlich enthalten solche Kausalprofile Angaben zur räumlichen Erstreckung in der Länge/Breite bzw. Höhe/Tiefe sowie einen Maßstab/mehrere Maßstäbe bzgl. der dargestellten geographischen Sachverhalte. Zusätzlich sind zum besseren Verständnis meist stichwortartig Fachbegriffe integriert.

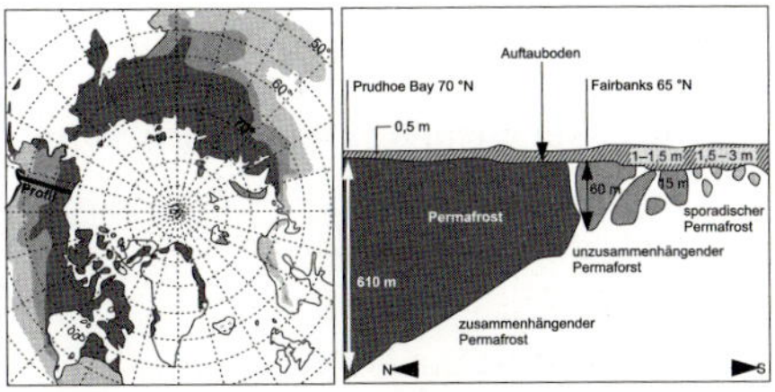

Übungsaufgabe 18, M 1: Verbreitung von Permafrost auf der Nordhalbkugel und Profil der Permafrostzone in Alaska zwischen 60 und 70° n. Br.

Unser Beispiel verdeutlicht den Kausalzusammenhang zwischen Breitenkreislage (und davon abhängenden Temperaturgegebenheiten, v. a. des Frostes), unterschiedlicher Mächtigkeit des Auftaubodens als Folge der unterschiedlichen Temperaturen und Konsequenzen für die Art der Permafrost-Entwicklung bis in eine Tiefe von 610 m.

3.6 Auswertung von Modellen

Durch Modelle versucht man, Sachverhalte und Entwicklungen generalisierend und typisierend in abstrakter Form darzustellen, ebenso Regelhaftes und Gesetzmäßiges des jeweils abgebildeten „Systems".
Im Fach Geographie gibt es vielfältige modellhafte Darstellungen, so u. a. zu den Teildisziplinen Stadt-, Sozial- und Wirtschaftsgeographie sowie zur Raumordnung und Raumplanung.

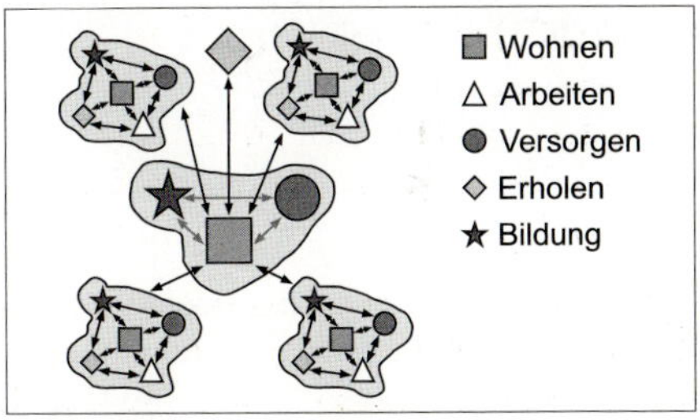

Übungsaufgabe 16, M 7: Auszug aus dem „Modell der kompakten und durchmischten Stadt der kurzen Wege"

Fragen zur Modellauswertung:

- Was sagt die Materialüberschrift über den inhaltlichen Schwerpunkt aus?
- Welche grafischen Elemente unterstützen die Aussage und müssen bei der Auswertung beachtet sowie in Fachsprache „übersetzt" werden?
- Ist ein räumliches Nebeneinander oder ein zeitliches Nacheinander zu erkennen?
- Welche Hinweise sind ggf. der Legende und den Anmerkungen zu entnehmen?

Das „Modell der kompakten und durchmischten Stadt der kurzen Wege“ hat in den letzten Jahrzehnten in der Stadtplanung weite Verbreitung gefunden. In unserem Fall liegt ein Auszug aus dem Modell vor, in dem die Daseinsgrundfunktionen Wohnen, Arbeiten, Versorgen, Erholen und Bildung, bezogen auf verschiedene Stadtteile/Stadtquartiere, grafisch dargestellt werden. Deutlich erkennbar sind die Aspekte „Funktionsmischung“ und „Polyzentralität“, wobei die übergeordnete Bedeutung des zentralen Stadtteils durch größere Symbole optisch herausgehoben ist.

3.7 Auswertung von geographischen Sachtexten

Texte sind im eigentlichen Sinn kein fachspezifisch geographisches Material. Gleichwohl werden sie in Klausuren hin und wieder benötigt, weil bestimmte Informationen sich anders kaum darstellen lassen. Hierzu zählen z. B. Meinungsäußerungen aus politischer, ideologischer, weltanschaulicher oder anders begründeter subjektiver Perspektive, des Weiteren programmatische Aussagen zu (Planungs-)Vorhaben und Zukunftsperspektiven oder Zustandsbeschreibungen mit quantifizierendem Gehalt.
In keinem Fall sollen Sie in Klausuren solche Textmaterialien inhaltlich lediglich wiedergeben. Vielmehr soll mit der Textaussage gedanklich im geographischen Sinne gearbeitet werden, d. h., es sollen Bezüge zum Thema, zur Problemfrage und zu den anderen Materialaussagen hergestellt werden. Hierfür ist es notwendig, die zentrale(n) Aussage(n) kurz im Kontext der Darstellung wiederzugeben.

Fragen zur Textauswertung:
- Wie lautet die Textüberschrift?
- Von wem stammt der Text, d. h., welche Position (politisch, gesellschaftlich, sozial o. a.) vertritt die Verfasserin/der Verfasser?
- Aus welchem Jahr stammt der Text?
- Gibt es einen erkennbaren Kontextbezug?
- Lässt sich der Text untergliedern – ergeben sich hieraus verschiedene Sachaspekte?
- Was ist die Kernaussage im geographischen Sinne?
- Lässt sich diese Aussage überprüfen, ggf. mit anderen Materialien der Klausur? Wenn ja: Welche sind für die Überprüfung geeignet? Wenn nein: Welchen Stellenwert hat diese Aussage? Falls es mehrere gibt: Worin unterscheiden sie sich?

Beispiel – Übungsaufgabe 11, M 6: Ein Hype und seine Folgen
Der Quellentextauszug der „Neuen Zürcher Zeitung“ aus dem Jahr 2017 zum Boom des Pseudogetreides Quinoa gliedert sich in einen einführenden Abschnitt zur gestiegenen Bekanntheit und Beliebtheit von Quinoa, Aussagen zu den Folgen (räumliche Ausdehnung des Anbaus, Produktionssteigerungen, Preisverfall) und einen Abschnitt, in dem es um die finanziellen Folgen für die Landbevölkerung in den Anden geht.
Da der Text aus dem Jahr 2016 stammt, ist allerdings unklar, wie sich die Preise für Quinoa in den letzten Jahren entwickelt haben. Um die Bedeutung des Quinoa-Anbaus für die Entwicklung der lokalen Bevölkerung fundiert einschätzen zu können, müssen weitere Materialien (hier v. a. M 5 mit aktuelleren Produktionszahlen) hinzugezogen werden.

4 Bearbeitung der schriftlichen Aufgabenstellungen

Jede Aufgabe hat einen einheitlichen thematischen Bezug. Die Klausuranforderung besteht aus mehreren Teilaufgaben und weist einen Materialteil mit fachspezifischen Materialien auf (vgl. Kap. 3).
Nach der zur Verfügung stehenden Bearbeitungszeit richten sich auch der Umfang der gestellten Teilaufgaben und des zu bearbeitenden Materials sowie der Schwierigkeitsgrad. Ansonsten beziehen sich alle Klausuren auf dieselben inhaltlichen und methodischen Fachkompetenzen, die Ihnen im Folgenden erläutert werden.

4.1 Leistungsanforderungen

Inhaltsbezogene Kenntnisse und Fähigkeiten:
Sie sollten in der Lage sein, den in der Klausur genannten Raum zu lokalisieren und unter dem geforderten inhaltlichen Schwerpunkt sachkundig zu bearbeiten. Hierbei sollte im Unterricht erworbenes und zur Aufgabenstellung passendes Wissen zur Anwendung kommen.

Methodenbezogene Kenntnisse und Fertigkeiten:
Zu jeder Teilaufgabe sollen Sie eine sinnvolle Auswahl aus den vorgelegten Arbeitsmaterialien treffen, diese auswerten und Ihre Erkenntnisse in Ihren Darstellungstext einbauen.
Die Materialauswertung müssen Sie Ihrer gedanklichen Gliederung zuordnen: Das Material von M 1 bis M X einfach der Reihe nach „abzuarbeiten" würde bedeuten, dass Sie keine eigenständige gedankliche Strukturierung vornehmen – genau dieses ist jedoch eine der geforderten Leistungen.

Gedankenführung und Argumentation zu den gestellten Teilaufgaben:
Ihre Ausführung darf keine Gedankensprünge oder Widersprüche aufweisen. Die einzelnen Teile Ihrer Darstellung sollten Sie über sinnvolle Überleitungen oder Verbindungen miteinander verknüpfen.

Schriftliche Darstellung:
Diese muss sach- und fachgerecht sein, das bedeutet: Die Anforderungen der Sprache Deutsch müssen Sie ebenso sicher beherrschen wie diejenigen der Fachsprache Geographie.

4.2 Angemessene Auswertung des Materialteils

Arbeiten Sie beim ersten Sichten des Materials mit Randanmerkungen und mit Textmarker, schreiben Sie sich zentrale Fachbegriffe neben das einzelne Material. Machen Sie sich eine Notiz, wo Sie den Atlas zur Unterstützung von Aussagen hinzuziehen, kennzeichnen Sie, welches Material zu welcher Teilaufgabe passt (manche Materialien gehören zu mehreren Teilaufgaben).
Markieren Sie jeden Operator und erinnern Sie sich, welche Aufgabenrichtung damit gemeint ist – halten Sie sich unbedingt hieran.

Gehen Sie zunächst bei der Sichtung das Material von M 1 – M X durch. Achtung: Das Material ist manchmal nicht sachlogisch aneinandergereiht, manchmal spielt das Druckformat für die Unterbringung auf dem einen oder anderen Blatt eine Rolle. In jedem Fall müssen Sie Ihre methodischen materialbezogenen Kompetenzen unter Beweis stellen, indem Sie sich von der vorgegebenen Materialreihenfolge dort, wo notwendig, lösen. Folgende Hilfsfragen sind nützlich:

- *Aus welchem Jahr stammt die jeweilige Quelle?*
  Die Antwort macht deutlich, ob das Dargestellte noch aktuell ist oder ob eine Aussage aus einer früheren Zeit stammt.
- *Wer hat die Quelle verfasst?*
  Die Antwort hierauf kann wichtig sein für eine geforderte Bewertung, da eine politisch oder anders begründete Meinung entsprechend gedanklich einzuordnen ist.
- *Welche Querverbindungen gibt es zwischen den einzelnen Materialien?*
  Ein jedes Klausur-Materialpaket ist einem Mosaik gleich: Seine einzelnen Bausteine gehören thematisch zueinander und fügen sich durch Ihre Bearbeitung zu einem Gesamtbild. Arbeiten Sie diese Zusammenhänge heraus und machen Sie sie sprachlich deutlich.
- *Beachtung der Themenstellung:*
  Anhand der Überschrift wird bereits klar, um welchen Untersuchungsraum es sich handelt und welcher Themenschwerpunkt angesprochen wird (Klima, Landwirtschaft, Tourismus, Stadtentwicklung, Strukturwandel, Raumplanung o. a.).

4.3 Einbringen von Unterrichtswissen

Manche Teilaufgaben fordern Sie dazu auf, zu einem bestimmten Sachgegenstand/ Thema Ihr im Unterricht erworbenes Wissen schriftlich darzulegen; hierfür hält der Materialteil keine weiteren Anhaltspunkte bereit (vgl. Übungsaufgabe 6, 1. Teilaufgabe). Achten Sie darauf, mit wie vielen Bewertungspunkten eine solche Teilaufgabe ausgewiesen ist, und verwenden Sie entsprechend viel oder wenig Zeit auf deren Bearbeitung.

Unterrichtswissen können und sollen Sie darüber hinaus immer dann anbringen, wenn dadurch Ihre Erklärungen fundierter werden, wenn von Ihnen angeführte Vergleiche das Verständnis erleichtern, wenn Sie sich bei geforderten Begründungen und Bewertungen auf erarbeitetes Wissen beziehen und berufen können.

Achtung: Die Ausführungen zum Untersuchungsraum der Klausur müssen dabei immer deutlich überwiegen.

4.4 Gliederung der Ausführung/Strukturierung

Einleitung

Zu jeder Geographieklausur gehört eine räumliche Einordnung, ob ausdrücklich gefordert oder nicht. Ein erster Bezug zum Thema sollte ebenfalls an den Anfang.

Hauptteil

Folgende Fragen helfen bei der Strukturierung/Gliederung der Arbeit:

- *Wo kann man die Ausführung in sinnvolle Sinnabschnitte einteilen?*
  Hinter der vorgegebenen Reihenfolge der Teilaufgaben verbirgt sich immer eine sachlogische gedankliche Ordnung. Bearbeiten Sie deshalb die Teilaufgaben in eben dieser Abfolge – das ergibt bereits eine sinnvoll gegliederte Reihenfolge.
  Machen Sie die Bearbeitung einzelner Hauptgedanken durch Absätze deutlich. Fügen Sie ggf. an einigen Stellen sogenannte „Spitzmarken" ein – einzelne, mit Lineal (!) unterstrichene Kernbegriffe, die alleine in einer Zeile stehen, als Untergliederungshinweis.
- *Wie lauten die einzelnen Arbeitsanweisungen?*
  Mit jedem Operator ist eine ganz konkrete Arbeitsanweisung verknüpft – befolgen Sie diese unbedingt. Und: Jede Teilaufgabe zielt eindeutig auf einen geographischen Sachaspekt – bearbeiten Sie diesen und keinen anderen/weiteren.
  Vergewissern Sie sich in regelmäßigen Abständen, wie die Themenstellung lautet – nicht selten freut man sich so über das gerade wie von alleine aus der Feder Fließende, dass man darüber das Ziel der Darstellung im Sinne von Thema und Arbeitsanweisung aus den Augen verlieren kann.
- *Wie kann ich meine eigenen Aussagen absichern?*
  Führen Sie immer Belege/Zitate an, falls sich das von Ihnen Gesagte aus dem Material ergibt. Zitieren Sie z. B. aus Quellentexten, wo dies besonders wichtig ist, kurz und prägnant.

Schluss

Jede der Teilaufgaben hat einen eigenen Arbeitsschwerpunkt – und alle haben etwas mit dem (Ober-)Thema in der Aufgabenstellung zu tun. Dieses ist quasi das Dach, das alle Gebäudeteile überdeckt.

Deshalb: Formulieren Sie am Ende ein **Fazit** mit Blick auf die übergeordnete Themenstellung bzw. die gestellte Problemfrage. Wiederholen Sie hierbei aber nicht schon einmal Gesagtes mit derselben Formulierung („wie gesagt" gehört grundsätzlich nicht in eine Ausführung, da Sie hierdurch eine Wiederholung auch noch selber ankündigen würden).

Verbinden Sie nicht mit dem Punkt am Ende des letzten Satzes den Gedanken: So, das war's. Zwar ist Ihr gedankliches Werk vollendet – aber zu einer vollständigen Ausführung gehört auch ein **Kontrolldurchgang** als Abschluss. Dabei gilt es, formale Fehler (Rechtschreibung, Zeichensetzung, Seitenzahlen-Hinweise u. a.) zu überprüfen. Hierbei ist auch Gelegenheit, ggf. Lesehilfen in Form von „Spitzmarken" und Zwischentiteln, soweit nicht schon beim Schreiben geschehen, nachträglich als Gliederungshilfe einzufügen.

4.5 Zeitmanagement

Bevor Sie mit Ihrer Reinschrift beginnen, muss in Ihrem Kopf die Bearbeitung aller Teilaufgaben „klar“ sein. Nach Sichtung des Materialteils muss das Ergebnis, soweit ein solches in der letzten Teilaufgabe gefordert wird, für Sie bereits feststehen. Deshalb: Fangen Sie nicht zu früh an mit der Reinschrift.
Verwenden Sie beim Schreiben nicht übermäßig viel Zeit auf die in der Regel einfache erste Teilaufgabe – sie zählt bei der Bewertung in keinem Fall mehr als die folgenden Teilaufgaben. Vergleichen Sie die Verteilung der Bewertungspunkte auf die einzelnen Teilaufgaben und richten Sie Ihr Zeitkontingent darauf aus.
Berücksichtigen Sie, dass Sie für Ihr abschließendes Fazit ebenso Zeit benötigen wie für Ihre letzte Kontrolldurchsicht (s. o.!).

5 Allgemeine Anforderungen an eine Klausur

5.1 Anforderungen an die Darstellungsleistung

Neben den sachlich richtigen Inhalten kommt der sprachlichen Richtigkeit eine große Bedeutung zu. Für die sogenannte Darstellungsleistung sind in den einzelnen Bundesländern im Benotungsansatz bis zu 20 % Bewertungspunkte vorgesehen und hierbei sind folgende Kriterien von Bedeutung:

Syntaktisch richtige Schreibweise:
Schreiben Sie in vollständigen Sätzen, achten Sie auf die richtige Wortstellung, variieren Sie Satzanfänge.

Stilistisch richtiges Schreiben:
Unterlassen Sie umgangssprachliche Formulierungen, verwenden Sie ausschließlich Hoch- und Fachsprache.

Verwendung einer präzisen und differenzierten Sprache:
Variieren Sie beim Satzbau, wählen Sie abwechslungsreiche Satzanfänge. Benutzen Sie Nebensatzkonstruktionen statt Hauptsatzketten. „Missbrauchen“ Sie Hilfsverben nicht als Vollverben (nicht: „Der Ölpreis tut steigen“; dafür: „Der Ölpreis steigt“.). Benutzen Sie Synonyme statt Wiederholungen.

Verwendung von Fachbegriffen:
Auch im Fach Geographie hat jedes „Kind“ einen Namen: Belegen Sie also jedes Phänomen mit einem Fachbegriff. (Beispiel: „Arbeitskräfte“ und „Arbeiter*innen“ sind keine Synonyme. „Arbeitskräfte“ meint die Gruppe aller Beschäftigten, im Unterschied zu „Arbeiter*innen“, womit nur eine bestimmte Gruppe von Beschäftigten, vor allem im sekundären Sektor, gemeint ist, z. B. in Abgrenzung zu „Angestellten“.)
Tipp: In Ihrem Schulbuch gibt es, meist am Ende, ein Begriffs- oder Sachregister mit Erläuterungen.

Hypothesen/Vermutungen:
Kennzeichnen Sie ungesicherte Aussagen, Vermutungen und Hypothesen als solche, grenzen Sie sie gegen gesicherte Aussagen ab (z. B: „Es ist zu vermuten ...“, „Es könnte sein, dass ...“, „Für eine gesicherte Aussage fehlen folgende Informationen ...“).

Materialbelege und Zitate:
Die Absicherung der von Ihnen gemachten Aussagen, vor allem wenn es um Erläuterungen und Bewertungen geht, ist sehr wichtig. Fügen Sie solche Belege immer dann ein, wenn Sie einen neuen Sachverhalt vorstellen oder ein neues Argument vortragen – der Klammerzusatz stellt für Sie selbst eine Rückversicherung dar, dass Ihre Aussage anhand von M X richtig/möglich ist.
Einzelne Materialien sind übrigens keine Satzglieder, schon gar keine Subjekte. Sie sind einfache Anhänge in Klammern und gehören grundsätzlich an das Ende eines Satzes oder Abschnittes. Also nicht: *„M 4 zeigt uns, dass das Exportvolumen seit 2018 um 45 % gestiegen ist.“*, sondern: *„Seit 2018 ist das Exportvolumen um 45 % gestiegen (M 4)“.* So vermeiden Sie die Vermischung von Inhalts- und Formebene und damit Stilfehler.

5.2 Formale Anforderungen

Berücksichtigen Sie bei Ihrer Ausführung unbedingt die Anforderungen an die muttersprachliche Richtigkeit und an die äußere Form. Denn: Deutliche/gravierende Verstöße gegen diese Gebote führen zusätzlich zu Bewertungsverlusten/Punktabzügen. Wenn Sie bedenken, wie viel Mühe Sie sich bezüglich des Inhaltes und der Methode geben – ein nachträgliches Abwerten von Note 2 auf 3 oder von Note 3 auf 4 oder von ... wäre doch mehr als ärgerlich.

- *Zahlen:* Schreiben Sie Zahlen von null bis zwölf aus, erst ab 13 als Ziffern.
- *Layout-Vorgabe:* Beachten Sie diese – an manchen Schulen darf z. B. nur eine halbe Seite je Bogen beschrieben werden, die andere Hälfte ist der „Rand“.
- *Seitenzahlen:* Fügen Sie ab der zweiten Seite Seitenzahlen am Fuß jeder Seite bei – aber nummerieren Sie erst am Schluss, wenn Sie sicher sind, dass keine Einschübe mehr erfolgen.
- *Nachträge:* Fügen Sie diese als Fußnoten durchnummeriert ganz an den Schluss, quetschen Sie sie nicht nachträglich in den Text oder in die Randspalte.
- *Zeilenende:* Respektieren Sie den Rand, trennen Sie deshalb Wörter, schreiben Sie in keinem Fall über den Rand hinaus.
- *Sauberkeit:* Streichen Sie nicht unsauber durch. Ggf. setzen Sie zu Streichendes in eckige Klammern oder fügen eine entsprechende Fußnote zur Erklärung bei.
- *Rechtschreibung:* Beachten Sie die gängigen Rechtschreibregeln. Ziehen Sie ggf. einen Rechtschreibduden zurate.

Trainingstipps

1. Simulieren Sie eine Klausursituation, indem Sie den angegebenen Zeitrahmen berücksichtigen, die Aufgabenstellung bearbeiten und dabei den Materialteil auswerten. Schauen Sie dabei noch nicht auf die Lösung.
   Falls Sie einmal gar nicht zurechtkommen: Lesen Sie nur das kursiv Gedruckte zu Beginn einer jeden Teillösung, dort erhalten Sie einen Bearbeitungshinweis.
2. Überprüfen Sie anschließend Ihre eigene Ausführung anhand des abgedruckten Lösungsvorschlages und der jeweiligen Checkliste am Ende. Stellen Sie hierbei die jeweilige Musterlösung und Ihre eigene Darstellung nebeneinander und vergleichen Sie.
3. Überprüfen Sie diejenigen Passagen, die Ihnen beim ersten Mal nicht optimal gelungen sind. Dies kann bedeuten, dass Sie einzelne Teilaufgaben und/oder das eine oder andere Einzelmaterial noch einmal bearbeiten.

Viel Erfolg!

KLAUSUREN

Klausuren Geographie
Klausur 1

Bearbeitungszeit: 60 Minuten

Thema: Geomorphologie der Schwäbischen Alb

Aufgabenstellung

1. Benennen Sie die in M 1 nummerierten Formen.
2. Im Kalkgestein der Schwäbischen Alb haben sich Hohlräume mit Tropfsteinen gebildet. Erklären Sie die Entstehung der Tropfsteine unter Berücksichtigung chemischer Prozesse.
3. M 2 zeigt eine für Karstgebiete typische Form. Erläutern Sie ihre Entstehung.
4. Eines der wenigen Gewässer auf der Schwäbischen Alb ist die Große Lauter. Erläutern Sie die Genese des Burgbergs der Ruine (R) Niedergundelfingen (M 3).

M 1: Typische Formen der Schwäbischen Alb

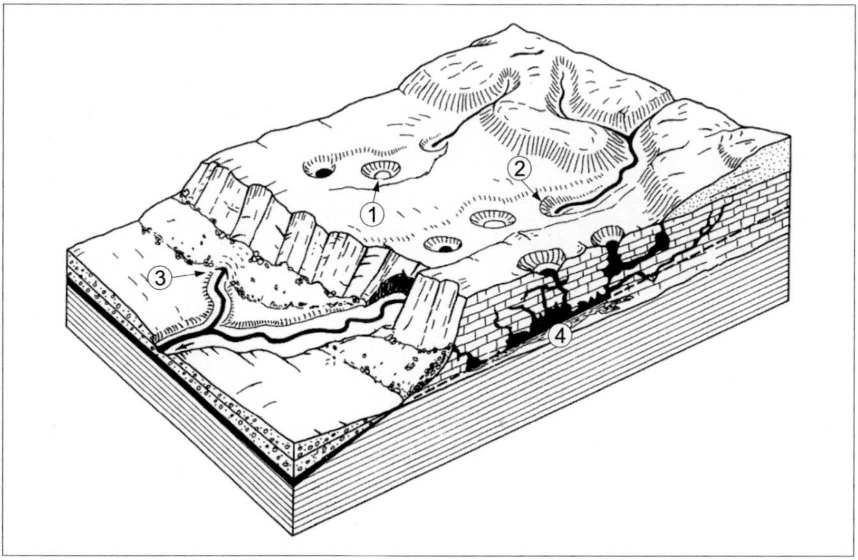

Quelle: eigene Darstellung nach Klohn, W./Windhorst, H.-W.: Physische Geographie: Böden, Vegetation, Landschaftsgürtel, VMG 2006

M 2: Tal auf der Schwäbischen Alb

Quelle: © Landesmedienzentrum Baden-Württemberg

M 3: Ausschnitt der topographischen Karte 1:25 000 mit dem Münsinger Teilort Gundelfingen im Tal der Großen Lauter

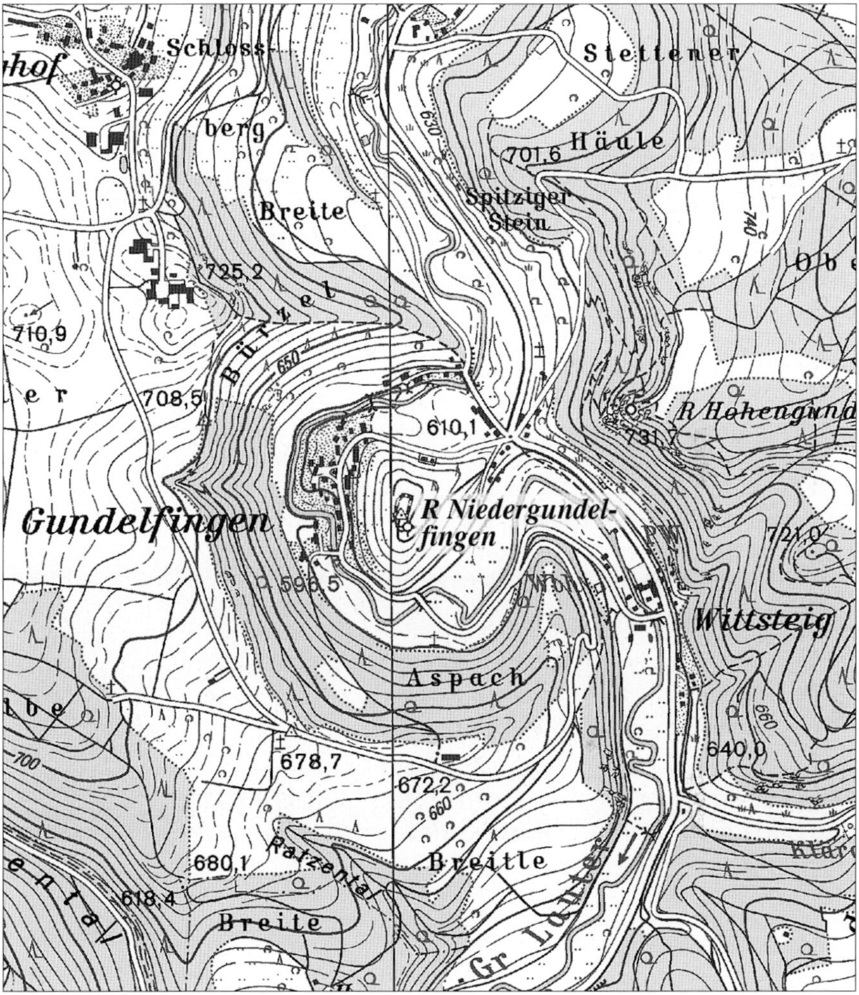

Quelle: Geobasisdaten © LGL, www.lgl-bw.de

Lösungsvorschläge

1. *Sie sollen bei dieser ersten Teilaufgabe, die dem AFB I zuzuordnen ist, die dargestellte Landschaft als Karstlandschaft identifizieren und die im Blockbild erkennbaren Karstformen fachsprachlich richtig benennen. Erklärungen der Genese o. Ä. sind nicht verlangt.*

Es handelt sich hierbei um eine **Doline** (1), einen **Ponor** bzw. ein Schluckloch (2), eine **Karst- bzw. Schichtquelle** (3) und eine **Karsthöhle** (4). Karstformen

2. *Bei dieser Aufgabe aus dem AFB II müssen Sie die Bildung von Tropfsteinen durch eigenes Wissen in Zusammenhang mit den chemisch-physikalischen Grundsätzen der Verkarstung bzw. Sinterbildung stellen.*

Bereits in der Luft nimmt Niederschlagswasser Kohlendioxid (CO_2) auf und reagiert zu einer schwachen **Kohlensäure** (H_2CO_3). Durch CO_2-Ausstoß der Pflanzenatmung durch die Wurzeln, Zersetzung der pflanzlichen Vegetationsreste und Verwesung von tierischen Kadavern steigt die Konzentration nochmals stark an. Bildung von Kohlensäure

Bildung von Kohlensäure: $CO_2 + H_2O \rightarrow H_2CO_3$

Die Kohlensäure löst beim Durchfließen des Untergrunds entlang von Fugen und Klüften **Kalk aus dem Gestein** und führt diesen ab. Kalklösung

Kalklösung: $H_2CO_3 + CaCO_3 \rightarrow Ca^{2+} + 2\ HCO^{3-}$

Tritt das Wasser mit dem gelösten Kalk in die Höhlenluft ein, gibt es so viel CO_2 ab, bis ein **Druckgleichgewicht mit der Höhlenluft** (Partialdruckausgleich) erreicht ist. Da der CO_2-Gehalt im Wasser nach dem Eintreten in die Höhle geringer wurde, kann das Wasser nicht mehr dieselbe Menge Kalk lösen. Somit kommt es zur **Ausfällung und Ablagerung** des Kalks primär in Form von langsam nach unten wachsenden **Stalaktiten** an der Höhlendecke. Die zu Boden fallenden Wassertropfen werden beim Aufprall stark erschüttert, wobei restliches CO_2 abgegeben und weiterer Kalk ausgeschieden wird. Es entsteht ein von unten nach oben wachsender **Stalagmit**. Kalkausfällung

Kalkausfällung: $Ca^{2+} + 2\ HCO^{3-} \rightarrow CO^{2+} + H_2O + CaCO_3$

Wo Stalaktiten und Stalagmiten zusammenwachsen, spricht man von einem **Stalagnat** oder einer **Travertinsäule**. Stalagmiten, Stalaktiten, Stalagnate

3. *Bei dieser Teilaufgabe sollen Sie in einem ersten Schritt die Bildinformationen, die Sie dem Foto durch präzise Analyse entnehmen müssen, mithilfe Ihres Hintergrundwissens interpretieren. Im zweiten Schritt müssen Sie die Genese dieser Talform in Karstgebieten Mitteleuropas darlegen.*

Deutlich erkennbar hebt sich ein vom Bildhintergrund bis zum Vordergrund **mäandrierender, flacher Talboden** von den Talhängen mit deutlich erkennbarer Böschung ab. Im Bereich des Talbodens gibt es **kein Gewässer**.

Mäandrierendes Tal ohne Gewässer: Trockental

Da ein Fließgewässer in der Talsohle fehlt, handelt es sich um ein **Trockental**. Trockentäler in Karstgebieten sind durch fluviale Formung entstanden, als das Wasser noch nicht wie heute im porösen Gestein versickern und unterirdisch ablaufen konnte. Im Bereich der Schwäbischen und Fränkischen Alb fielen diese Täler durch **sukzessive Verkarstung** und Hebung trocken, wodurch der Grundwasserspiegel langsam zum tiefer liegenden Karstwasserspiegel wurde.

Sukzessive Verkarstung bzw. Hebung → Absinken des Grundwasserspiegels

Während der **Plombierung durch den Permafrost** der **quartären Kaltzeiten** erodierte in den sommerlichen Auftauphasen das anfallende Schmelzwasser bei gleichzeitig hohem Dargebot an Erosionswerkzeugen (Frostschutt) nochmals in die Tiefe bzw. Breite. Heute findet in den Trockentälern nur noch Oberflächenabfluss statt, wenn im Frühjahr der gefrorene Boden ein Versickern des Schmelz- und Niederschlagswassers verhindert.

Wiederaufnahme der fluvialen Erosion durch plombierten Untergrund während Kaltzeiten

4. *Hier sollen Sie die in der Aufgabenstellung angesprochene Vollform im Zusammenhang des Kartenausschnittes beschreiben und dann die Genese anschaulich erklären. Hier müssen Sie besonders auf die Verwendung von Fachsprache achten und Ihre Erklärung präzise formulieren.*

Im Kartenausschnitt ist ein Teil des Tals der Großen Lauter bei Münsingen dargestellt. Das Tal bildet eine große Schlinge, innerhalb der Talsohle mäandriert der Fluss Große Lauter. Im Zentrum des Kartenbildes liegt eine Erhebung, die vom Fluss fast vollständig umflossen wird, lediglich im Nordosten gibt es eine spornartige Verbindung zum östlichen Talhang.

Talschlinge um fast ganz umflossenen Berg

Seitliches Auspendeln des Stromstrichs führte in der Vergangenheit zur Mäanderbildung. Im Zusammenhang mit Tiefenerosion bzw. Hebung sind dann **Talmäander** entstanden, die ihre Lage nicht so leicht verändern können wie freie Mäander, da bei jeder seitlichen Verlagerung eines Mäanderbogens der darüber liegende Talhang ebenfalls zurückverlegt werden muss.

Talmäander vs. freie Mäander

Während am steilen Außenbogen, dem sogenannten **Prallhang**, durch die hohe Fließgeschwindigkeit erodiert wurde, kam es am flachen Innenbogen, dem **Gleithang**, durch die hier geringe Fließgeschwindigkeit zu Akkumulation. Durch asymmetrische Seitenerosion der **aufeinander zuwandernden Prallhänge** wurde so der von den Mäandern umflossene Sporn verschmälert, die Genese eines Umlaufberges ist jedoch nicht abgeschlossen.

Erosion im Bereich des Prallhangs, Akkumulation im Bereich des Gleithangs

Mögliche Gewichtung der Teilaufgaben: 10 % : 30 % : 20 % : 40 %

Checkliste

Aspekt	ja	teilweise	nein	weiß nicht
TEILAUFGABE 1				
Habe ich die dargestellte Landschaft als Karstlandschaft identifiziert?	☐	☐	☐	☐
Konnte ich die Karstformen korrekt benennen?	☐	☐	☐	☐
TEILAUFGABE 2				
Habe ich die Entstehung der Tropfsteine richtig erklärt?	☐	☐	☐	☐
Konnte ich die grundlegenden chemischen Abläufe (Formeln) mit einbinden?	☐	☐	☐	☐
Habe ich die verschiedenen Formen von Tropfsteinen (Stalaktiten, Stalagmiten, Stalagnate/Travertinsäulen) fachsprachlich richtig benannt?	☐	☐	☐	☐
TEILAUFGABE 3				
Habe ich zunächst die für die Fragestellung wesentlichen Bildinhalte beschrieben?	☐	☐	☐	☐
Habe ich die Karstform als Trockental fachsprachlich richtig benannt?	☐	☐	☐	☐
Habe ich bei meiner Erklärung der Genese eines Karst-Trockentals Bezüge der fluvialen Formung zum jeweiligen (Erd-)Zeitalter und zum Permafrost hergestellt?	☐	☐	☐	☐
TEILAUFGABE 4				
Habe ich zunächst die für die Fragestellung wesentlichen Karteninhalte beschrieben?	☐	☐	☐	☐
Habe ich die Entstehung von Talmäandern in Abgrenzung zu freien Mäandern erklärt?	☐	☐	☐	☐
Habe ich die Genese des Burgbergs Niedergundelfingen mithilfe der Begriffspaare Erosion – Akkumulation, Prallhang – Gleithang begründet dargestellt?	☐	☐	☐	☐

Klausuren Geographie
Klausur 2

Bearbeitungszeit: 90 Minuten

Thema: Klima und Wetterereignisse im südlichen Afrika

Aufgabenstellung

1. a) Madagaskar liegt im Bereich der Südostpassate. Erklären Sie das Zustandekommen dieser Hauptwindrichtung.
   b) Ordnen Sie die Klimadiagramme I–III (M 2) begründet den Stationen A–C (M 1) zu.
2. Am 14. Februar 2012 verwüstete ein schwerer Sturm (M 3) Teile der Ostküste Madagaskars. Erklären Sie die Entstehung eines solchen Sturms.
3. „So schwere Stürme können im Zuge des anthropogenen Klimawandels auch Deutschland treffen!" Beurteilen Sie diese Annahme ausgehend von M 3 und M 4.

M 1: Madagaskar mit ausgewählten Klimastationen

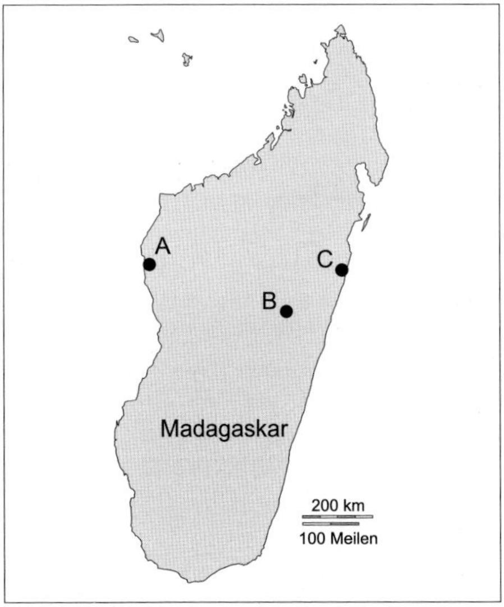

Quelle: eigene Darstellung

M 2: Klimadiagramme zu Madagaskar

Diagramm I

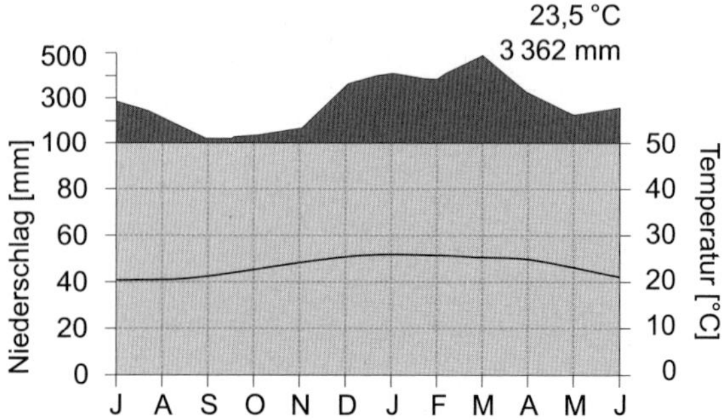

Diagramm II

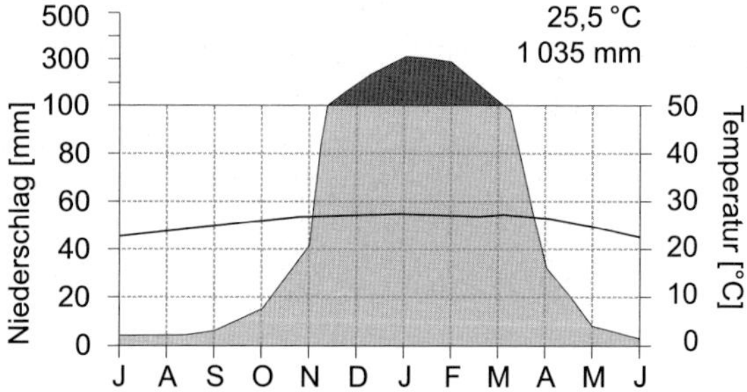

Diagramm III

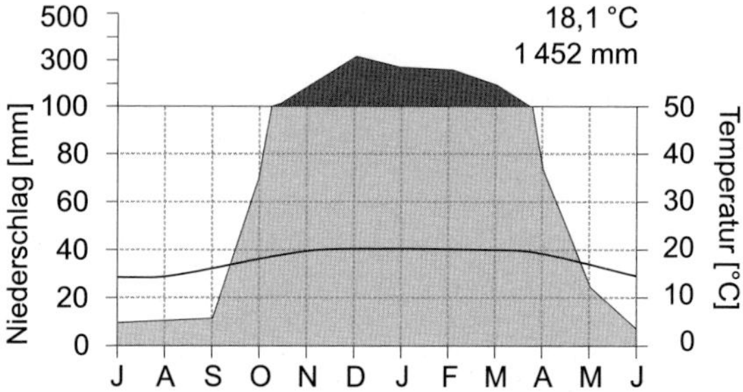

Quelle: Bernhard Mühr, www.klimadiagramme.de

M 3: Satellitenaufnahme vom Indischen Ozean vom 10. Februar 2012 (Madagaskar links von der Bildmitte)

Quelle: F. Falk/Eumetsat, NASA

M 4: Infobox: Globale Erwärmung

Der zwischenstaatliche Ausschuss für Klimaänderungen (IPCC) der Vereinten Nationen gibt im Abstand von fünf bis sechs Jahren einen Bericht zum wissenschaftlichen Kenntnisstand über die globale Erwärmung heraus. Im Worst-Case-Szenario des aktuellen IPCC-Berichts von 2018 wird von einer Erwärmung der Atmosphäre bis 2100, abhängig vom weiteren Anstieg der Emissionen, um 1,1 bis 6,4 °C ausgegangen.
Da der Großteil der Energie, die dem Klimasystem zusätzlich zugeführt wird, in den Ozeanen gespeichert wird, werden sich diese weiter erwärmen. Im Zeitraum 1971 – 2010 ist die Wassertemperatur in den obersten 75 Metern bereits um 0,11 °C pro Dekade angestiegen. Modellrechnungen gehen bis zum Jahr 2100 von einer Erhöhung der Temperatur der obersten Meeresschichten (bis 1 km Tiefe) um 0,5 °C–1,5 °C aus. Momentan beträgt die Wassertemperatur im nördlichen Atlantik, je nach Äquatornähe, 10 – 20 °C.

Quelle: eigene Zusammenstellung nach IPCC, Stand Dezember 2021

Lösungsvorschläge

1. a) *Bei dieser Aufgabenstellung aus dem AFB II müssen Sie das Zustandekommen der Hauptwindrichtung an der Ostküste des Untersuchungsgebiets durch eigenes Wissen begründet in einen Zusammenhang stellen. Unumgängliches Hilfsmittel für diese Teilaufgabe ist der Atlas.*

Die **Südostpassate** entstehen dadurch, dass im Bereich des Äquators infolge intensiver Sonneneinstrahlung Warmluft aufsteigt, wodurch es zur Ausbildung eines **Bodentiefs** (**äquatoriale Tiefdruckrinne**) und eines darüber befindlichen **Höhenhochs** kommt. Aus dem Höhenhoch fließt die durch den Aufstieg bereits abgekühlte Warmluft polwärts, wobei sie weiter abgekühlt wird. Durch den **Corioliseffekt** („Corioliskraft") werden diese auf der Südhalbkugel ursprünglichen Nordwinde zu Westwinden in großer Höhe umgelenkt.

Intensive Sonneneinstrahlung am Äquator → äquatoriale Tiefdruckrinne

Die nun kälteren Luftmassen sinken im Bereich der Wendekreise, im vorliegenden Beispiel über dem Indischen Ozean, teilweise ab, vor allem im Bereich des **subtropisch-randtropischen Hochdruckgürtels** bei ca. 30° südl. Br. Am Boden fließen diese beim Absinken erwärmten Luftmassen hin zum Bodentief der äquatorialen Tiefdruckrinne. Dabei kommt es durch Corioliseffekt und Bodenreibung zu einer Ablenkung in Bewegungsrichtung nach links (**Südostwind**).

Südlicher subtropisch-randtropischer Hochdruckgürtel: Herkunftsgebiet der SO-Passate

Die **Passate** sind in Abhängigkeit von der jahreszeitlichen Ausprägung der subtropisch-randtropischen Hochdruckgürtel unterschiedlich stark.

1. b) *Hier sollen Sie die in M 2 vorgegebenen Klimadiagramme mithilfe Ihres Wissens um die allgemeine Zirkulation der Atmosphäre den drei Klimastationen im Material M 1 zuordnen (AFB I). Dabei ist es unumgänglich, den Atlas als Hilfsmittel zu nutzen – einerseits, um das Relief der Insel Madagaskar bei der Zuordnung zu berücksichtigen, andererseits, um mithilfe der entsprechenden Klimakarten die jahreszeitliche Klimasituation herauszuarbeiten.*
Bei der weiteren Vorgehensweise empfiehlt es sich, nach dem Ausschlussverfahren vorzugehen – jedoch müssen Sie natürlich trotzdem für jede der drei Stationen eine fundierte Begründung formulieren.

Klimadiagramm II gehört zu **Station A:** Die Station besitzt mit 1 035 mm eine relativ geringe Jahresniederschlagsmenge infolge der Leelage zum meridional verlaufenden zentralen Gebirgszug der Insel. Die Niederschläge sind ungleichmäßig über das Jahr verteilt, da infolge des im Südwinter ausgeprägten und nach Norden verlagerten subtropisch-randtropischen

Station A: geringster Jahresniederschlag durch Leelage

Hochdruckgürtels zu dieser Jahreszeit absinkende Luftbewegung mit Wolkenauflösung herrscht. Während der humiden Monate Dezember bis März kommt es dagegen durch die südwärts verlagerte innertropische Konvergenzzone zu intensiven Niederschlägen.

Klimadiagramm I gehört zu **Station C:** Die Station weist mit 3 362 mm/Jahr ein ganzjährig humides Klima auf, obwohl sie nahezu auf demselben Breitenkreis liegt wie Station A. Ursache dafür ist einerseits die Luvlage der Station und andererseits deren Küstennähe. Beides sorgt auch während des Südwinters für hohe Niederschläge, obwohl die Passate in dieser Zeit weniger stark ausgeprägt sind.

Station C: höchster Jahresniederschlag durch Luvlage

Klimadiagramm III gehört zu **Station B:** Die Station hat eine deutlich ausgeprägte Trockenzeit von Mai bis September. Insgesamt ist die humide Phase jedoch länger und es fällt mit 1 452 mm mehr Niederschlag als bei Station A. Ursache hierfür ist die ganzjährige Luvlage zu den Südostpassaten in Kombination mit der während des Südsommers südlich verlagerten innertropischen Konvergenzzone. Auffällig ist zudem die mit 18,1 °C um über 7 K deutlich niedrigere Jahresdurchschnittstemperatur als bei Station A. Dies lässt den Schluss zu, dass es sich um die Station im Bereich des Zentralgebirges der Insel handelt.

Station B: mittlerer Jahresniederschlag, niedrigste Jahresdurchschnittstemperatur

2. *Bei dieser Aufgabe müssen Sie das Wolkengebilde in M 3 als tropischen Wirbelsturm identifizieren und das Zustandekommen eines solchen mithilfe Ihres Vorwissens begründet in den Kontext atmosphärischer Prozesse in den Tropen stellen.*

Die Satellitenaufnahme M 3 zeigt einen **tropischen Wirbelsturm**, der im Bereich des Indischen Ozeans und im südlichen Pazifik als **Zyklon** bezeichnet wird. In anderen Gegenden der Erde lauten die entsprechenden Namen Hurrikan oder Taifun.

Tropischer Wirbelsturm: Zyklon

Allgemein entstehen tropische Wirbelstürme initial durch über dem Meer **aufsteigende, feuchte Warmluft**, die einen Sog erzeugt. Als Auslöser gelten in der Regel kleinere Tiefdruckgebiete im Bereich der Passatzone. Die in diese Tiefdruckgebiete einströmenden Luftmassen beginnen infolge des **Corioliseffekts** zu **rotieren**, während durch **intensive Konvektion** die **Sogwirkung noch verstärkt** wird. Da die Konvektion mit der Kondensation in der Luftsäule zunimmt, rotiert der Wolkenwirbel immer rascher und wird kontinuierlich größer. Dabei konvergieren die einströmenden Luftmassen im vorliegenden Fall, d. h. im Bereich der südlichen Hemisphäre, im Uhrzeigersinn (auf der Nordhalbkugel gegen den Uhrzeigersinn), während die divergie-

Entstehung tropischer Wirbelstürme

renden Luftmassen in der Höhe gegen den Uhrzeigersinn (auf der Nordhalbkugel im Uhrzeigersinn) aus dem Tiefdruckgebiet strömen.

Dimensionen tropischer Wirbelstürme

Die Wolkenwirbel erreichen vertikal in der Regel die in den Tropen bei ca. 18 km besonders hoch liegende Tropopause, im Durchmesser können bis über 500 km erreicht werden. Während im Auge des tropischen Wirbelsturms nahezu Windstille herrscht, können im Rotationsring bis **über 250 km/h Windgeschwindigkeit** erreicht werden. Der Wolkenwirbel wird dabei in der Passatströmung mit 30–50 km/h tendenziell westwärts bewegt, wie in M 3 zu sehen.

3. *Hier soll die Aussage zur Gefährdung Deutschlands durch tropische Wirbelstürme auf ihre Stichhaltigkeit hin geprüft werden. Dabei müssen Sie die angewandten Kriterien nennen, hier sind das die Entstehungsbedingungen von tropischen Wirbelstürmen. Am besten, Sie benutzen diese, um Ihren Lösungstext zu strukturieren. Ziehen Sie ergänzend den Atlas hinzu.*

Einflussfaktor Corioliseffekt

Für das Zustandekommen der Rotation des tropischen Wirbelsturms ist erst ab 5–8 ° nördl. bzw. südl. Breite polwärts der **Corioliseffekt** groß genug. Dieses Kriterium ist für ganz Europa gegeben.

Einflussfaktor Lage

Grundsätzlich sind vorwiegend die **Ostküsten** der Kontinente von tropischen Wirbelstürmen **betroffen**, was daran liegt, dass diese sich zumindest am Anfang ihres Entwicklungsstadiums mit den Passatwinden fortbewegen. Damit ist die **Lage Deutschlands auf der Westseite** des eurasischen Kontinents grundsätzlich ein Argument, das gegen eine Gefährdung spricht. Nichtsdestotrotz besitzen die Zugbahnen tropischer Wirbelstürme, falls sie lange genug ungehindert über das offene Meer verlaufen, durchaus auch die Zugrichtung Nordost, sodass eine Gefährdung Westeuropas nicht vollständig ausgeschlossen werden kann.

Einflussfaktor geringe Bodenreibung

Da sich tropische Wirbelstürme aufgrund geringer **Bodenreibung** nur über **sehr großen Wasserflächen** weiterentwickeln können, besteht für die im Westen durch das Festland von Frankreich und die Beneluxstaaten geschützte Bundesrepublik nur eine geringe Gefahr von der Seeseite aus.

Einflussfaktor Wassertemperatur

Da sich ein tropischer Wirbelsturm nach gängiger Lehrmeinung nur ab einer **oberflächlichen Wassertemperatur von ca. 26 °C** bilden kann – dies hängt mit der im verdunstenden Wasser enthaltenen latenten Wärmeenergie zusammen –, müsste die durch einen Klimawandel erzeugte zusätzliche Erwärmung des Meeres sehr hoch sein. Derzeit beträgt die mittlere Wassertemperatur in den oberflächennahen Schichten des Nordatlantiks im Bereich der gemäßigten Breiten zwischen 10 °C im Norden und 20 °C im Süden (M 4, Atlas). Die Erwärmung des Meereswassers müsste also mindestens 6 °C betragen. Ein so hoher Wert ist bei einer Fortsetzung des aktuellen Tempos der **Meereserwärmung** um 0,11 °C pro Dekade bzw. um max. 1,5 °C bis 2100 (M 4) zumindest für die außertropischen Gebiete in den nächsten Jahrzehnten nicht zu erwarten.

(Zusatzinformation: Da es nach neuesten Erkenntnissen jedoch auch auf den Temperaturunterschied zwischen Oberflächenwasser und der Luft in höheren Schichten ankommt, könnten evtl. auch geringere Meerestemperaturen zwischen 20 und 24 °C bereits ausreichen.)

Mögliche Gewichtung der Teilaufgaben: 20 % : 20 % : 20 % : 40 %

Checkliste

Aspekt	ja	teilweise	nein	weiß nicht
TEILAUFGABE 1 a				
Habe ich die Entstehung des Südostpassats mithilfe meiner Kenntnisse der globalen Zirkulation der Atmosphäre (mittlere globale Druckverteilung, Corioliseffekt etc.) erklärt?	☐	☐	☐	☐
TEILAUFGABE 1 b				
Bin ich bei der räumlichen Zuordnung auf Jahresniederschlag und -verteilung, Temperatur und Lage (Relief, Luv/Lee) der jeweiligen Station eingegangen?	☐	☐	☐	☐
TEILAUFGABE 2				
Habe ich die Wolkenformation im Satellitenbild als tropischen Wirbelsturm identifiziert?	☐	☐	☐	☐
Habe ich mich auf die Entstehung eines solchen Sturms konzentriert und diese zusammenhängend erklärt?	☐	☐	☐	☐
TEILAUFGABE 3				
Habe ich die Entstehungsbedingungen tropischer Wirbelstürme mit den aktuellen und den prognostizierten Rahmenbedingungen im Nordatlantik verglichen?	☐	☐	☐	☐

Klausuren Geographie
Klausur 3

Bearbeitungszeit: 120 Minuten

Thema: Schwarzerden in Europa – Entstehung, Eigenschaften und Gefährdung

Aufgabenstellung

1. Charakterisieren Sie die europäischen Gebiete mit Schwarzerde.
2. Schwarzerden kommen bevorzugt auf Löss vor. Erklären Sie die Entstehung dieses Sediments.
3. Löss der gemäßigten Breiten besitzt einen relativ hohen Gehalt an Dreischichttonmineralen. Erläutern Sie mithilfe von M 2, was dies für die Bodenfruchtbarkeit bedeutet.
4. Vergleichen Sie Schwarzerde und Rendzina hinsichtlich ihrer Entstehung und ihrer agrarischen Nutzbarkeit.
5. Die Gebiete mit Schwarzerden sind potenziell gefährdet durch Bodendegradation infolge industrialisierter Landwirtschaft. Unter dem sogenannten „Dustbowl-Syndrom" werden verschiedene Symptome und Zusammenhänge zusammengefasst, die auch für Schwarzerdegebiete zutreffen.
   Erstellen Sie – ausgehend von M 5 – ein Wirkungsgefüge, das mindestens zehn Ursache-Wirkungs-Zusammenhänge dieses Syndroms enthält.

M 1: Bodenkarte Europas

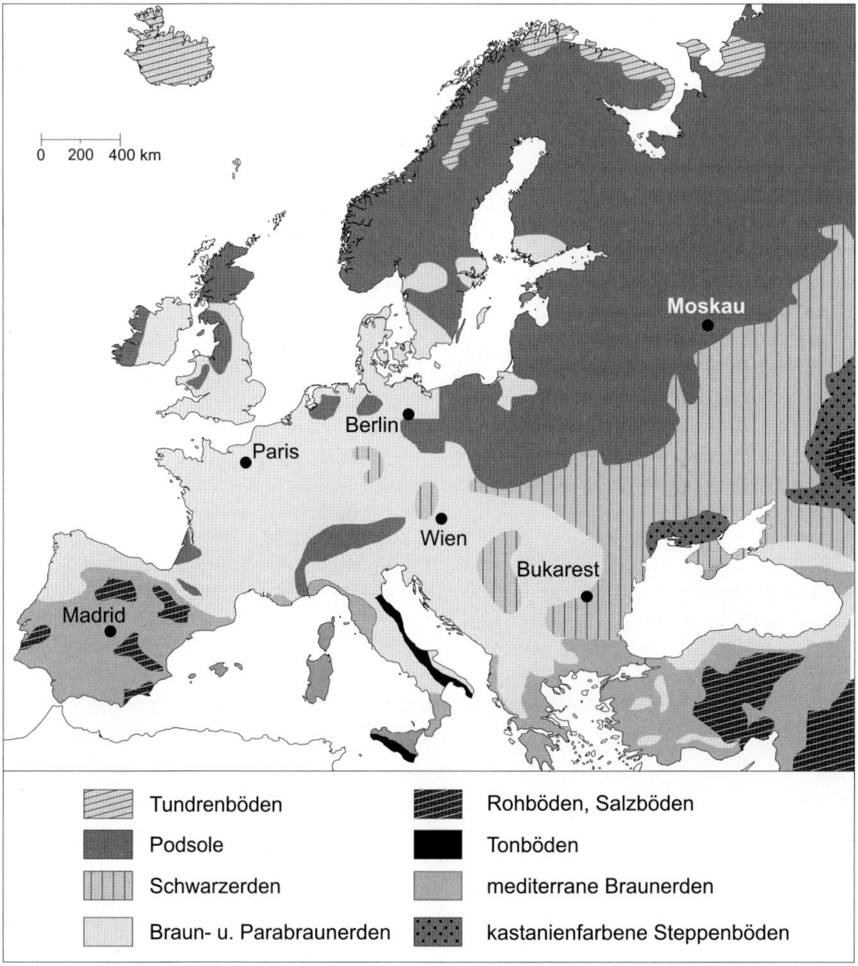

Quelle: eigene Darstellung

M 2: Strukturschemata von Tonmineralen

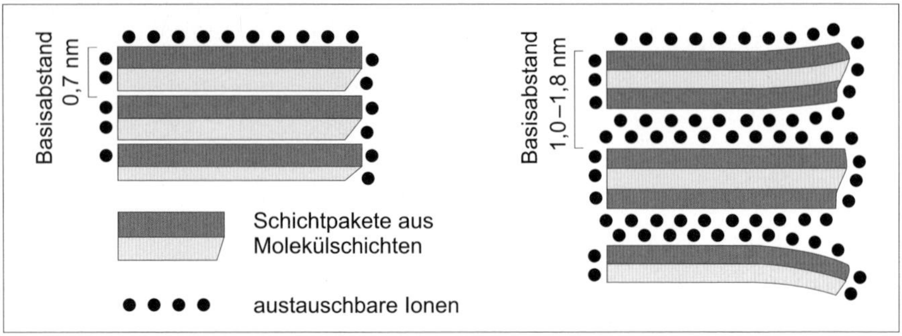

Quelle: Darstellung nach Lamberty, M.: Mineralstoff-Recycling. Aus: geographie heute, Nr. 209, © 2003 Friedrich Verlag, Seelze

M 3: Bodenprofil Schwarzerde

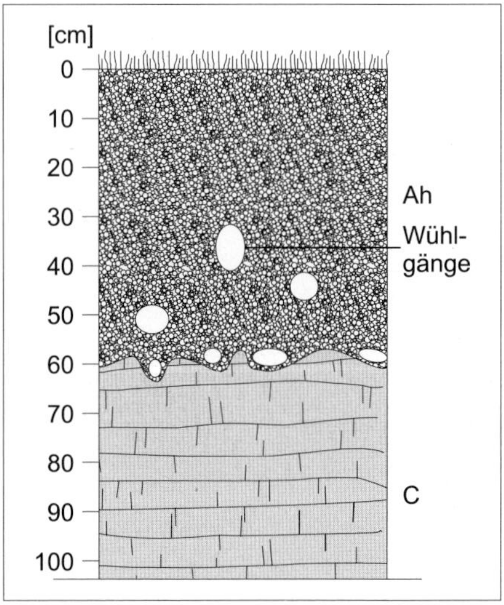

M 4: Bodenprofil Rendzina

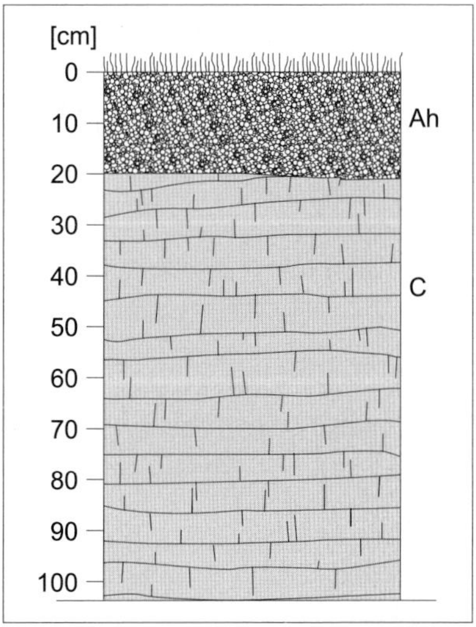

Quelle M 3/M 4: Darstellung nach Abitur-Training Geographie, Schwerpunktthemen Baden-Württemberg 2014, Freising: Stark Verlag 2013

M 5: Syndrom-Konzept

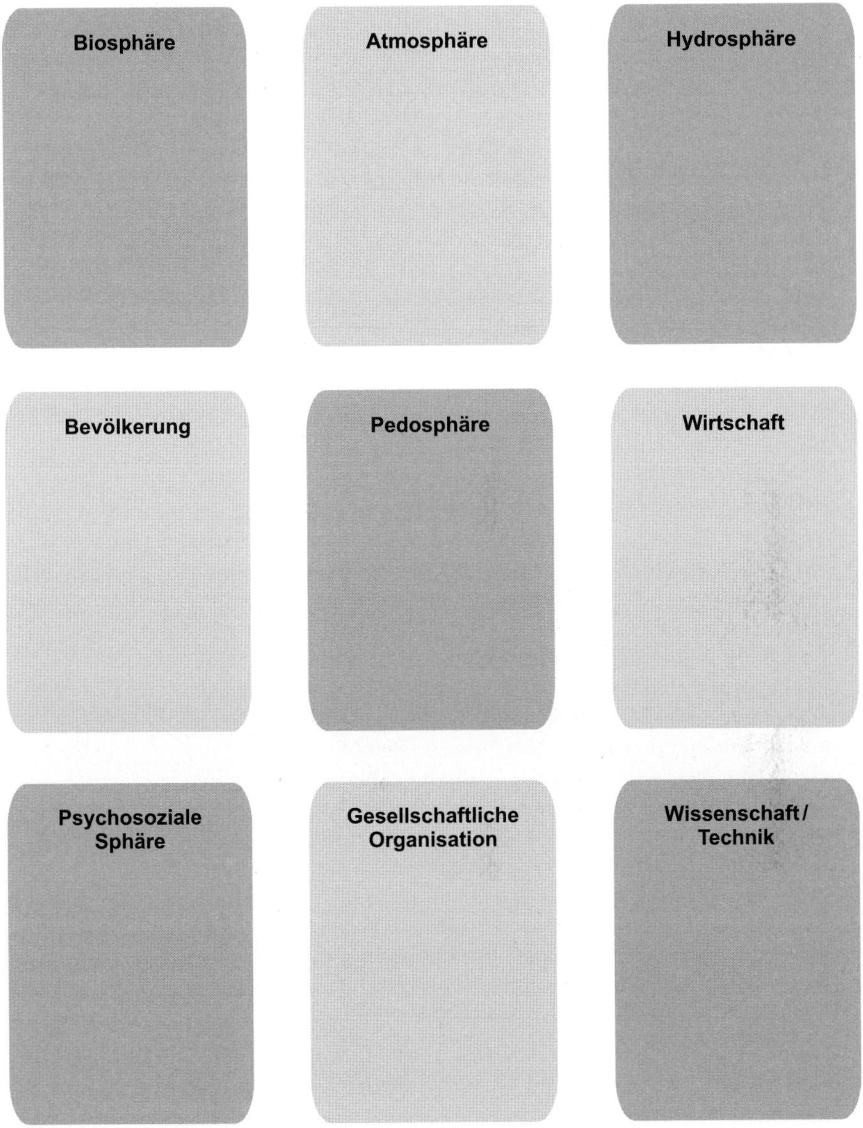

Quelle: eigene Darstellung

Lösungsvorschläge

1. *Bei dieser Teilaufgabe sollen Sie zunächst die Verbreitung der Schwarzerden in Europa beschreiben und dieses Gebiet dann in seinen klimatischen Grundzügen bestimmen (AFB I). Wichtig ist, dass Sie hierfür auch den Atlas zurate ziehen.*

Verbreitung der Schwarzerde

Das größte zusammenhängende Gebiet mit Schwarzerde liegt in Europa **zwischen den Karpaten und dem Ural** und überwiegend **zwischen 45 und 55 ° n. Br.** (M 1, Atlas). Es findet östlich seine Fortsetzung in Asien bis weit nach Sibirien. Weitere, kleinere Vorkommen in Europa sind meist reliktisch, d. h., sie entstanden unter vergangenen klimatischen Bedingungen. Ein bekanntes Beispiel hierfür sind z. B. die Schwarzerden der deutschen Bördenlandschaften im Raum Erfurt-Halle-Magdeburg.

Klimatische Voraussetzungen

Die größten Gebiete Europas mit Schwarzerden unter klimatischen Erhaltungsbedingungen finden sich in Gebieten **kontinentalen, semiarid gemäßigten Klimas** mit heißen, trockenen Sommern und kalten Wintern. Die potenziell natürliche Vegetation dieser Gebiete ist die **Langgrassteppe**.

2. *Hier sollen Sie die Entstehung des Löss durch eigenes Wissen aus dem Unterricht zusammenhängend darstellen (AFB II).*

Auswehung während der Kaltzeiten aus dem Periglazialgebiet

Lössablagerungen entstanden während der vergangenen **Kaltzeiten** im eisfreien Bereich vor dem Eisrand des skandinavischen Eisschildes. Im **Periglazialgebiet** befanden sich ausgedehnte vegetationslose Schotterflächen bzw. Sander. Starke, von den Gletschern her wehende **kalte Fallwinde** bliesen staubfeines Material aus den fluvioglazialen Sedimenten aus und lagerten

Sedimentation

dieses als **äolisches Sediment** bei Abnahme der Windgeschwindigkeit ab. Teilweise kam es auch zur Ablagerung im Zusammenhang mit Niederschlag in Form von Regen oder Schnee. Wichtig für die Fixierung des äolischen Lockersediments war das Vorhandensein von **Tundrenvegetation** in Form von Moosen, Gräsern und Zwergsträuchern. Ohne diese wäre es zu rascher Umlagerung durch Wind und Wasser (Schwemmlöss) gekommen.

3. *Der Operator „Erläutern" fordert hier von Ihnen, dass Sie zunächst mithilfe der Abbildung M 2 den Aufbau der Dreischichttonminerale beschreiben, auch in Abgrenzung zu den ebenfalls abgebildeten Zweischichttonmineralen. In einem zweiten Schritt sollen Sie dann erklären, was dieser Aufbau der Tonminerale mit der Bodenfruchtbarkeit zu tun hat (AFB II).*

Dreischichttonminerale, z. B. **Illit** oder **Montmorillonit**, besitzen einen **größeren, variableren Zwischenraum als Zweischichttonminerale**. Der Abstand von Schichtpaket zu Schichtpaket, der sogenannte **Basisabstand**, beträgt bei Dreischichttonmineralen zwischen 1 und 1,8 nm – deutlich mehr als bei Zweischichttonmineralen mit 0,7 nm (M 2).

Großer, variabler Basisabstand

In der Variabilität und im insgesamt größeren Basisabstand ist begründet, dass Dreischichttonminerale eine sehr viel **größere ladungstragende Mineraloberfläche** und damit eine **sehr hohe Kationenaustauschkapazität** besitzen. Letztere ist maßgeblich für die Bodenfruchtbarkeit, da die Kationen, die hier reversibel gebunden werden können, den Pflanzen als Nährstoffe dienen.

Sehr hohe Kationenaustauschkapazität

4. *Hier sollen Sie die Gemeinsamkeiten und Unterschiede von Schwarzerde und Rendzina im Hinblick auf deren Entstehung und auf die landwirtschaftliche Nutzbarkeit einander gegenüberstellen und abschließend ein Ergebnis Ihrer vergleichenden Betrachtung formulieren (AFB II).*

Für Schwarzerden charakteristisch ist die **Anreicherung von Humus** im mächtigen Ah-Horizont. Dies geschieht bei einem relativ trockenen Klima mit kühlen Wintern und warmen Sommern. Durch die klimatischen Rahmenbedingungen kann organische Substanz nur sehr langsam abgebaut werden. Durch **Bodentiere** kommt es zu einer **tiefgründigen Einarbeitung der organischen Substanz** (Bioturbation) und zur Lockerung des Bodengefüges. Außerdem spielt entgegen früherer Annahmen die **Einwaschung und Verlagerung organischer Substanz** in tiefere Bodenschichten eine wichtige Rolle bei der Entstehung der mächtigen Ah-Horizonte. Im porösen Krümelgefüge der Böden herrscht eine gute Durchlüftung und bei einem Porenvolumen von bis zu 50 % auch eine sehr hohe Wasserspeicherkapazität.

Kennzeichen von Schwarzerde

Basierend auf der Vermischung von Humus- und Lössbestandteilen entstanden **Ton-Humus-Komplexe mit hoher Kationenaustauschkapazität (KAK)**, bedingt durch einen großen Anteil an Huminstoffen und Tonmineralen.

Rendzinen entstehen auf kalkhaltigem Ausgangsgestein wie Kalkstein, Dolomit oder Mergel. Der **Ah-Horizont** ist meist **relativ geringmächtig**, aber aufgrund **biologischer Aktivität sehr humusreich** und befindet sich direkt auf dem Ausgangsgestein (C-Horizont). Neben der physikalischen Verwitterung des Kalksteins spielt in erster Linie die Lösungsverwitterung eine wichtige Rolle. Die Bildung mineralischer Bodensubstanz basiert v. a. auf Rückständen der Kalkverwitterung, den Residualtonen und Residuallehmen. Dadurch besitzt der Bodentyp eine **hohe**

Kennzeichen von Rendzina

Kationenaustauschkapazität. Außerdem ist auch das Porenvolumen hoch und infolgedessen der Luft- und Wasserhaushalt günstig. Die Rendzina kann ein Entwicklungsstadium auf dem Weg zur Braunerde sein. Bei Erosion, z. B. durch Ackerbau oder Hangneigung, wird die Entwicklung zur Braunerde unterbrochen; die Rendzina bleibt erhalten bzw. stagniert.

Fazit

Schwarzerde und Rendzina besitzen beide nur einen Ah- und C-Horizont. Beim C-Horizont handelt es sich bei beiden um kalkhaltiges Ausgangsgestein, jedoch ist dies bei der Schwarzerde meist das Lockersediment Löss, bei der Rendzina in der Regel Kalkstein oder Dolomit. Beide Bodentypen eignen sich bezüglich ihrer physikalischen und chemischen Bodeneigenschaften gut für eine landwirtschaftliche Nutzung; insgesamt schneidet dabei die Schwarzerde aber besser ab. Die Rendzina ist zudem in der landwirtschaftlichen Nutzbarkeit deutlich eingeschränkt durch ihre geringe Mächtigkeit, die im Gegensatz steht zur teils enormen Mächtigkeit des Ah-Horizontes der Schwarzerden.

5. *Von Ihnen wird erwartet, dass Sie die Anfälligkeit der Schwarzerde für Bodendegradation in einem Wirkungsgefüge schlüssig und zusammenhängend darstellen. Dabei müssen Sie darauf achten, dass im Schaubild tatsächlich nur Ursache-Wirkungs-Zusammenhänge durch einfache Pfeile dargestellt werden (AFB II).*
Das folgende Schaubild stellt die wesentlichen Ursache-Wirkungs-Zusammenhänge des Dustbowl-Syndroms dar.

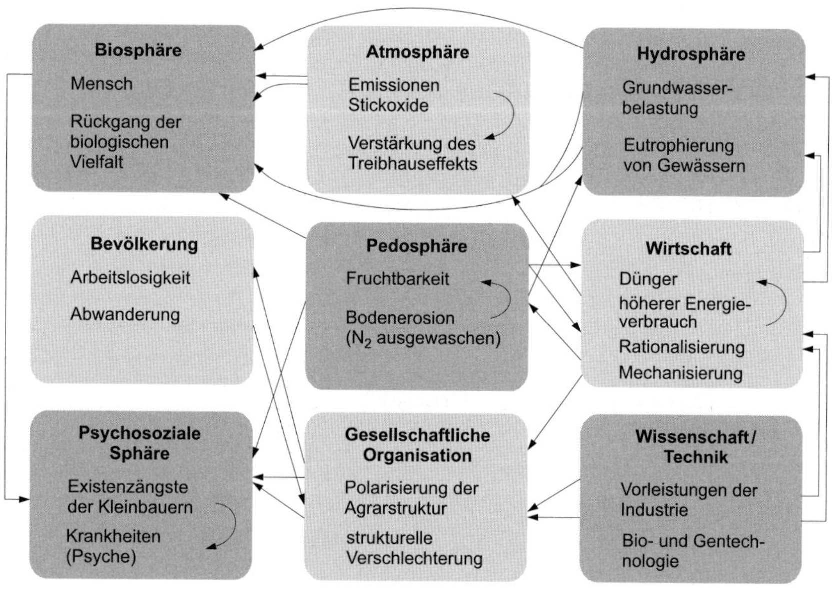

Mögliche Gewichtung der Teilaufgaben:
15 % : 15 % : 20 % : 25 % : 25 %

Checkliste

Aspekt	ja	teil-weise	nein	weiß nicht
TEILAUFGABE 1				
Habe ich die europäischen Gebiete mit Schwarzerden räumlich, klimatisch und im Hinblick auf die potenziell natürliche Vegetation charakterisiert?	☐	☐	☐	☐
TEILAUFGABE 2				
Habe ich die Entstehung von Löss mit Bezug zu den Kaltzeiten erklärt?	☐	☐	☐	☐
Bin ich auch auf die Bedeutung der Vegetation im Sedimentationsgebiet eingegangen?	☐	☐	☐	☐
TEILAUFGABE 3				
Habe ich zunächst anhand von M 2 die für die Fragestellung wesentlichen Zusammenhänge beschrieben?	☐	☐	☐	☐
Konnte ich die Vorteile der Dreischichttonminerale für die Bodenfruchtbarkeit mit Bezug zum Basisabstand korrekt erklären?	☐	☐	☐	☐
TEILAUFGABE 4				
Ist es mir gelungen, die beiden Bodentypen hinsichtlich Ah-Horizont, KAK, biologischer Aktivität und Bodenmächtigkeit zu vergleichen?	☐	☐	☐	☐
Habe ich ein Ergebnis des Vergleichs formuliert?	☐	☐	☐	☐
TEILAUFGABE 5				
Konnte ich zehn Ursache-Wirkungs-Zusammenhänge zur Entstehung der Bodendegradation bei Schwarzerden darstellen?	☐	☐	☐	☐
Sind meine Ursache-Wirkungs-Zusammenhänge schlüssig und nachvollziehbar?	☐	☐	☐	☐
Ist die Struktur meiner Darstellung übersichtlich?	☐	☐	☐	☐

Klausuren Geographie
Klausur 4

Bearbeitungszeit: 90 Minuten

Thema: Wasserprobleme im 21. Jh.: Der Grand Ethiopian Renaissance Dam (GERD) in Äthiopien

Aufgabenstellung

1. Lokalisieren Sie den Nil und beschreiben Sie seinen Verlauf mit Blick auf die naturräumlichen Gegebenheiten, die Bevölkerungsverteilung und die landwirtschaftliche Nutzung am Hauptstrom.
2. Kennzeichnen Sie Lage, Zielsetzung und Umsetzung des äthiopischen Staudammprojekts Grand Ethiopian Renaissance Dam (GERD).
3. Nehmen Sie kritisch Stellung zu diesem Staudamm-Projekt unter Berücksichtigung der Bedeutung des Flusses für die Gesamtregion.

M 1: Ägypten: Bevölkerungsdichte, Landnutzung, Wirtschaft um 1990

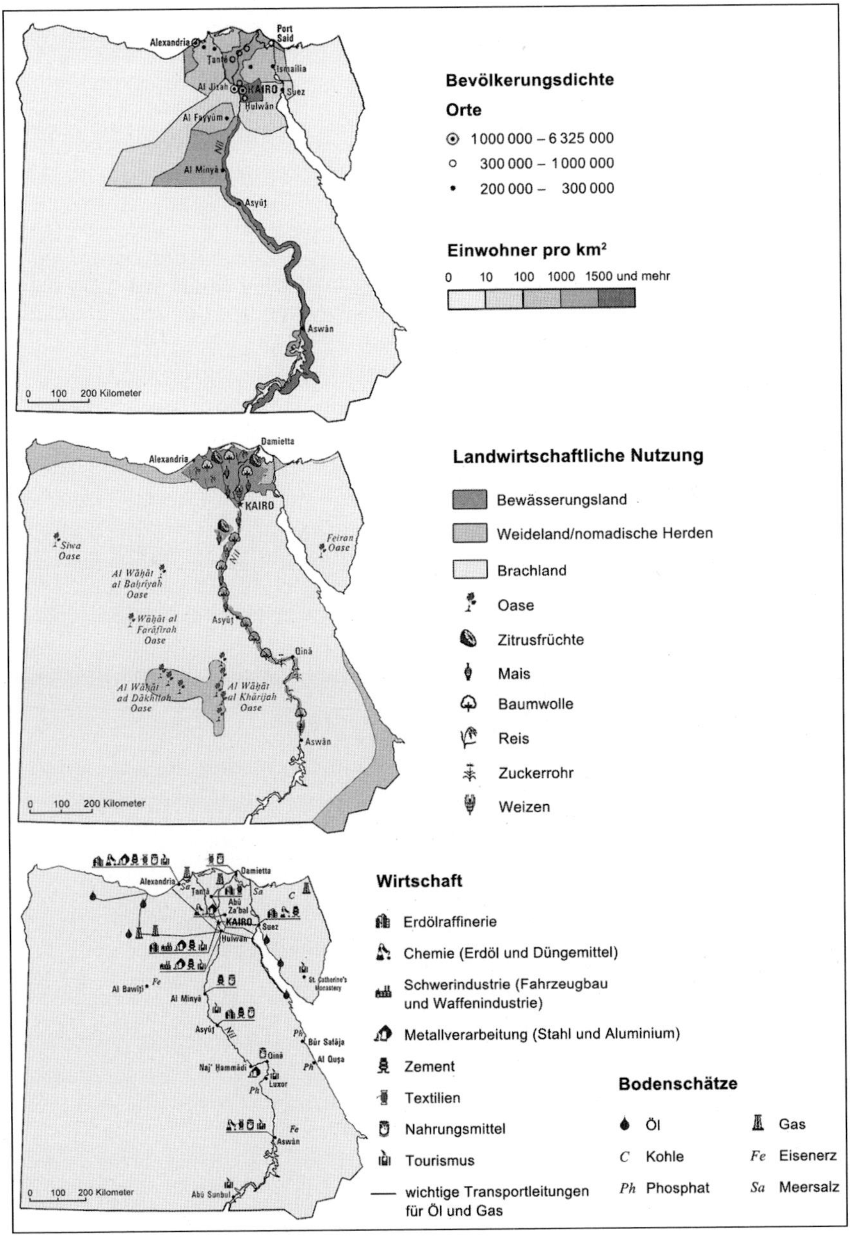

Quelle: eigene Darstellung nach weltkarte.com

M 2: Einzugsgebiet des Nil – Daten und Fakten

Länge	6 650 km
Einzugsgebiet – Fläche – Bevölkerung	 Ca. 3,2 Mio. km^2 Ca. 400 Mio.
Nutzung des Nilwassers	– Versorgung mit Trinkwasser, in Ägypten zu 97 % – Bewässerungslandwirtschaft in der Flussoase: Anbau von Reis, Weizen, Gemüse, Baumwolle, Zuckerrohr – Stromerzeugung am Unterlauf in Ägypten durch Assuanstaudamm
Wasserverteilung	Basierend auf Abkommen von 1959; jährlicher Anteil Ägyptens 55,5 Mio. m^3, Sudan 18,5 Mio. m^3

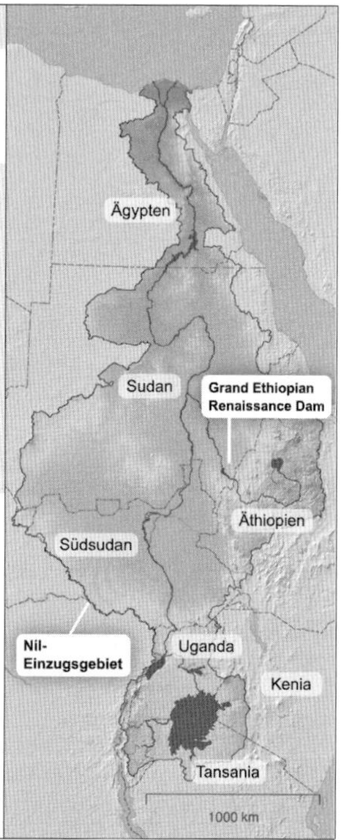

Entwicklungsstand der Nil-Anrainerstaaten

HDI* 2019		
Ägypten	0,707	(Rang 116)
Äthiopien	0,485	(Rang 173)
Sudan	0,510	(Rang 170)

* Human Development Index: Indikator für Entwicklungsstand von Ländern; hohe Entw.: 0,8 – 1,0; mittel: 0,5 – 0,8; niedrig: < 0,5

Versorgung der Bevölkerung mit Strom 2019	
Ägypten	100 %
Äthiopien	47 %
Sudan	47 %

Quelle: eigene Zusammenstellung, Daten nach UNDP, Haack Weltatlas, CIA World Factbook, Al Jazeera Media Network (Tabelle); verändert nach Imagico/Wikipedia, CC BY-SA 2.5 (Karte)

M 3: Der Grand Ethiopian Renaissance Dam (GERD)

Bauplanung	– Größtes afrikanisches Staudammprojekt – Siebtgrößter Staudamm der Erde – Kosten: 5 Mrd. US-$ – Baubeginn Dezember 2010 – Ursprünglich geplante Fertigstellung 2017/2018 – Beginn der Auffüllung des Stausees wegen Bauverzögerung erst 2020; nach erster zweijähriger Auffüllphase voraussichtlicher Wasserstand bei 595 von 632 m – Bauliche Fertigstellung im September 2021; geplante Inbetriebnahme der ersten Turbinen im Sommer 2021 nicht realisiert; frühester Termin zur endgültigen Fertigstellung (nach unterschiedlichen Angaben frühestens 2023, spätestens 2028)
Stromerzeugung und -verwendung	– Ca. 6 000 MW durch 16 Turbinen – *Zukünftig:* Abdeckung des inländischen Strombedarfs der Bevölkerung und sich entwickelnder Industrien; Export von Elektrizität bei Überschüssen, z. B. an das Nachbarland Sudan
Reservoir	– Volumen: 74 Mrd. m^3 Wasser; entspricht ungefähr dem Durchfluss des Blauen Nil an der Grenze zum Sudan – Fläche: 1 680 km^2 (zum Vergleich: Bodensee 536 km^2)
Hauptdamm	Länge: 1 780 m; Höhe: 155 m

Quelle: eigene Zusammenstellung nach Praxis Geographie 1/2021, S. 17–21; https://www.graphic-news.com/de/pages/35855/athiopien-grand-ethiopian-renaissance-dam-gerd; www.dw.com/de/%C3%A4thiopien-nimmt-kraftwerk-am-nilstaudamm-in-betrieb/a-57600757, https://www.wiwo.de/technologie/wirtschaft-von-oben/wirtschaft-von-oben-126-grand-ethiopian-renaissance-dam-gelingt-aethiopien-der-durchbruch-mit-dem-mega-staudamm/27686628.html (Tabelle); picture alliance/dpa/Adwa Pictures Plc | Yirga Mengistu (Foto)

M 4: Ägypten – Wasserversorgung

M 4a: Wasserverfügbarkeit pro Jahr und Kopf (in m³)

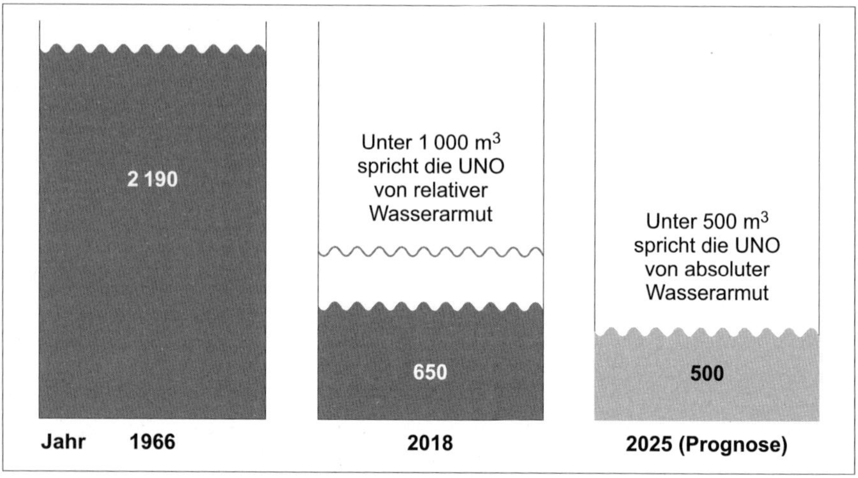

Quelle: verändert nach (NZZ / Joana Kelén – Grafik) Daniel Steinvorth: Ägypten kämpft um sein blaues Gold, NZZ vom 18. 09. 2018, https://www.nzz.ch/international/aegypten-der-kampf-ums-wasser-des-nils-ld.1420687

M 4b: Zeitungsmeldung

Das Wasserministerium in Kairo kündigte bereits Anfang Mai [2021] an, den Anbau von Reis im laufenden Jahr landesweit nur noch auf einer Fläche von etwa 300 000 Hektar zu genehmigen. 2019 waren es noch rund 445 000 Hektar. Zudem sollen Landwirte, die das wasserintensive Getreide illegal anbauen, umgehend mit Geldstrafen belegt werden.

Quelle: qu/uh (dpa, ap): Äthiopien nimmt Kraftwerk am Nilstaudamm in Betrieb, DW vom 20. 05. 2021, https://www.dw.com/de/%C3%A4thiopien-nimmt-kraftwerk-am-nilstaudamm-in-betrieb/a-57600757

Lösungsvorschläge

1. *In dieser Teilaufgabe sollen Sie zunächst den Fluss Nil räumlich einordnen. Mit Blick auf die gesamte Klausur sollten Sie den Flusslauf von der Quelle bis zur Mündung sowie die Länder, die an ihm liegen, betrachten. Hierzu benötigen Sie den Atlas und M 1. Im Anschluss daran wird von Ihnen erwartet, dass Sie verschiedene Besonderheiten des Einzugsgebiets des Nil erarbeiten, Ihre Ergebnisse gemäß dem Operator „Beschreiben" geordnet darlegen und auch die entsprechenden Fachbegriffe verwenden. Dies schließt die naturräumlichen Gegebenheiten, v. a. die klimatischen Bedingungen, genauso ein wie die Nutzung des Nilwassers für die Landwirtschaft sowie die Bevölkerungsverteilung und -dichte (Atlas, M 1, M 2).*

Lage

Der Fluss Nil liegt im Osten bzw. Nordosten Afrikas. Der **Hauptstrom**, der die Länder Sudan und Ägypten durchfließt, wird von den zwei **Zuflüssen** Blauer und Weißer Nil gespeist. Der Blaue Nil hat seine **Quelle** am Tanasee in Äthiopien, der Weiße Nil entspringt in Ruanda und Burundi und fließt dann durch die Länder Tansania, Uganda und Südsudan. Bei Khartum im Sudan treffen sich beide **Quellflüsse** und vereinigen sich im Hauptstrom, der ins Mittelmeer mündet (M 1, Atlas).

Naturräumliche Gegebenheiten

Der Naturraum verändert sich im Flussverlauf, der sich auf eine Länge von 6 650 km erstreckt. Das **Einzugsgebiet** des Flusssystems, in dem ca. 400 Mio. Menschen leben, umfasst eine Fläche von 3,2 Mio. km^2. Die Quellflüsse entspringen jeweils im Bergland in Höhen von mehr als 4 000 m. Während der Weiße Nil am Rand der **inneren Tropen** nach Norden in Richtung der **Savannen** fließt, fließt der Blaue Nil aus der **Dornstrauchsavanne** kommend zunächst Richtung Süden und Westen, um dann nach Norden abzuknicken. Die Landhöhen reduzieren sich im Verlauf auf 200 bis 500 m. Der Lauf des Hauptstroms ist von der **Wüste Sahara** umgeben. Bei Merowe im Sudan und Assuan in Ägypten ist der Fluss aufgestaut. Ab Assuan verbreitert sich der Flusslauf. Im **Mündungsbereich** sind die Landhöhen gering und der Fluss fächert sich deltaförmig in verschiedene Arme auf (M 1, M 2, Atlas).

Bevölkerungsverteilung und landwirtschaftliche Nutzung

Entlang des Flusses liegen zahlreiche große Städte, wobei die **Siedlungsdichte** v. a. am Hauptstrom in Richtung Norden zunimmt. Insbesondere am Unterlauf im ägyptischen Teil reihen sich zahlreiche Städte aneinander, u. a. befinden sich hier die ägyptischen Großstädte Luxor, Gizeh, die Hauptstadt Kairo und Alexandria. Die **Bevölkerungsdichte** liegt hier meistens über 1 000 Einw./km^2, im Großraum Kairo sogar bei mehr als 1 500 Einw./km^2. Entlang des gesamten Unterlaufs wird Landwirtschaft betrieben: Hier werden **Grundnahrungsmittel** wie Weizen, Reis oder Mais angebaut. Weitere Anbauprodukte sind Zitrusfrüchte und Zuckerrohr sowie als Nutzpflanze Baumwolle. Der Anbau findet auf **Bewässerungsland** statt, was durch die Nutzung des Nilwassers ermöglicht wird (M 1, M 2, Atlas).

2. *Gemäß dem Operator „Kennzeichnen" sollen Sie in dieser Teilaufgabe zunächst Merkmale des Staudammprojekts GERD herausarbeiten. Hierzu ist es erforderlich, die zentralen Informationen aus M 1–M 3 zu entnehmen und in Bezug auf die Lage und die Planung bzw. die Um- und Zielsetzung des Projekts zu verdeutlichen. Setzen Sie Ihre Ergebnisse auch in Bezug zur Situation in der Region, d. h., berücksichtigen Sie Informationen zum Entwicklungsstand verschiedener Anrainer sowie zur Infrastruktur (hier: Stromversorgung).*

Lage und Eckdaten

Beim Grand Ethiopian Renaissance Dam (GERD) handelt es sich um das größte bisher realisierte **Staudammprojekt** in Afrika und das siebtgrößte Staudammprojekt der Erde. Die Kosten liegen bei insgesamt 5 Mrd. US-$. Der Standort befindet sich am Blauen Nil an der Grenze von Äthiopien zum Sudan. Der Blaue Nil soll hier durch einen **Hauptdamm** aufgestaut werden, der 1,7 km lang und 155 m hoch ist. Dahinter entsteht durch das Aufstauen ein **Reservoir** mit einem Volumen von 74 Mrd. m^3, was ungefähr dem Durchfluss des Blauen Nil an diesem Ort entspricht. Die Fläche umfasst 1 680 km^2 und ist damit ungefähr drei Mal so groß wie der Bodensee. Der **Wasserstand** soll maximal 632 m betragen, nach einer Auffüllphase von zwei Jahren sollen bereits 595 m erreicht werden (M 1, M 3).

Ziel- und Umsetzung

Das Hauptziel des Projekts ist es, die **Stromversorgung** in Äthiopien auszubauen und somit den inländischen Strombedarf zu decken: Derzeit werden nur 47 % der Bevölkerung im Land mit Strom versorgt. Darüber hinaus soll der Staudamm die wirtschaftliche Entwicklung vorantreiben: Äthiopien ist aufgrund seines niedrigen **HDI** von 0,485 als Entwicklungsland einzustufen; durch den Bau des Staudamms sollen sowohl sich entwickelnde **Industrien** von der Stromproduktion profitieren als auch mögliche **Stromüberschüsse** z. B. in das Nachbarland Sudan **exportiert** werden. Denn dort liegt der Versorgungsgrad der Bevölkerung mit Strom, genau wie in Äthiopien selbst, nur bei 47 % und der Entwicklungsstand ist mit einem HDI von 0,510 ebenfalls vergleichbar. Im Gegensatz dazu profitiert das Nachbarland Ägypten schon jetzt von der Nutzung des Nilwassers und wäre nicht auf Stromlieferungen aus Äthiopien angewiesen. Bereits jetzt werden 100 % der Bevölkerung in Ägypten mit Strom versorgt und der HDI liegt bei 0,707, was einen deutlich höheren Entwicklungsstand widerspiegelt (M 1, M 2, M 3).

Die **Wasserkraft** des aufgestauten Flusses soll in 16 Turbinen, die unterhalb der Staumauer liegen, zur **Stromgewinnung** genutzt werden. Die geplante Strommenge beträgt 6 000 MW. Die Fertigstellung wurde ursprünglich nach einer Bauzeit von 7–8 Jahren angesetzt, der Beginn der Auffüllung des Reservoirs musste aber aufgrund von Bauverzögerungen auf 2020 verschoben werden. Die ersten Turbinen sollten schließlich im Sommer 2021 in Betrieb genommen werden, jedoch verzögert sich die Inbetriebnahme trotz des Abschlusses der Baumaßnahmen. Die endgültige Fertigstellung wurde auf frühestens 2023 verschoben; weitere Verzögerungen sind aber nicht ausgeschlossen (M 3).

3. *In dieser Teilaufgabe wird erwartet, dass Sie auf der Grundlage Ihrer bisherigen Erarbeitung und der Materialaussagen aus M 1–3 und unter Berücksichtigung des Materials M 4 kritisch Stellung zum Staudammprojekt nehmen. Hierbei sollen Sie sowohl positive als auch negative Aspekte anführen. Wichtig ist, dass Sie sich klar machen, welche Auswirkungen der Eingriff in das Flusssystem für die Region flussabwärts hat. Denn nur so gelangen Sie zu einer begründeten Einschätzung des Sachverhalts.*

Eingriff ins Flusssystem

Äthiopien gehört zu einem der ärmsten Länder der Welt, was durch Platz 173 im **HDI-Ranking** deutlich wird. Das Staudammprojekt GERD hat daher für das Land eine große Bedeutung, da hierdurch wichtige Impulse für die **wirtschaftliche Entwicklung** gesetzt werden können und ein Ausbau der Infrastruktur ermöglicht würde. Die Verzögerungen bei der Realisierung des Projekts ziehen daher auch einen Aufschub notwendiger Entwicklungsimpulse nach sich. Andererseits stellt das Projekt einen **Eingriff in den Wasserhaushalt** und in das **Abflussregime** des Flusssystems Nil dar, weshalb auch die anderen Staaten und Millionen von Menschen im **flussabwärts** liegenden Teil des Einzugsgebiets von dieser Maßnahme betroffen sind. Basierend auf einem **internationalen Abkommen** von 1959 wurde den Ländern Sudan und Ägypten eine bestimmte Menge Nilwasser jährlich zugesagt: Der Umfang beträgt für den Sudan 18,5 Mio. m^3, für Ägypten sogar 55,5 Mio. m^3. Betrachtet man die Größe des Projekts und das Wasservolumen, das das Reservoir umfasst, wird sich die für diese Länder dann noch verfügbare Wassermenge nach Fertigstellung des äthiopischen Staudamms zukünftig drastisch reduzieren (M 2, M 3).

Folgen für Anrainer

Dies hat Folgen für die **Trinkwasserversorgung** der Bevölkerung flussabwärts. So werden z. B. in Ägypten gegenwärtig 97 % des Trinkwasserbedarfs durch den Nil abgedeckt. Ägypten wird außerdem die Grundlage seiner **Nahrungsmittelversorgung** sowie seiner Wirtschaft im Allgemeinen genommen: nicht nur weil entlang des Unterlaufs **Bewässerungslandwirtschaft** betrieben wird, die durch den Bau des GERD gefährdet ist, sondern weil sich dort auch zahlreiche **Industrien** befinden, u. a. Nahrungsmittel-, Textil-, chemische und Schwerindustrie, die auf das **Brauchwasser** aus dem Nil angewiesen sind. Nicht zuletzt wäre auch der Tourismus betroffen, wenn die Wasserversorgung nicht gewährleistet wäre.

Reduzierung der Wasserverfügbarkeit

Laut UNO kann man bei einer Wasserverfügbarkeit von unter 1 000 m^3 pro Kopf und Jahr von **relativer Wasserarmut** sprechen. Bereits 2018 lag die Verfügbarkeit von Wasser in Ägypten bei nur noch 650 m^3 pro Jahr und Kopf. Seit 1966, als noch 2 190 m^3 zur Verfügung standen, hat sich die Lage also deutlich verschlechtert. Laut Prognosen wird sich die verfügbare Menge bis 2025 noch weiter verringern. Aufgrund der bereits bestehenden **Wasserknappheit** hat die ägyptische Regierung im Mai 2021 den Anbau des Grundnahrungsmittels Reis auf eine Fläche von 300 000 ha beschränkt und Geldstrafen für den illegalen Anbau angekündigt. Da diese Beschränkung der Anbaufläche aber eine Reduzierung von mehr als 30 % bedeutet, ist bereits jetzt eine Verschärfung der **Ernährungslage** gegeben, die sich nach Inbetriebnahme des GERD weiter zuspitzen wird (M 1, M 4).

Fazit: Konflikt um die Ressource Wasser

So sehr einerseits die Bedürfnisse des Staates Äthiopien nachvollziehbar sind, durch das Staudammprojekt die eigene Bevölkerung mit Strom zu versorgen und möglicherweise eine stärkere wirtschaftliche Entwicklung anzustoßen, dürfen dennoch die von dieser Maßnahme betroffenen Länder nicht außer Acht gelassen werden. Sicher könnte der ägyptische Staat angesichts der ohnehin schon bestehenden und sich durch den **Klimawandel** möglicherweise verschärfenden Wasserknappheit im Land auch Maßnahmen zum Einsatz **wassersparender Bewässerungsmethoden** auf den Weg bringen. Dennoch ist der Region insgesamt in wirtschaftlicher Hinsicht nicht geholfen, wenn ein Land dem anderen sprichwörtlich „das Wasser abgräbt“. Denn die Versorgung mit Nahrungsmitteln würde sich sowohl im Sudan, aber insbesondere in Ägypten verschlechtern und es drohen **Hungersnöte**. Eine Neuvereinbarung für die Wasserversorgung dieser Länder wäre daher sinnvoll und notwendig, um **politische und ggf. auch militärische Konflikte** zu vermeiden.

Mögliche Gewichtung der Teilaufgaben: 20 % : 40 % : 35 %

Checkliste

Aspekt	ja	teil-weise	nein	weiß nicht
TEILAUFGABE 1				
Habe ich bei der Lokalisierung den gesamten Flussverlauf berücksichtigt?	☐	☐	☐	☐
Habe ich naturräumliche Gegebenheiten wie Relief und Klima aufgezeigt?	☐	☐	☐	☐
Habe ich die Bevölkerungsverteilung z. B. anhand der Bevölkerungsdichte oder der Verteilung städtischer Räume dargestellt?	☐	☐	☐	☐
Habe ich die landwirtschaftliche Nutzung entlang des Hauptstroms dargelegt?	☐	☐	☐	☐
TEILAUFGABE 2				
Habe ich die Lage und die Umsetzung des Projekts auch unter Berücksichtigung des Flussverlaufs gekennzeichnet?	☐	☐	☐	☐
Habe ich wichtige Eckdaten wie Größe, Umfang, bauliche Umsetzung des Projekts aufgeführt?	☐	☐	☐	☐
Habe ich die Zielsetzung des GERD-Projekts erarbeitet?	☐	☐	☐	☐
TEILAUFGABE 3				
Habe ich die Vorteile, vor allem aber die kritischen Aspekte des Projekts für die verschiedenen Nil-Anrainer in den Blick genommen?	☐	☐	☐	☐
Habe ich die Folgen unter Berücksichtigung der Bedeutung des Flusses für die Gesamtregion erläutert?	☐	☐	☐	☐
Habe ich Stellung genommen und ein begründetes Fazit gezogen, das das Konfliktpotenzial des Projekts unterstreicht?	☐	☐	☐	☐

Klausuren Geographie
Klausur 5

Bearbeitungszeit: 90 Minuten

Thema: Mineralische Rohstoffe aus dem Meer

Aufgabenstellung

1. Beschreiben Sie Vorkommen und Förderung von Kobaltkrusten, Manganknollen und Massivsulfiden.
2. Erläutern Sie die zunehmende Bedeutung der Förderung von Manganknollen.
3. Bewerten Sie die geplante Förderung der unterseeischen mineralischen Rohstoffe aus ökonomischer und ökologischer Sicht.

M 1: Förderung mineralischer unterseeischer Rohstoffe
(Technik z. T. noch in Entwicklung)

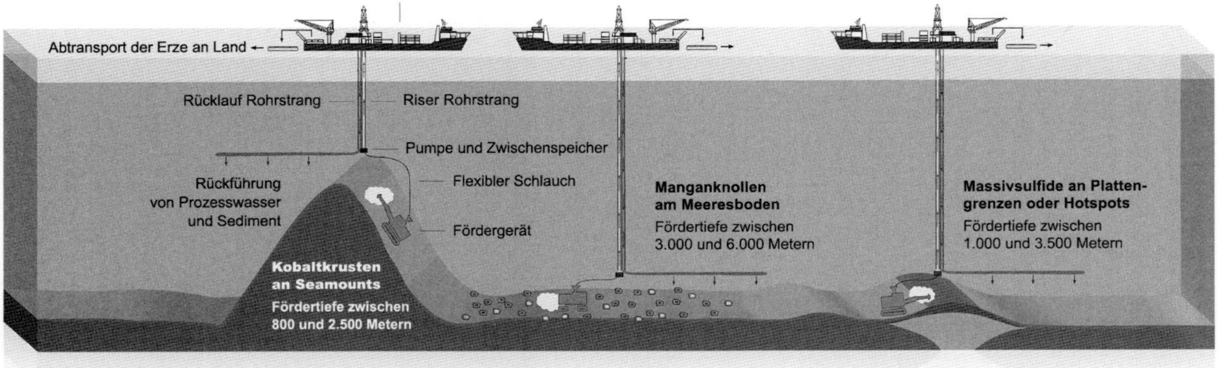

	Kobaltkrusten	Manganknollen	Massivsulfide 500
Fördertiefe	800 bis 2 500 m	3 000 bis 6 000 m	1 000 bis 4 000 m
wichtigste Bestandteile	Silikate, Mangan- und Eisenoxide	Silikate, Mangan- und Eisenoxide	eisenreiche Schwefelverbindungen
wirtschaftlich interessante Metalle	Kobalt, Nickel und Seltene Erden (in Spuren auch Molybdän, Tellur, Zirkon und Platin)	Nickel, Kupfer und Kobalt (in Spuren auch Seltene Erden, Molybdän, Lithium und Titan)	Kupfer und Zink (in Spuren auch Gold, Silber, Germanium, Indium, Tellur und Wismut)
Verwendung	Hightech-Metalle, Umwelt- und Energietechnik	Batteriespeicher, Umwelt- und Energietechnik, z. B. Windräder	Komponenten für die Kommunikationstechnologie

Quelle: GRID Arendal 2013 (www.grida.no/resources), Bearbeitung: Christoph Kersten / GEOMAR, Mineralische Rohstoffe aus der Tiefsee Entstehung, Potential und Risiken, Geomar/Helmholtz, S. 30f., https://www.geomar.de/fileadmin/content/service/presse/public-pubs/rohstoffbroschuere.pdf (Grafik); eigene Zusammenstellung (Tabelle)

M 2: Bedeutung von Mangan

M 2 a: Manganknollen

[…] Die polymetallischen Knollen enthalten neben ihren Hauptbestandteilen, nämlich Mangan- und Eisen-Oxiden, auch circa drei Prozent kritische Metalle*, vor allem Kupfer, Nickel und Kobalt sowie Lithium. Diese Metalle werden für verschiedenste Hightechprodukte ebenso wie für den Ausbau von erneuerbaren Energieträgern, z. B. Windrädern und Batteriespeichern, benötigt. Bei dem derzeitigen Bevölkerungswachstum und ungezügeltem Rohstoffverbrauch wird prognostiziert, dass Landbergbau und Recycling diese Nachfrage ab 2050 nicht mehr abdecken können. Außerdem werden einige Rohstoffe, wie die Seltenen Erden, momentan nur in wenigen Ländern abgebaut, was zu politischer Abhängigkeit führt. Daher wird der Manganknollenabbau trotz der hohen Kosten interessant. […]

[…] Für die Produktion einer Tonne Stahl brauchen Stahlkocher […] sieben Kilogramm des Elements [Mangan]. So verbrauchen sie bis zu 95 Prozent der weltweiten Jahresproduktion von gut 79,4 Millionen Tonnen Mangan. Ersetzen können die Stahlkocher das Element nicht. Mangan ist deshalb das Metall, das die Industrie nach Eisen, Aluminium und Kupfer am vierthäufigsten einsetzt. […]

* kritische Rohstoffe: von der EU definierte Rohstoffe, v. a. Metalle, die in Zukunft für den Wirtschaftsstandort dringend gebraucht werden, deren Verfügbarkeit aber nicht gesichert ist und die deshalb ein Risiko für Europas Wirtschaft darstellen; z. B. Seltene Erden, Indium, Kobalt, Wolfram

Quelle: Janßen, F., Vonnahme, T. & Haeckel, M. (2020): Manganknollen-Abbau gefährdet die Ökosysteme der Tiefsee. Earth System Knowledge Platform (www.eskp.de), CC BY 4.0 (1. Absatz), Gerd Meyring: Rohstoff für die Stahlindustrie, Rohstoff Mangan – Reichtum vom Grund der Weltmeere, verlag moderne industrie GmbH – mi connect vom 25. 08. 2020, https://www.technik-einkauf.de/rohstoffe/rohstoffe-a-z/rohstoff-mangan-reichtum-vom-grund-der-weltmeere-100.html (2. Absatz)

M 2 b: Mineralien in der Produktion von Elektrofahrzeugen

Kathodenmaterial einer durchschnittlichen Nickel-Mangan-Kobalt-Batterie für Elektrofahrzeuge in kg

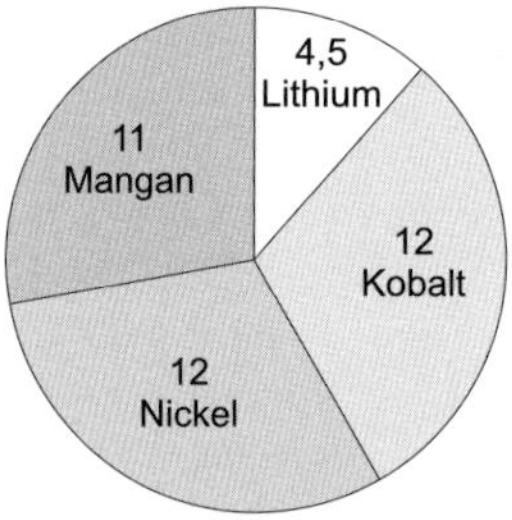

Akkus, in denen Mangan Hauptbestandteil der Kathode ist, könnten künftig die heute gebräuchlichen Lithium-Ionen-Batterien in Elektroautos und als Speicher für aus erneuerbaren Energien gewonnenen Strom ersetzen.

Da Hersteller dabei auf teures Kobalt als Material für die Kathode weitgehend verzichten würden, könnten sie Akkus herstellen, die nicht viel mehr kosten als herkömmliche Bleisäure-Batterien. Gleichzeitig bieten Akkus auf Manganbasis aber eine höhere Energiedichte und damit größere Reichweite als Lithium-Ionen-Batterien, lassen sich in wenigen Minuten aufladen und verfügen nach über 50 000 Ladezyklen noch immer über 92 Prozent ihrer anfänglichen Speicherfähigkeit.

Quelle: Daten nach: Emilsson, E. et al, 2019: Lithium-Ion Vehicle Battery Production. Status 2019 on Energy Use, CO_2 Emissions, Use of Metals, Production Environmental Footprint, and Recycling (Diagramm); Gerd Meyring: Rohstoff für die Stahlindustrie, Rohstoff Mangan – Reichtum vom Grund der Weltmeere, verlag moderne industrie GmbH – mi connect vom 25. 08. 2020, www.technik-einkauf.de/rohstoffe/rohstoffe-a-z/rohstoff-mangan-reichtum-vom-grund-der-weltmeere-100.html (Text)

M 2 c: Manganförderung weltweit

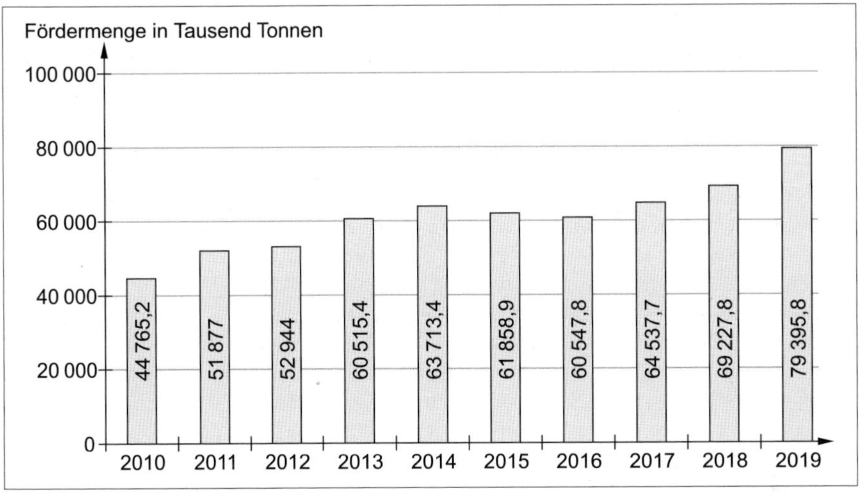

M 2 d: Bedeutendste Förderländer von Mangan weltweit im Jahr 2019
(in 1 000 t)

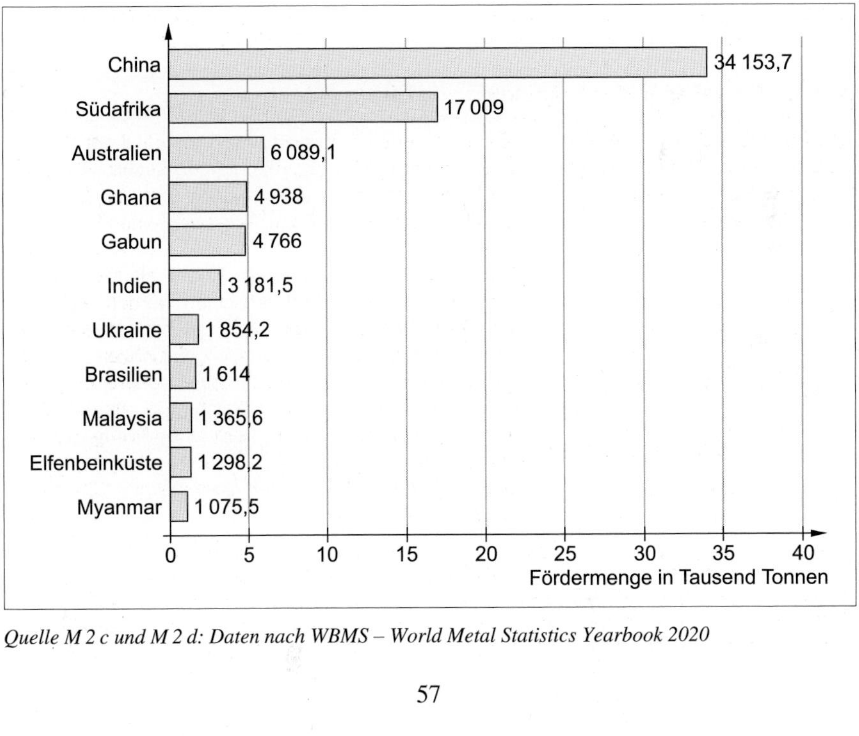

Quelle M 2 c und M 2 d: Daten nach WBMS – World Metal Statistics Yearbook 2020

M 3: Ökologische Folgen des Tiefseebergbaus

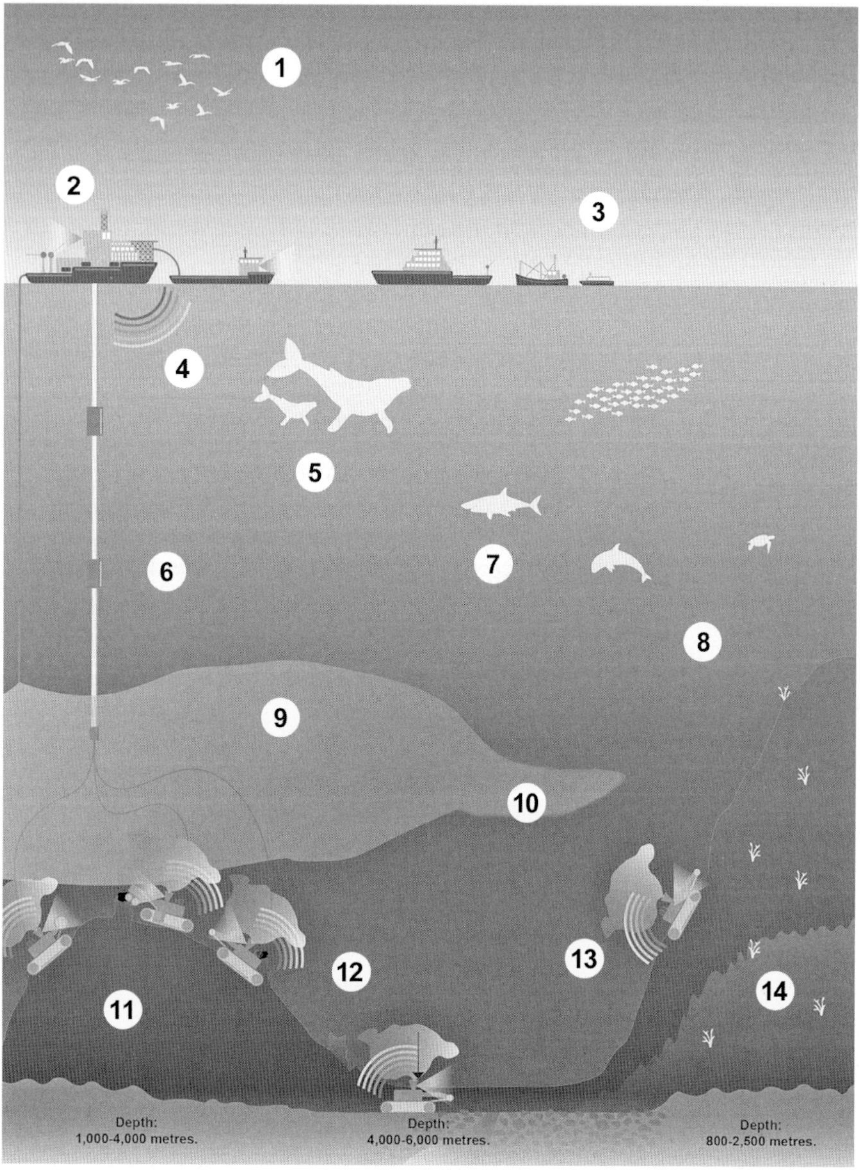

① Beeinträchtigung der Orientierung von Seevögeln durch künstliches Licht
② Licht
③ Potenzieller Konflikt mit anderen Interessengruppen (Fischerei, Forschungsschiffe)
④ Maschinenlärm
⑤ Beeinträchtigung der Meereslebewesen durch Lärm
⑥ Weitere (aufgrund fehlender Daten bezüglich räumlicher und zeitlicher Verteilung von Meereslebewesen) noch unbekannte Folgen
⑦ Störung durch Lärm, Licht und entstehende Sedimente
⑧ Potenziell irreversible Veränderungen lokaler Ökosysteme durch Abtragung von Material; sich langsam fortbewegende Fauna (z. B. Weichtiere) kann nicht flüchten
⑨ Sedimentfahnen: Möglichkeit der Freisetzung von toxischen Elementen
⑩ Anstieg der Meerwassertemperatur durch ins Meer zurückgepumptes Wasser
⑪ Aufwühlen der Meeressedimente durch Einsatz schwerer Geräte
⑫ Durch Bergbautätigkeit entstehende Sedimentfahnen
⑬ Entfernte Manganknollen benötigen Millionen Jahre, um wieder zu entstehen; potenzielle Ausrottung von in diesem Raum beheimateten Tiefseelebewesen
⑭ Verlust genetischer Ressourcen und bislang unentdeckter Arten in den zerstörten Bereichen

Quelle: Miller, K. A., Thompson, K. F., Johnston, P. and Santillo, D. (2018): An Overview of Seabed Mining Including the Current State of Development, Environmental Impacts, and Knowledge Gaps. Front. Mar. Sci. 4:418. doi: 10.3389/fmars.2017.00418, CC BY 4.0

Lösungsvorschläge

1. *Der Operator „Beschreiben" ist dem AFB I zuzurechnen. Die in M 1 gezeigte bildliche Darstellung der Vorkommen und der Förderung sowie entsprechende Angaben zur Fördertiefe (Tabelle) sollen Sie in eigenen Worten und fachsprachlich angemessen wiedergeben.*
Wichtig ist es dabei, strukturiert vorzugehen. „Strukturiert" bedeutet hier zum einen eine Orientierung an den drei Rohstoffen und ihren Fundorten, zum anderen an den dargestellten Vorgehensweisen bei der Förderung.

Unterseeische Vorkommen

Gemeinsam ist den dargestellten Rohstoffen ihr Vorkommen im Meer bzw. am Meeresboden in der Tiefsee, worin sie sich von den meisten weltweit vorkommenden mineralischen Rohstoffen unterscheiden, die an Land im Tagebau oder Untertagebau gefördert werden.

Vorkommen von Kobaltkrusten

Kobaltkrusten sind, wie der Begriff und das in M 1 dargestellte schwere Fördergerät vermuten lässt, steinartige, harte Beläge, die die Hänge unterseeischer Gebirge (in der Skizze „Seamounts" genannt) überziehen. Wichtigste Bestandteile sind Silikate, Mangan- und Eisenoxide. Darin enthaltene, für die Wirtschaft interessante Metalle sind Kobalt, außerdem Nickel, Seltene Erden und andere. Die Fördertiefe beträgt 800–2 500 m (M 1).

Förderung von Kobaltkrusten

Die **Förderung** findet mithilfe von schwerem, an Bagger oder ähnliche Kettenfahrzeuge erinnerndem Gerät statt, das an den Hängen der Seamounts eingesetzt wird. Verbunden ist dieses Fördergerät über einen flexiblen Schlauch mit einer Pumpe und einem Zwischenspeicher. Von dort führt eine Steigleitung zum Abbauschiff, das sich über der Förderstelle befindet. Vom Abbauschiff führt parallel dazu eine Rücklaufrohrleitung zurück ins Meer. Auf Höhe der Pumpe ist eine Abzweigung abgebildet, die die Rückführung von Prozesswasser und Sediment zeigt. Die Konstruktion macht deutlich, dass das abgebaute, mehr oder weniger feine Material mit Meerwasser an Bord des Abbauschiffs gepumpt wird, dort die förderungswürdigen Bestandteile vom Sediment (im Landbergbau Abraum genannt) getrennt werden und dieses mit dem Prozesswasser zurück ins Meer geleitet wird. Die an Bord gewonnenen Erze werden an der Meeresoberfläche „abtransportiert“, vermutlich mit Massengutfrachtern.

Vorkommen und Förderung von Manganknollen

Manganknollen sind auf dem Meeresboden „verstreut“ aufliegende knollenartige Gebilde (M 1). Wichtigste Bestandteile sind auch hier Silikate, Mangan- und Eisenoxide. Darin enthaltene wirtschaftlich interessante Metalle sind Nickel, Kupfer, Kobalt und andere, wie z. B. Seltene Erden oder Lithium. Die Fördertiefe wird mit 3 000–6 000 m angegeben. Da die Knollen lose auf den relativ ebenen Meeresböden lagern, dürfte die Förderung trotz der großen Tiefe rentabel sein. Die aufgewirbelte „Sedimentwolke“ in M 1 deutet darauf hin, dass die Manganknollen mit einem an einen Kartoffelernter erinnernden Gerät aufgenommen werden. Der weitere Prozess ist dem bei der Förderung von Mangankrusten vergleichbar.

Vorkommen und Förderung von Massivsulfiden

Massivsulfide sind, wie die Bezeichnung („massiv“) und das dargestellte schwere Fördergerät erkennen lassen, ähnlich wie Kobaltkrusten steinartige, harte Beläge. Fundstellen sind Plattengrenzen oder sogenannte Hotspots, also Stellen tektonischer bzw. vulkanischer Tätigkeit am Meeresboden (Atlas, M 1). Wichtigste Bestandteile sind eisenreiche Schwefelverbindungen. Darin enthaltene wirtschaftlich interessante Metalle sind Kupfer und Zink sowie z. B. Spuren von Gold, Silber und anderen Elementen. Die Fördertiefe wird mit 1 000–4 000 m angegeben.

Die **Förderung** entspricht im Wesentlichen der der zuvor beschriebenen Rohstoffe.

2. Der Operator „Erläutern" ist dem AFB II zuzuordnen. Sie sollen dabei Sachzusammenhänge mithilfe ergänzender Informationen verdeutlichen. Betrachten Sie dabei zunächst allgemein bekannte aktuelle und in den Materialien angesprochene Entwicklungen (z. B. im Bereich Elektromobilität). Stellen Sie dann den Zusammenhang zum steigenden Bedarf an Mangan im Allgemeinen und der daraus folgenden zunehmenden Bedeutung der unterseeischen Manganvorkommen dar. Grundlage dafür kann neben den Materialien bereits Gelerntes zum Thema Ressourcen und Reserven sowie zur Substitution von Rohstoffen sein.

Manganförderung weltweit und Förderländer

Seit 2010 ist die Manganförderung weltweit fast kontinuierlich gestiegen. Im Vergleich zu 2010 hat sich die Förderung fast verdoppelt. Gefördert wird Mangan auf fast allen Kontinenten. Die beiden **bedeutendsten Förderländer** sind China und Südafrika. Anzunehmen ist, dass China auch zu den Ländern mit dem höchsten Verbrauch an Mangan zählt (M 2 c, M 2 d).

Mangan in der Stahlproduktion

Erklärt werden kann die stetig steigende Förderung mit dem **zunehmenden Bedarf:** 95 % des weltweit geförderten Mangans verbraucht die **Stahlproduktion** (M 2 a). Auch wenn Stahl in vielen Bereichen durch andere Materialien wie Kunststoffe, Karbonfaser, Glasfaser etc. substituiert werden kann, nimmt der Bedarf zu – z. B. durch die weltweit zunehmende Kraftfahrzeugproduktion, die Herstellung von Überseecontainern zum Transport von Waren, die im Rahmen der Globalisierung rund um den Globus verschifft werden, usw.

Mangan in der Energie- und Umwelttechnik

Neben den Hauptbestandteilen, Mangan- und Eisen-Oxide, enthalten die Knollen außerdem sogenannte kritische Metalle, v. a. Kupfer, Nickel und Kobalt sowie Lithium. Benötigt werden diese Metalle für verschiedene **Hightechprodukte** sowie für den Bau von **Energie und Umwelttechnik**, z. B. für Windräder und Batteriespeicher (M 1, M 2 a).

Dass der Bedarf an diesen Produkten steigt, liegt zum einen am „derzeitigen Bevölkerungswachstum und ungezügeltem Rohstoffverbrauch" (M 2 a), sicherlich aber auch daran, dass sich vor allem hoch entwickelte, wohlhabende Staaten weltweit von fossilen Energieträgern ab- und **alternativen Energien** zuwenden. Damit versucht man zum einen Abhängigkeiten von Rohstofflieferanten, z. B. den Erdöl exportierenden Ländern, zu reduzieren. Zum anderen rechnet man mit der Endlichkeit fossiler Energieträger, was die Suche nach Alternativen notwendig macht. Und nicht zuletzt wird die Reduktion von Treibhausgasemissionen zur Erreichung der Klimaziele und im Sinne des Umweltschutzes im Allgemeinen angestrebt.

Eine wichtige Rolle spielt dabei **die Förderung von Umwelt- und Energietechnik**, z. B. Windkraftanlagen. Ein noch nicht optimal gelöstes Problem ist das der Speicherung von Energie, die gerade bei umweltfreundlicher Erzeugung nicht ausschließlich dann produziert werden kann, wenn sie benötigt wird: Wind weht nicht in allen Regionen der Erde konstant, die Sonnenscheindauer ist unterschiedlich lang, und gerade in den sonnenarmen Wintermonaten ist der Energiebedarf besonders hoch.

Elektromobilität

Zunehmend bedeutender wird auch die **Elektromobilität**. Erste deutsche Automobilbauer haben bereits angekündigt, keine weiteren Verbrennungsmotoren mehr zu entwickeln. Akkus, in denen Mangan Hauptbestandteil der Kathode ist, könnten Lithium-Ionen-Batterien ersetzen. Dies hätte mehrere Vorteile: Die Speicher würden dadurch wesentlich kostengünstiger. Die Reichweite der Fahrzeuge könnte vergrößert werden, die Batterien ließen sich „in wenigen Minuten aufladen und verfügen nach über 50 000 Ladezyklen noch immer über 92 Prozent ihrer anfänglichen Speicherfähigkeit“ (M 2 b).

Begrenzte Reichweite von Mangan im Landbergbau

Es wird prognostiziert, dass **Landbergbau und Recycling die Nachfrage nach Mangan ab 2050 nicht mehr decken werden** (M 2 a). Die Förderung von Manganknollen vom Meeresboden bietet eine Alternative. Hinzu kommt, dass das Meer außerhalb der 200-Seemeilenzone internationales Gewässer ist – und damit grundsätzlich für jeden nutzbar. Dies gilt auch für Staaten wie Deutschland, die rohstoffarm sind, aber einen hohen Bedarf an Rohstoffen haben. Darüber hinaus könnten auf diese Weise politische und wirtschaftliche **Abhängigkeiten von Rohstoffförderländern reduziert** werden.

Politische und wirtschaftliche Abhängigkeiten

Das gilt auch für weitere in den Manganknollen enthaltene Rohstoffe, z. B. die Seltenen Erden – die bislang oft unter menschenverachtenden Bedingungen in wenig entwickelten Gebieten der Erde abgebaut werden.

3. *Der Operator „Bewerten“ entspricht dem AFB III. Erwartet wird, dass Sie auf Basis von Fachkenntnissen und Informationen aus den Materialien eigene Schlussfolgerungen ziehen. Dabei sollen die angewandten Wertmaßstäbe reflektiert deutlich gemacht werden, sodass Sie abschließend zu einer sachlich fundierten, qualifizierenden Einschätzung gelangen.*
Ökonomische und ökologische Aspekte stehen hier einander gegenüber, bedingen einander aber auch oder sind in sich widersprüchlich (z. B. umweltzerstörende Förderung von Rohstoffen zum Ausbau eines umweltfreundlicheren Kfz-Verkehrs), sodass Sie gerade bei differenzierter Betrachtung vermutlich nicht zu einem eindeutigen Ergebnis kommen.
Ergebnisse aus den ersten beiden Teilaufgaben, Kenntnisse aus dem Unterricht und Wissen aus den Medien dürfen und sollen Sie in Ihre Antwort einbeziehen.

Der **unterseeische Abbau von Rohstoffen** findet **unter extremen Bedingungen** statt (große Tiefe, entsprechend hoher Druck, völlige Dunkelheit, niedrige Temperaturen, z. T. anspruchsvolles Relief; vgl. M 1, M 3) und ist – wie die in Teilaufgabe 1 beschriebene Förderung zeigt – technisch und finanziell entsprechend aufwendig. Kosten für den Transport und die Weiterverarbeitung an Land kommen hinzu.

Ökonomische Folgen

Grundfrage aus ökonomischer Sicht ist, ob die Förderung eines Rohstoffes **wirtschaftlich gewinnbar** ist – ob also die erzielten Vermarktungsgewinne die Investitionen übersteigen. Wie in Teilaufgabe 2 am Beispiel von Mangan und Manganknollen dargelegt, steigt der Bedarf an unterseeisch vorkommenden Rohstoffen aufgrund aktueller technischer Entwicklungen und (energie-)politischer Entscheidungen. Die **Reichweite der im Landbergbau gewinnbaren Rohstoffe ist begrenzt** und wird bei zunehmender Nachfrage immer geringer. Damit steigt die Rentabilität auch bei höheren Förderkosten.

Vermutlich noch schwer abschätzbar sind **Kosten, die aus den ökologischen Schäden entstehen**. Betroffen sind davon andere Interessengruppen (vgl. M 3): Die **Fischerei** – ob in kommerzieller Form oder als Subsistenzwirtschaft indigener Völker – könnte in solchen Gebieten ihre Existenzgrundlage verlieren. Ebenso kann die **touristische Nutzung** solcher Gebiete durch die bergbaulichen Eingriffe beeinträchtigt werden. Betroffen sein könnten z. B. Reiseveranstalter oder Reedereien, aber auch die Bevölkerung vor Ort, die z. B. Tauchgänge, Bootstouren oder Unterkünfte anbietet. Am Gewinn, der aus dem Tiefseebergbau entsteht, werden diese Interessengruppen aber in der Regel nicht oder kaum beteiligt, weder direkt noch durch z. B. entstehende Arbeitsplätze, da diese meist eine höhere berufliche Qualifikation erfordern.

Ökologische Folgen

Die Auswirkungen auf das Ökosystem sind massiv (vgl. M 3): Seevögel orientieren sich an Sonne und Sternen – **künstliches Licht** der eingesetzten Schiffe beeinträchtigt diese Orientierung, v. a. bei Nacht. **Lärm, Licht und entstehende Sedimente** stören oder vertreiben Meereslebewesen. Bekannt, aber noch nicht abschließend erforscht, ist z. B. das immer wieder zu beobachtende Stranden von Walen an Küsten. Meeressedimente werden aufgewühlt, Sedimentfahnen stören die Orientierung und setzen möglicherweise toxische Elemente frei, die z. B. über die Nahrungskette (Fischfang) auch den Menschen erreichen können. Ins Meer zurückgepumptes Prozesswasser lässt die **Wassertemperatur** steigen, wodurch der Tiefseefauna, die an die ursprüngliche Temperatur angepasst ist, ihre Lebensgrundlage entzogen wird. Die **Abtragung von Material** verändert den Meeresboden

vermutlich irreversibel; sich langsam fortbewegende Fauna kann nicht flüchten. Aufgrund der Millionen Jahre dauernden Entstehungszeit von Manganknollen wird der Lebensraum dort beheimateter Meeresbewohner zerstört, manche Arten ausgerottet.
Kurz: Ein gesamtes **Ökosystem gerät damit großräumig in Gefahr**. Das daraus resultierende Abwandern von Meereslebewesen hat wiederum Auswirkungen auf benachbarte Ökosysteme, deren Gleichgewicht so ebenfalls gestört wird.
Weitere Folgen sind zurzeit noch nicht abschätzbar oder unbekannt, da der Lebensraum Tiefsee in weiten Bereichen noch unerforscht ist. Bestimmte Forschungen werden nach dem Abbau auch nicht mehr durchgeführt werden können, bisher unentdeckte Arten und genetische Ressourcen können verloren gehen.
Nicht im Material erwähnt werden Folgen der Weiterverarbeitung und Nutzung der gewonnenen Rohstoffe an Land: Nicht selten führt die Verarbeitung von Rohstoffen zur Verschmutzung von Luft, Boden und/oder Wasser.

Fazit

Ob die genannten, insgesamt entstehenden Schäden durch eine für uns **umwelt- und klimafreundlichere Energiegewinnung und Elektromobilität** aufgewogen werden können, bleibt abzuwarten.

Mögliche Gewichtung der Teilaufgaben: 30 % : 30 % : 40 %

Checkliste

Aspekt	ja	teil-weise	nein	weiß nicht
TEILAUFGABE 1				
Habe ich die Lage/den Fundort der Rohstoffe möglichst aussagekräftig beschrieben?	☐	☐	☐	☐
Habe ich ergänzende Informationen z. B. aus dem Atlas zu den Vorkommen angemessen einbezogen?	☐	☐	☐	☐
Habe ich den Ablauf der Förderung anschaulich dargestellt und die Gemeinsamkeiten bei der Förderung der unterschiedlichen Rohstoffe angemessen berücksichtigt?	☐	☐	☐	☐
TEILAUFGABE 2				
Habe ich die wesentlichen Informationen aus allen geeigneten Materialien herausgearbeitet?	☐	☐	☐	☐
Wird in meinen Ausführungen der Zusammenhang zwischen zunehmendem Manganbedarf, den Grenzen des Landbergbaus und der Förderung von Manganknollen deutlich?	☐	☐	☐	☐
Habe ich die Bedeutung neuer Entwicklungen (neue Energien, Elektromobilität usw.) erkannt und dargestellt?	☐	☐	☐	☐
TEILAUFGABE 3				
Habe ich die Ergebnisse aus den Teilaufgaben 1 und 2 in meine Gedankenführung einbezogen?	☐	☐	☐	☐
Habe ich unterschiedliche Perspektiven verschiedener Interessensgruppen angemessen dargestellt und dabei auch ökologische Fragestellungen berücksichtigt?	☐	☐	☐	☐
Habe ich den Aufgabenteil – im Sinne einer Bewertung – mit einem Fazit enden lassen?	☐	☐	☐	☐

Klausuren Geographie
Klausur 6

Bearbeitungszeit: 90 Minuten

Thema: Globalisierung – Chancen und Risiken der internationalen Arbeitsteilung

Aufgabenstellung

1. Definieren Sie den Begriff „Globalisierung" knapp und erklären Sie deren politische, ökonomische sowie technologische Ursachen.
2. a) Charakterisieren Sie die Außenhandelsstruktur Afrikas zwischen 1990–2016 und leiten Sie daraus mögliche Probleme ab, die sich in diesem Zeitraum für afrikanische Staaten ergeben haben können.

   b) Erörtern Sie, ob die Welthandelsbeziehungen von 1990–2016 ein Abbild ehemals kolonialer bzw. imperialistischer Wirtschaftsbeziehungen waren. Berücksichtigen Sie dabei auch das Zitat in M 2.
3. Kennzeichnen Sie das globale Standortnetz des Automobilherstellers BMW. Erläutern Sie diese Standortwahl anhand eines selbst gewählten Produktionsorts und stellen Sie mögliche Risiken dar, die sich aus der Verlagerung der Produktion ins Ausland für einen deutschen Automobilhersteller wie BMW ergeben können.

M 1: Exportstruktur ausgewählter Regionen 1990–2016

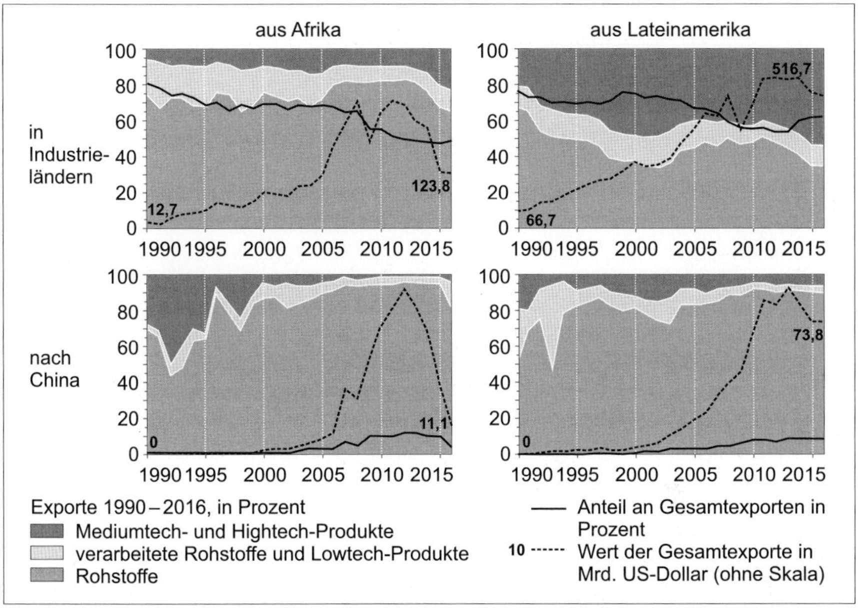

Quelle: eigene Darstellung nach UNCTAD secretariat calculations, based on Comtrade database

M 2: Die „imperiale Lebensweise“

„[Globalisierung] führt häufig zu Konsum- und Produktionsmustern, die auf dem überproportionalen Zugriff auf Natur und Arbeitskraft im globalen Maßstab beruhen. Diese *imperiale Lebensweise* hat sich vor allem in den entwickelten Gesellschaften des Nordens herausgebildet. […]

Imperialismus ist dann gegeben, wenn Gesellschaften über ihre territorialen Grenzen hinaus Herrschaft ausüben, das heißt, wenn sie die Entwicklungsdynamiken anderer Länder bestimmen. […] Das kann eine Form der direkten politischen Kontrolle annehmen, wie es zur Zeit des klassischen Imperialismus im 19. Jahrhundert und frühen 20. Jahrhundert der Fall war. Aber Imperialismus kann eben auch eine eher informelle Geschichte sein, eine politische Beeinflussung über bestimmte Regelwerke, wie sie etwa in der Welthandelsorganisation institutionalisiert sind: über wirtschaftliche Dominanz, über globale Marktprozesse und Handelsbeziehungen, die auch heute zu ungleichen Verhältnissen führen.“

Quelle: nach Caspar Dohmen: Reich an Schätzen, trotzdem arm, Deutschlandfunk Kultur vom 05. 10. 2021, https://www.deutschlandfunkkultur.de/globaler-sueden-reich-an-schaetzen-trotzdem-arm-100.html

M 3: Produktionsstätten (Automobilbau) des BMW-Konzerns außerhalb Europas

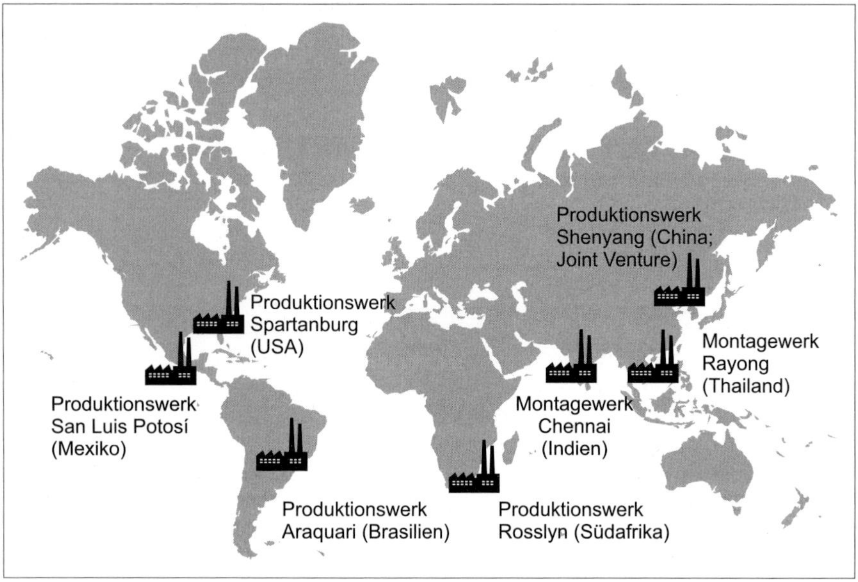

Quelle: eigene Darstellung nach bmwgroup-werke.com, Stand 2021

Lösungsvorschläge

1. *Der Operator „Definieren“ ist dem AFB I zuzurechnen. Hier gilt es, den Begriff „Globalisierung“ vor dem Hintergrund geographischer Fragestellungen knapp und präzise zu bestimmen. Im zweiten Teil der Aufgabe sollen Sie die Ursachen eines immer intensiver ablaufenden Globalisierungsprozesses „erklären“. Dieser Operator ist dem AFB II zuzuordnen und verlangt eine etwas ausführlichere und veranschaulichende Schilderung der Auslöser bzw. Verstärker des Globalisierungsprozesses auf unterschiedlichen Ebenen. Da von Ursachen (Plural) die Rede ist, sollten jeweils mindestens zwei politische, zwei ökonomische sowie zwei technologische Ursachen genauer erläutert und zusammenhängend dargestellt werden.*

Definition Globalisierung

Vor einem geographischen Hintergrund versteht man unter Globalisierung den **Prozess der zunehmenden Entstehung globaler Märkte für Waren, Kapital und Dienstleistungen**. Im Zuge dieses Prozesses werden Gesellschaften und deren Volkswirtschaften international immer stärker miteinander verflochten.
Der Prozess der Globalisierung gewann insbesondere in der zweiten Hälfte des 20. Jh. an Dynamik und zeigt **Auswirkungen in unterschiedlichen Bereichen** (Wirtschaft, Politik, Kultur, Umwelt) und auf unterschiedlichen Ebenen (Individuen, Gesellschaften, Institutionen, Staaten).

Politische Ursachen

Als wesentliche Ursachen von Globalisierung können zunächst **politische Entscheidungen** bzw. politische Entwicklungen genannt werden: Zum einen spielte der Abbau ideologischer Spannungen und der sog. **Transformationsprozess** (Wandel von der Plan- zur Marktwirtschaft) in den ehemals sozialistisch geprägten Ländern Mittel- und Osteuropas eine große Rolle. Durch die Öffnung dieser Länder entstanden zu Beginn der 1990er-Jahre neue Möglichkeiten des internationalen Handels. Parallel dazu erwuchsen im asiatisch-pazifischen Raum v. a. in den „Tigerstaaten“ (u. a. Südkorea, Singapur, Taiwan, Malaysia, Thailand, Indonesien) sowie in China **neue Wachstumsmärkte** mit großem Potenzial.
Begleitet wurden diese Entwicklungen von einer zunehmenden **Liberalisierung des Welthandels**. Besonders durch den Wegfall von Handelshemmnissen wie Zöllen sowie durch die Realisierung von internationalen Freihandelsabkommen wurde der grenzüberschreitende Handel deutlich erleichtert, Exporte und Importe weniger kostenintensiv und es konnte sich eine völlig neue wirtschaftliche Dynamik entwickeln.

Ökonomische Ursachen

Des Weiteren spielen **ökonomische Gründe** eine wichtige Rolle als Ursache für den Globalisierungsprozess. Durch die enge Verflechtung internationaler Märkte entstand im Zuge der Globali-

sierung eine **internationale Arbeitsteilung**. Diese führt innerhalb der Produktionskette zu einer zunehmenden **Spezialisierung** der beteiligten Akteure und trägt so zu einer Effizienzsteigerung bei. Außerdem ermöglichen insbesondere **niedrige Lohnkosten** in den Entwicklungs- und Schwellenländern deutliche **Kostenvorteile bei der Produktion** von arbeitsintensiven Gütern in diesen sog. Billiglohnländern.
Gleichzeitig können durch zunehmenden Wohlstand und durch ein Mehr an individueller Freiheit in eben jenen Entwicklungs- und Schwellenländern neue Möglichkeiten für wirtschaftliches Handeln erschlossen werden. Gerade die bevölkerungsreichen Länder Asiens und Afrikas stellen mit ihrer zum Teil sehr jungen und wachsenden Bevölkerung für international tätige Unternehmen **bedeutende Absatzmärkte** dar.

Technologische Ursachen

Jedoch wären all die genannten Faktoren ohne den **technologischen Fortschritt** nicht denkbar: Weitreichende Innovationen im Bereich der Telekommunikation (insbesondere Internet, Mobiltelefon, IT) ermöglichen eine für den Handel wichtige und im Vergleich zu früher extrem vereinfachte Möglichkeit zur Verständigung und Absprache. Hinzu kommt, dass die **Transportkosten und -zeiten** im Zuge moderner Verkehrs- und Logistiktechnologien deutlich gesenkt werden konnten. Dabei spielen neben der Standardisierung des Containertransports auch die Entwicklungen im Luftverkehr eine nicht unerhebliche Rolle.

2. a) *Der Operator „Charakterisieren" ist dem AFB I zuzurechnen. Hier sollen Sie zentrale Informationen aus dem Material M 1 entnehmen und strukturiert wiedergegeben. Dabei ist unbedingt zu beachten, dass Sie sich zunächst auf die charakteristischen Merkmale der Exportstruktur Afrikas beschränken – die Region Lateinamerika soll erst in der folgenden Teilaufgabe Beachtung finden. Im Anschluss müssen aus den herausgearbeiteten Sachverhalten mögliche Probleme für die Länder Afrikas abgeleitet werden. Sie sollen selbstständig das im Unterricht zum Thema „internationale Rohstoff- und Warenströme" Gelernte mit dem Datenmaterial in einen kausalen Zusammenhang bringen.*

Einseitige Exportstruktur

Zunächst lässt sich festhalten, dass die Exportstruktur Afrikas eine **deutliche Dominanz von unverarbeiteten Rohstoffen** aufweist. Dies gilt sowohl für die Exporte in die Industrieländer als auch ganz besonders für die Exporte nach China. Diese **gering diversifizierte Exportstruktur** mit einer Konzentration auf Rohstoffe zeigt sich besonders deutlich in den Jahren von 2005–2015, als etwa 70 % der Ausfuhren Afrikas in die Industrieländer und etwa 95 % der Ausfuhren Afrikas nach China aus unverarbeiteten Rohstoffen bestanden.

In jüngster Zeit spielen bei den Ausfuhren nach China vermehrt **verarbeitete Rohstoffe sowie Lowtech-Produkte** eine Rolle: Im Jahr 2016 machten diese Produkte etwa 10 % der afrikanischen Exporte aus.

Jüngere Entwicklungen

Der Export von Hightech-Produkten nach China findet seit dem Jahr 2000 praktisch nicht mehr statt, obwohl diese zwischen 1990 und 1995 einen Höchstwert von knapp 50 % erreichten. Der **Export von Hightech-Produkten** in die Industrieländer ist bis zum Jahr 2016 immerhin auf etwa 20 % der Gesamtexporte angewachsen.

Negative Außenhandelsbilanz

Diese **Exportcharakteristik** war und ist in vielerlei Hinsicht **problematisch**. So ergibt sich aus dem sehr großen Exportanteil von unverarbeiteten Rohstoffen (meist agrarische Güter, fossile Brennstoffe und metallische Bodenschätze) häufig eine **negative Außenhandelsbilanz**. Diese entsteht insbesondere durch die **hohen Kosten für den Import von Fertigwaren und Industriegütern**, für die auf dem Weltmarkt deutlich höhere Preise gezahlt werden müssen. Außerdem trägt die **geringe Wertschöpfung** in den Ländern des afrikanischen Kontinents ergänzend zu den **ungünstigen Terms of Trade** bei, da der Anteil des Verkaufserlöses von Rohstoffen, verglichen mit dem Gesamterlös eines veredelten Fertigprodukts (z. B. Kaffee, Schokolade), sehr gering ist.

Abhängigkeit von Rohstoffexporten

Zudem macht die **große Abhängigkeit von Rohstoffexporten** Afrika wirtschaftlich verwundbar, da die Preise für Rohstoffe auf dem Weltmarkt **großen Schwankungen** unterworfen sein können. Dies zeigt sich deutlich ab etwa 2012. So nahm der Gesamtwert der Exporte sowohl in die Industrieländer als auch nach China rapide ab, was den **Preisverfall von Rohstoffen** am Weltmarkt widerspiegelt. Das Resultat ist eine zunehmende **Verschuldung** und eine hohe **Zinslast**, die Investitions- und Innovationsmöglichkeiten afrikanischer Volkswirtschaften stark einschränkt und die **Wettbewerbsfähigkeit massiv negativ beeinflusst**.

2. b) *Der Operator „Erörtern“ gehört zum AFB III. Sie sollen nun prüfen, ob die im Material M 1 dargestellten Sachverhalte es rechtfertigen, dass mit Blick auf die Wirtschaftsbeziehungen der aufgeführten Regionen (inkl. Lateinamerika) von kolonialen bzw. imperialistischen Tendenzen gesprochen werden kann. Hilfestellung bietet dabei das Zitat M 2, das die Begrifflichkeit der „imperialen Lebensweise“ einführt sowie erläutert und Ihnen somit bei Ihrer Antwort hilft. Zunächst sollten Sie klären, was allgemein unter Imperialismus oder unter imperialistischen Wirtschaftsbeziehungen verstanden wird, ehe Sie anschließend zu einer Beurteilung kommen.*

In Anlehnung an die **kolonialen Wirtschaftsbeziehungen früherer Jahrhunderte**, als Kolonialmächte durch **Ausbeutung**, **Unterdrückung** und **direkte politische Kontrolle** Herrschaft auf andere Weltregionen ausübten, wird laut M 2 unter **imperialistischer Wirtschaftsbeziehung** heute ein **ungleiches** und von **wirtschaftlicher Dominanz eines Akteurs geprägtes Handelsverhältnis** verstanden.

Definition kolonialer bzw. imperialistische Wirtschaftsbeziehung

In früheren Jahrhunderten wurden die Kolonien durch die Kolonialmächte ihrer Rohstoffe beraubt und gezwungen, als Absatzmärkte für die in den „Mutterländern" hergestellten Fertigwaren zu fungieren. Zwar ist ein solches direktes Herrschafts- und Abhängigkeitsverhältnis heute nicht mehr existent. Allerdings weisen die in M 1 dargestellten Exportstrukturen dennoch gewisse **Ähnlichkeiten mit kolonialen Wirtschaftsbeziehungen** auf. Insbesondere Afrika exportiert in die Industrieländer fast ausschließlich Rohstoffe; allerdings ist mit China nun ein neuer Abnehmer dieser Rohstoffe hinzugekommen. Und auch die **Exporte Lateinamerikas** bestehen zu einem Großteil aus Rohstoffen. Auch hier sind nicht mehr die Industriestaaten (die „alten Kolonialmächte") die wichtigsten Abnehmer dieser Rohstoffe, sondern ebenfalls China. Die Exporte Lateinamerikas in die Industriestaaten indes sind heute **sehr viel diversifizierter** und lassen auf ein ausgeglicheneres Handelsverhältnis schließen. Zudem ist festzuhalten, dass der Anteil der Exporte z. B. aus Afrika in die Industrieländer im Vergleich zu den Gesamtexporten Afrikas im Beobachtungszeitraum (1990–2016) deutlich gesunken ist: Gingen 1990 noch 80 % aller Exporte Afrikas in die Industrieländer, so waren es 2016 nur noch ca. 50 %. Dies lässt auf einen **verstärkten intraregionalen Handel der Länder Afrikas untereinander und mit Schwellenländern anderer Regionen** schließen.

Heutige Ähnlichkeiten und Modifikationen

Zusammenfassend lässt sich festhalten, dass die abgebildeten Exportstrukturen in **Teilen durchaus ein Abbild kolonialer Wirtschaftsbeziehungen** sind, auch wenn mit China ein (nicht mehr ganz) neuer Akteur am Geschehen teilnimmt. Heute sind **Handelsabkommen**, **Direktinvestitionen** und die **Vergabe von Krediten** die vorherrschenden Instrumente zur Realisierung der „imperialistischen" Wirtschaftsbeziehungen.

Zwischenfazit

3. *Der Operator „Kennzeichnen" ist dem AFB II zuzuordnen. Hierbei soll Typisches oder Auffälliges herausgestellt und gegebenenfalls veranschaulicht werden. Zunächst einmal gilt es, die Karte M 3 im Gesamten zu betrachten und die Produktionsstandorte knapp begründet zu lokalisieren. Diese Teilaufgabe ist offen gestellt, d. h., Sie haben die Wahl, zu welchem der auf der Karte M 3 aufgeführten Standorte Sie Ihre Überlegungen formulieren. Die folgende Musterlösung bezieht sich auf den Standort in San Luis Potosí (Mexiko), da es sich bei diesem Werk um das neueste und modernste Automobilwerk des BMW-Konzerns außerhalb Europas handelt. Dennoch sind einige Elemente der folgenden Lösung auch auf andere Produktionsorte übertragbar.*
Im zweiten Teil der Aufgabe gilt es, Risiken der Produktionsverlagerung ins Ausland darzustellen. Dabei ist entscheidend, dass Sie mögliche Risiken (Plural) nicht nur nennen, sondern mit Blick auf den Schweregrad potenzieller betriebswirtschaftlicher Schäden auch Stellung beziehen. Ein Blick in den Atlas kann hierbei hilfreich sein, um zum einen die Standorte zu lokalisieren und zum anderen auf mögliche lokale und regionale Risiken aufmerksam zu werden, die möglicherweise im Unterricht nicht so detailliert besprochen wurden. Besonders wirtschafts- und kulturgeographische Karten, aber auch Karten, die den Naturraum und mögliche Umweltgefahren thematisieren, können dabei von Nutzen sein.

BMW als Global Player

Bei BMW handelt es sich um einen **global agierenden Automobilkonzern** bzw. um einen **Global Player**. Mit Ausnahme von Australien und der Antarktis finden sich auf allen Kontinenten Produktionsstandorte bzw. Montagewerke. So kann sichergestellt werden, dass **alle relevanten Märkte** (Nord-, Mittel- und Südamerika sowie Asien) mit den Produkten des Konzerns bedient werden können, ohne ausschließlich auf die europäischen Fabriken angewiesen zu sein.

Gründe für die Standortwahl in San Luis Potosí

Im mexikanischen San Luis Potosí befindet sich das derzeit neueste und modernste Automobilwerk des BMW-Konzerns außerhalb Europas. Die Entscheidung des BMW-Konzerns für diesen Standort lässt sich wie folgt begründen:
Durch die verstärkte Verlagerung der Produktion nach Mexiko verschafft sich der deutsche Automobilhersteller neben Spartanburg einen weiteren **Zugang zum riesigen Pkw-Markt der USA**. Die unmittelbare **geographische Nähe zu den Vereinigten Staaten** verringert **Transportkosten** und vereinfacht die für den Absatz notwendige **Logistik**. Gleiches gilt für den gesamten lateinamerikanischen Raum.
Aufgrund der Integration Mexikos in den internationalen Handel in Form von **Freihandelsabkommen mit zahlreichen Staaten** verspricht der Export von in Mexiko gefertigten Automobilen zudem einen erleichterten Absatz in weltweite Wachstumsmärkte. Dazu trägt auch der **Zugang Mexikos zu Pazifik und Atlan-**

tik bei, was die Verschiffung der Automobile z. B. nach Afrika oder Asien deutlich vereinfacht.
Zudem verschafft sich BMW durch die im internationalen Vergleich **niedrigen Löhne** in Mexiko einen **deutlichen Kostenvorteil** bei der Produktion der Pkws. Außerdem senkt das niedrige Lohnniveau auch die Kosten für die in der Produktion der Automobile benötigten Teile, die bei der vor Ort ansässigen **Zulieferindustrie** günstiger eingekauft werden können.

An **Risiken** ist zunächst der eventuelle **Imageverlust** zu nennen. Besonders beim Kauf von Luxusgütern wie hochpreisigen Pkws reagieren Endkundinnen und Endkunden häufig sensibel auf die Fertigung in Niedriglohnländern. Dadurch droht ein Imageverlust, wenn immer mehr Pkws sogenannter Premiumhersteller das Siegel „**Made in Germany**" verlieren. Wenn allerdings die Qualität der Produkte nicht leidet, könnte dieses Risiko zu vernachlässigen sein. Zu einem weiteren Imageverlust könnte es kommen, wenn deutsche Automobilhersteller wie BMW Arbeitsplätze im Heimatraum abbauen, während z. B. in Mexiko verstärkt investiert wird.

Risiko Imageschaden

Des Weiteren entstehen durch die Verlagerung eines Teils der Produktion **neue ökonomische Unwägbarkeiten** und **neue Abhängigkeitsverhältnisse**. So könnten im Fall des mexikanischen Standorts in San Luis Potosí die durch den ehemaligen Präsidenten der USA Donald Trump angestoßenen **Verschärfungen der Zollbestimmung** die **Kostenvorteile einer Produktionsverlagerung** nach Mexiko deutlich **verringern**. Zudem entstehen mit der (Teil-)Fokussierung auf den nordamerikanischen Raum neue Abhängigkeiten. Sollte es zu einer **Krise des US-amerikanischen Automobilmarktes** kommen, würde dies für den BMW-Konzern ein **großes Risiko** darstellen. Allerdings ermöglichen die Integration Mexikos in den Weltmarkt sowie die günstige Lage des Landes, wie bereits erwähnt, eine Diversifizierung der Absatzmärkte.

Ökonomische Risiken

Die vergleichsweise **hohen Kriminalitätsraten** in Mexiko können zusätzliche Kosten verursachen, wenn Mitarbeiter*innen oder leitende Angestellte aufgrund von Sicherheitsbedenken in **Gated Communitys**, also bewachten Wohngebieten, untergebracht werden müssen.

Risiko außereuropäische Sicherheitslage

Zudem hält z. B. der **Naturraum** Mexikos eine Reihe von **Gefährdungen** bereit. Etwa von Mai bis November herrscht in Mexiko die **Hurrikan-Saison** vor und somit ist mit hohen Windgeschwindigkeiten, Überschwemmungen und Erdrutschen zu rechnen. Zudem liegt Mexiko in einer **seismisch sehr aktiven Region**, Erdbeben und Vulkanausbrüche sind häufig auftretende Naturereignisse. Dies kann zu Unterbrechungen der Pro-

Naturrisiken

duktion oder zu Verzögerungen in den Lieferketten führen und **hohe Kosten** verursachen. Teilweise können solche Risiken aber durch entsprechende Versicherungen abgesichert und somit zumindest teilweise kontrolliert werden.

Mögliche Gewichtung der Teilaufgaben: 20 % : 40 % : 40 %

Checkliste

Aspekt	ja	teil-weise	nein	weiß nicht
TEILAUFGABE 1				
Habe ich den Begriff „Globalisierung" korrekt definiert?	☐	☐	☐	☐
Habe ich die politischen, ökonomischen und technologischen Ursachen für Globalisierung anschaulich und logisch erklärt und sind meine Ausführungen umfänglich genug (Schilderung von mindestens je zwei Ursachen)?	☐	☐	☐	☐
Habe ich relevante Fachbegriffe und korrekte Terminologie verwendet (z. B. Transformationsprozess, Liberalisierung, Standardisierung)?	☐	☐	☐	☐
TEILAUFGABE 2				
Habe ich alle für die Aufgabenstellung wesentlichen Informationen aus M 1 herausgearbeitet (Fokus auf Afrika)?	☐	☐	☐	☐
Habe ich die möglichen Probleme für afrikanische Staaten umfassend und gut begründet dargestellt?	☐	☐	☐	☐
Ist meine Beurteilung der in M 1 dargestellten Exportstrukturen der betrachteten Regionen mit Blick auf imperialistische Tendenzen stichhaltig?	☐	☐	☐	☐
Habe ich relevante Fachbegriffe (z. B. Kolonialismus, Imperialismus) richtig verstanden und in einen logischen Zusammenhang gebracht?	☐	☐	☐	☐
TEILAUFGABE 3				
Habe ich mich für einen Produktionsstandort entschieden, zu dem ich eine ausführliche und gut begründete Standortanalyse liefern kann?	☐	☐	☐	☐
Bin ich dabei ausreichend auf mögliche wirtschaftliche, politische und gesellschaftliche Aspekte eingegangen?	☐	☐	☐	☐
Habe ich mindestens zwei Risiken der Produktionsverlagerung ins Ausland vorgestellt und diese auch bewertet?	☐	☐	☐	☐

Klausuren Geographie
Klausur 7

Bearbeitungszeit: 75 Minuten

Thema: Dubai – auf dem Weg zur Weltmetropole?

Aufgabenstellung

1. Lokalisieren Sie Dubai und kennzeichnen Sie die Flächennutzung sowie die wirtschaftliche Entwicklung des Emirates Dubai.
2. Erläutern Sie die Bedeutung des Al Maktoum International Airports im Zusammenhang mit dem Dubai Strategic Plan.
3. Bewerten Sie die Umsetzung des Dubai Strategic Plans bis zum Jahr 2018.

M 1: Dubai Stadt – 2021

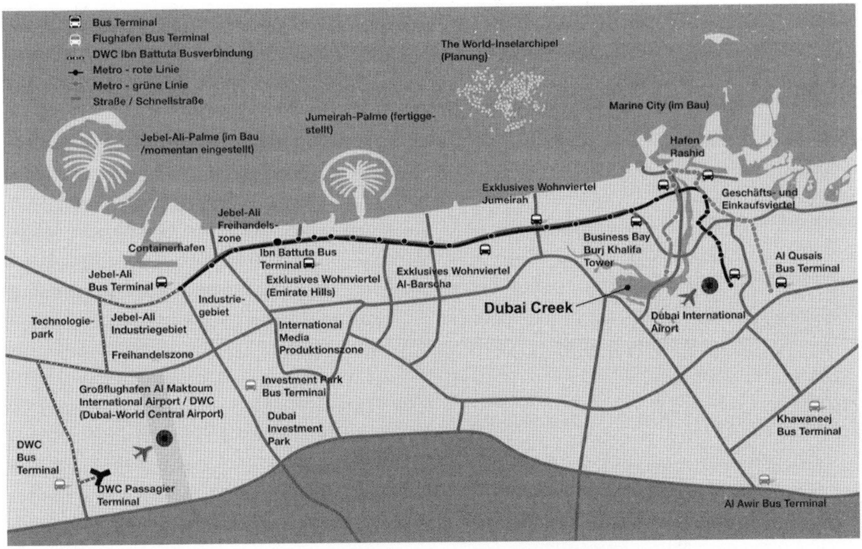

Dubai Creek 1950

Dubai Creek heute

Anmerkung: Das Emirat Dubai gehört zur 1971 gegründeten Föderation der Vereinigten Arabischen Emirate (VAE). Die Macht liegt bei der Scheichfamilie. Dubai ist 3 900 km² groß und besteht fast ausschließlich aus Wüste. In Dubai fallen keine direkten Steuern an, insbesondere keine Einkommensteuer. Mit Ausnahme der Banken und der Erdölindustrie sind auch Unternehmen steuerfrei.

Quelle: verändert nach Roads and Transport Authority, Dubai bus & metro system, S. 13, https://www.dubaiairports.ae/docs/default-source/airline-development-publications/doc15_dwc-brochure.pdf?sfvrsn=dcecf7bd_4 (Karte); FLHC 1/Alamy Stock Photo (Foto links); © Alexandr Medvedkov | Dreamstime.com (Foto rechts)

M 2: Dubai – ausgewählte wirtschaftliche Strukturdaten

	2012	2014	2016	2018
BIP (in Mrd. AED*)	322,9	353,4	378,8	398,1
BIP-Wachstum (in %)	3,5	3,5	3,3	3,6
BIP-Anteil (in %)				
Primärer Sektor	2,4	2,1	1,8	1,7
Sekundärer Sektor	19,4	19,0	18,4	18,3
Anteil: Produzierendes Gewerbe	9,6	9,7	9,5	9,2
Anteil: Energiesektor	2,3	2,0	1,7	1,6
Anteil: Baugewerbe	–	6,9	6,2	6,4
Tertiärer Sektor	78,2	78,9	79,7	79,9
Anteil: Hotel- und Gaststättengewerbe	4,1	4,5	4,7	5,1
Staatseinnahmen nach Wirtschaftszweig (in %)				
Investitionen	6,6	2,7	1,1	2,2
Erdölprodukte	11,5	9,3	6,5	6,1
Steuern	21,7	20,7	18,5	20,5
Gebühren	60,2	67,3	73,9	71,2
Beschäftigte im Telekommunikationssektor	27 572	30 155	33 232	35 297
Internationale Touristinnen/Touristen (in Mio.)	10,0	13.2	14,8	15,9
Hotel- und Apartmentzimmer	57 300	67 500	77 900	91 100
Wasserverbrauch aus Entsalzungsanlagen (in Mrd. Gallonen)**	–	106,2	116,9	124,6

* AED = United Arab Emirate Dirham (offizielle Währung VAE)
** 1 Gallone = amerikanisches Hohlmaß (3,785 l)

Quelle: Daten nach Dubai Economic Report 2019

M 3: Al Maktoum International Airport – Steckbrief

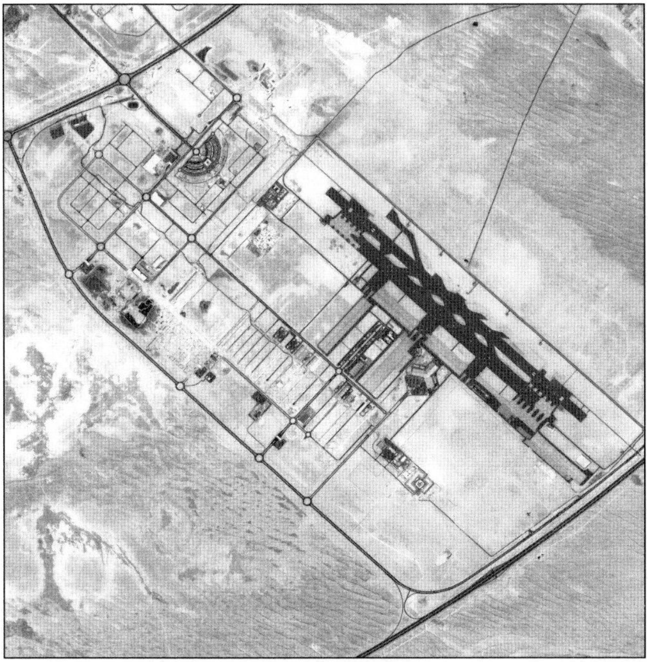

- Auch Dubai World Central Airport (DWC); Lage im Stadtteil Jebel Ali Village
- Eröffnung für Frachtflüge: Juni 2010
- Eröffnung für Passagierflüge: Oktober 2013
- Ende des Ausbaus: 2020–2025
- Derzeitige Kapazität: Abfertigung von 7 Mio. Passagieren und 250 000 t Fracht jährlich
- Nach Fertigstellung Status als weltweit größter Flughafen mit jährlicher Kapazität von 160 Mio. Passagieren und 12 Mio. t Fracht
- 66 000 m^2 Passagierterminal mit 42 Check-in-Schaltern, Selbst-Check-in-Anlagen, 6 872 m^2 Boarding Lounges und 2 217 m^2 Einzelhandelsfläche im Abflugbereich
- Automatisiertes Gepäck-Handling mit 5 Durchleuchtungsanlagen in Reihe
- 64 Standplätze für Flugzeuge; 4,5 km Landebahn, geeignet für Airbus A380
- 2019: Aussetzung der Finanzierung, Überarbeitung des Masterplans

Quelle: übersetzt nach The Future Connects Here – Al Maktoum International – Dubai World Central, https://www.dubaiairports.ae/docs/default-source/airline-development-publications/doc15_dwc-brochure.pdf?sfvrsn=dcecf7bd_4 (Text), EIAST/Wikipedia, CC BY-SA 3.0 (Foto)

M 4: Dubai – Luftverkehr

	2012	2014	2016	2018
Dubai International Airport				
Passagierverkehr	57 684 550	70 473 893	83 654 250	89 149 387
Frachtverkehr	2 279 624	2 077 445	2 418 256	2 486 830
Dubai World Central Airport (Al Maktoum)				
Passagierverkehr	–	844 576	850 633	900 202
Frachtverkehr	–	273 904	155 716	188 826

Anmerkung:
Zu den TOP 3 Flughäfen nach Passagieraufkommen gehörten 2019: 1. Atlanta/USA (110 Mio. Passagiere), 2. Peking/China (100 Mio.), 3. Los Angeles/USA (88 Mio.) – Dubai = 86 Mio. (Rang 4)
Zu den TOP 3 Flughäfen nach Frachtaufkommen gehörten 2019: 1. Hongkong/China (4,8 Mio. t), 2. Memphis/USA (4,3 Mio. t), 3. Shanghai/China (3,6 Mio. t) – Dubai = 2,5 Mio. t (Rang 7)

Quelle: eigene Zusammenstellung, Daten nach Airports Council International, CAPA, Dubai Airports

M 5: Globaler Luftverkehr: geflogene Kilometer

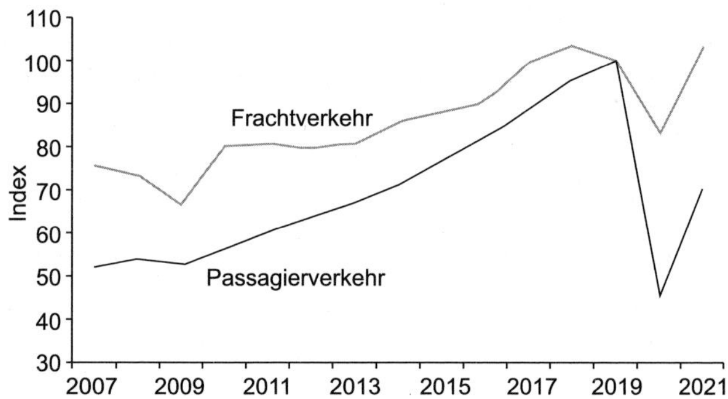

Projiziertes Wachstum des Passagierflugverkehrs nach Regionen (2018–2040):
Europa: 31,5 %; Mittlerer Osten: 12,2 %; asiatisch-pazifischer Raum: 37,3 %; Afrika: 3,2 %; Lateinamerika: 7,0 %; Nordamerika: 8,8 %

Quelle: eigene Darstellung, Daten nach: IATA (Grafik), ACI (Zahlen zum projizierten Wachstum)

M 6: Dubai Strategic Plan

Dubai Urban Masterplan 2020 und später (aus dem Jahr 2012)

- Strategiepapier zum Ausbau der Metropolregion Dubai mittels Megaprojekten
- Ausweisung von themenspezifischen Megaprojekten wie z. B. der Academic City, der Medical City, der exklusiven Waterfront-Wohnbereiche, der Freihandelszonen sowie der Wissens- und Technologieparks
- Ausbau Dubais zu einer kompakten Stadt; weiterer Ausbau zur Global City

Dubai Industrial Strategy 2030 (aus dem Jahr 2021)

- Start im Januar 2021 – Ankündigung durch Sheik Mohammed bin Rashid Al Maktoum
- Zielsetzung: Ausbau Dubais zu einer Plattform für wissensbasierte, nachhaltige und innovative Unternehmen; Diversifizierung der lokalen Wirtschaft; Ausbau des Produktions- und Dienstleistungssektors sowie der Green Economy
- Verknüpfung der Wachstumssektoren mit Investitionen in Bildung, Hightech sowie Wissenschaft und Forschung
- Ausweisung von sechs Prioritätssektoren: Luft- und Raumfahrt, Hafenwirtschaft, Aluminiumsektor, Pharmaindustrie/medizinische Geräte; Nahrungsmittelindustrie und Maschinenbau
- *Cross Innovation* – branchen- bzw. disziplinübergreifende Zusammenarbeit von kreativ schaffenden Unternehmen des sekundären und tertiären Sektors

Quelle: eigene Zusammenstellung nach https://isocarp.org/app/uploads/2014/05/AfE_2012_-_Dubai_Municipality-_Planning_Department.pdf ; https://u.ae/en/about-the-uae/strategies-initiatives-and-awards/local-governments-strategies-and-plans/dubai-industrial-strategy-2030

Lösungsvorschläge

1. *Lokalisieren Sie Dubai mithilfe des Atlas und M 1. Auch der zweite Operator „Kennzeichnen“ ist dem AFB I zuzurechnen. Sie sollen zunächst die Flächennutzung und ihre funktionsräumlichen Merkmale beschreiben. Darüber hinaus sollen Sie aufzeigen, welche wirtschaftliche Entwicklung zugrunde liegt und dazu beigetragen hat, dass es zur Ausbildung der vorliegenden räumlichen Strukturen kommen konnte. Verwenden Sie unbedingt Begriffe der Fachterminologie zur präzisen, räumlich differenzierten Beschreibung innerhalb des Siedlungskörpers.*

Verortung

Dubai ist die **Hauptstadt des Emirats Dubai** und gleichzeitig die größte Stadt der Vereinigten Arabischen Emirate (VAE) am Persischen Golf. Die Stadt liegt auf 25° nördlicher Breite und 18° östlicher Länge. Dubai kann in einen östlichen Teil westlich des Dubai Creek, einer ca. 14 km langen Bucht **am Persischen Golf**, sowie einen flächenmäßig größeren westlichen Teil mit dem Jebel-Ali Containerhafen aufgeteilt werden. Südlich der Küstenlinie erstreckt sich fast ausschließlich Wüste (M 1, Atlas).

Wirtschaftliche Entwicklung

Innerhalb der letzten 70 Jahre hat Dubai eine bemerkenswerte Entwicklung durchlaufen. So veränderte sich die kleine Siedlung am Dubai Creek aus dem Jahr 1950 in eine dicht besiedelte Metropole im 21. Jh. Die Faktoren, die zu einem **rapiden Wirtschaftswachstum** beigetragen haben, sind **ausgiebige Ölvorkommen** als Grundlage der wirtschaftlichen Entwicklung, keine direkten Steuern (insbesondere keine Unternehmenssteuern) sowie **weitgehende Steuerfreiheit** als wichtiger Standortfaktor für die Bindung ausländischer Unternehmen an die Stadt. Ein weiterer Aspekt ist die Tatsache, dass die politische Macht seit jeher bei der Scheichfamilie des Emirats liegt, was bedeutsam für **stabile politische Verhältnisse** in einer geopolitisch unruhigen Region ist (M 1).

Die wirtschaftliche Entwicklung spiegelt sich in der räumlichen Ausdehnung des Siedlungskörpers wider. Diese Ausdehnung wurde begünstigt durch den **Ausbau der städtischen Verkehrsinfrastruktur:** Sämtliche Teilräume der Stadt Dubai sind durch Metro-, Buslinien sowie durch ein Straßen- und Schnellstraßennetz miteinander verbunden. International vernetzt ist die Stadt durch den Dubai International Airport im Osten der Stadt in unmittelbarer Nähe des Dubai Creek sowie im Osten durch den neu gebauten **Großflughafen Al Maktoum International Airport**, der auch als Dubai World Central Airport bekannt ist. An der Küste im Westen der Stadt lässt sich der große **Containerhafen** Dubais lokalisieren (M 1, M 3).

Vernetzung, internationaler Handel und der **Export von Petroleumprodukten** haben zu einer wirtschaftlichen Entwicklung beigetragen, die maßgeblich die Stadtentwicklung gefördert hat. In Dubai erfolgte durch die Anlage von Häfen sowie die **Schaffung von Freihandels- und Industriezonen** im Hafen- und Flughafenbereich im Westen der Stadt der Ausbau zu einem internationalen **Handelszentrum** (M 1). **Zukunftsorientierte Unternehmen** aus dem IT- und Medienbereich siedelten sich in extra ausgewiesenen Technologie-, Investment- und Produktionsparks an, sodass sich Dubai zu einem bedeutenden **Medien- und Technologiestandort** entwickelte. Hier waren die **Agglomerationsvorteile** ein wichtiger Standortfaktor.

Tertiärisierung

Die zahlreichen **Geschäfts- und Einkaufsviertel** sowie der Standort der Business Bay mit dem Burj Khalifa Tower als Wahrzeichen der Stadt in der direkten Nähe des Dubai Creek sind Ausdruck der Entwicklung der Stadt zu einem **attraktiven Einzelhandelsstandort** mit Geschäfts- und Einkaufszentren. Die luxuriösen Wohnviertel wie Jumeirah, Al-Barscha und Emirate Hills entlang der Küste am Arabischen Golf sowie das künstlich angelegte Inselprojekt der Jumeirah-Palme im Meer (vgl. Umschlagvorderseite dieses Buchs) sind Ausdruck einer Entwicklung der Stadt hin zu einem luxuriösen **Tourismusstandort** mit exklusiven Hotel- und Wohnanlagen (M 1).

Touristische Entwicklung

Insgesamt ist festzuhalten, dass ein Zusammenhang besteht zwischen den Maßnahmen und **Großprojekten** innerhalb des Stadtgebietes und der jüngeren rasanten wirtschaftlichen Entwicklung. Garanten für diesen Erfolg sind ein **kontinuierlich steigendes BIP** mit jährlichen Wachstumsraten von über 3 %, ein hoher Anteil des tertiären Sektors an der Bruttowertschöpfung sowie eine zunehmend **diversifizierte Wirtschaftsstruktur** mit abnehmendem Anteil der Erdölindustrie (M 2). So hat sich Dubai zu einem Wirtschaftsstandort mit überregionaler Bedeutung entwickelt.

Wirtschafts-struktur

2. *Der Operator „Erläutern" ist dem AFB II zuzurechnen und verlangt von Ihnen, einen Raum unter einer bestimmten Fragestellung zu untersuchen. Im vorliegenden Fall bedeutet dies, dass Sie die Bedeutung des Flugverkehrs sowie des Baus des Al Maktoum International Airports für die Entwicklung von Dubai herausstellen sollen. Werten Sie die Zusammenstellungen M 3 und M 6, die Tabelle M 4 und das Diagramm M 5 also zunächst aus und bündeln Sie Ihre Ergebnisse unter der Fragestellung: Welche Bedeutung hat der neue Flughafen für die räumlichen Entwicklungen im Westen Dubais? Wichtig ist, dass Sie nicht nur auf der Ebene der Beschreibung bleiben, sondern Ihre Ergebnisse auch erläutern bzw. begründen.*

Dubais wirtschaftliche Entwicklung kann insgesamt als zukunftsorientiert angesehen werden. Dafür sprechen eine Ausrichtung auf moderne, **innovative Dienstleistungsbereiche** sowie auf die **Logistik- und Finanzbranche**. Auch das Vorhandensein von futuristischen, architektonisch eindrucksvollen Tourismusprojekten deutet auf eine erhoffte positive Wirtschaftsentwicklung hin. Dieser wirtschaftliche Wandel wurde insbesondere durch die **Schaffung von Investitionsanreizen** zur Ansiedlung von Unternehmen ausgelöst. So gewährt die herrschende Scheichfamilie weitgehende Steuerfreiheit und unterstützt die wirtschaftliche Entwicklung durch die **Einrichtung von Freihandelszonen** (M 1, M 2).

Standortfaktoren

Dabei ist hervorzuheben, dass Dubais Entwicklung zu einem zukunftsorientierten, globalen Wirtschaftsstandort einhergeht mit der Einbindung der Stadt in das internationale Flugstreckennetz: Dubai gilt heute als **Drehkreuz des internationalen Flugverkehrs**. Beweise dafür sind die kontinuierliche und erhebliche Steigerung des Passagierverkehrs auf über 90 Mio. Fluggäste in 2019 sowie die Position Dubais auf Rang 4 der weltweit am stärksten frequentierten Flughäfen nach Passagieraufkommen. Hinsichtlich des Frachtaufkommens schaffte es die Stadt im Jahr 2019 auf Rang 7 der weltweit am stärksten frequentierten Flughäfen (M 4, M 5).

Al Maktoum International Airport

Wirtschaftliche Entwicklung, Vernetzung und infrastrukturelle Erreichbarkeit bedingen sich gegenseitig. So ist die Bedeutung des Al Maktoum International Airport für die wirtschaftliche Entwicklung Dubais enorm. Von besonderer Bedeutung ist erstens die **Lage des Flughafens** in unmittelbarer Nähe der Freihandelszonen, Industriegebiete sowie Technologie- und Investmentparks im Westen der Stadt. Zweitens soll die anvisierte **Kapazitätssteigerung** auf jährlich 160 Mio. Passagiere und 12 Mio. t Fracht dem Airport den Status des weltweit größten Flughafens verleihen. Der intendierte Ausbau des Flughafens ist drittens eine Reaktion auf ein **kontinuierliches Wachstum im globalen Luftverkehr** sowie auf die Wachstumsprognose nach Großregionen. So ist der Al Maktoum International Airport ein wichtiger Baustein innerhalb der von der Scheichfamilie eingeleiteten wirtschaftlichen **Diversifizierungsmaßnahmen**. Mit ihm soll Dubai als Sitz internationaler Unternehmen in Zukunftsbranchen sowie als bedeutendes Tourismuszentrum mit jährlich steigenden Touristenzahlen und Bettenkapazitäten weiter ausgebaut werden. Diese Maßnahmen dienen der weiteren Stärkung **Dubais als Handels- und Wirtschaftsmetropole**, auch wenn die Auswirkungen der Coronapandemie auf Touristenzahlen die Verletzlichkeit des Prozesses deutlich macht (M 1–M 5).

In jedem Fall ist der Al Maktoum International Airport ein **Großprojekt**, das als **Impulsgeber** zu einer großräumigen Ausdehnung des Siedlungskörpers sowie der wirtschaftlichen Aktivitäten vor allem im Westen der Stadt beigetragen hat (M 1, M 3). Er ist eines von mehreren im **Dubai Strategic Plan** ausgewiesenen Megaprojekten, die Dubais Aufstieg zu einer Handels- und Wirtschaftsmetropole von staatlicher Seite unterstützen sollen. Wesentliche stadtplanerische und ökonomische Ziele sind im **Dubai Urban Masterplan 2020** aus dem Jahr 2012 sowie in der **Dubai Industrial Strategy 2030** aus dem Jahr 2021 festgeschrieben. Dabei werden räumlich wie funktional getrennte Projektareale ausgewiesen, die jedoch ineinandergreifen und somit Dubai zu einer kompakten Metropolregion machen sollen. Mithilfe der Dubai Industrial Strategy 2030 setzt die Stadt auf eine weitere Diversifizierung der Wirtschaft durch die **Ansiedlung wisssensbasierter und innovativer Unternehmen**. Die Strategie sieht zudem enorme Investitionen in sogenannte **Cross Innovation**-Maßnahmen vor, womit die branchen- bzw. disziplinübergreifende Zusammenarbeit von Unternehmen aus dem **Hightech- und Bildungssektor** bezeichnet wird. Insgesamt definiert die Strategie sechs zukunftsweisende Prioritätssektoren, die vorrangig gefördert werden sollen (M 6).

Staatlich gelenkte Entwicklung

3. *Der Operator „Bewerten" ist dem AFB III zuzurechnen. Sie sollen die Umsetzung des Dubai Strategic Plans bis zum Jahr 2018 kritisch prüfen und zu einem im Sinne Ihrer Argumentation plausiblen Ergebnis gelangen. Dieses können Sie gleich am Anfang als These formulieren oder am Ende als Fazit – Sie müssen dabei nicht zu einem eindeutigen Urteil kommen. Greifen Sie in Ihrer Argumentation Ihre Ergebnisse aus Teilaufgabe 2 auf.*

Im Zusammenhang mit den beiden Teilmaßnahmen Dubai Urban Masterplan und Dubai Industrial Strategy 2030 innerhalb des Dubai Strategic Plans übernimmt der Al Maktoum International Airport als Megaprojekt eine wichtige Aufgabe beim **Ausbau Dubais zu einer zukunftsfähigen Metropolregion**. Er soll durch die Ausweitung der maximalen Abfertigungskapazität den **ökonomischen Wandel** der Stadt zur modernen Wirtschaftsmetropole unterstützen: Höhere Passagier- und Frachtkapazitäten stärken die Stadt als Handels-, **Innovations- und Touristenzentrum**, Tendenz steigend: Für den Zeitraum 2018–2040 wird für den Mittleren Osten ein weiteres Wachstum des Passagierflugverkehrs von 12,2 % prognostiziert (M 1, M 3–M 6).

Positive Aspekte des Dubai Strategic Plans

Insgesamt lässt sich festhalten, dass der Dubai Strategic Plan als übergeordnete Zielsetzung den staatlich initiierten Ausbau der Stadt zur Global City hat. In diesem Zusammenhang spielt auch der Al Maktoum International Airport eine Rolle. Seine Lage im Zentrum einer Reihe von um ihn herum errichteten Freihandels- und Produktionszonen sowie Investment Parks macht den Flughafen zu einem **strategischen Infrastrukturpunkt** im Westen der Stadt. So erfolgte bereits die **Transformation des westlichen Siedlungskörpers** Dubais zu einem innovativen zukunftsfähigen Wirtschaftszentrum, was das **Cluster an Technologie- und Medienparks** dokumentiert. Des Weiteren wurde eine Reihe von **Agglomerationsvorteilen** geschaffen: Hafen- und Flughafeninfrastruktur liegen in unmittelbarer Nähe von Freihandelszonen und Industriegebieten. Diesbezüglich kann die Umsetzung städtebaulicher Zielsetzungen des Dubai Urban Masterplans bis 2018 als erfolgreich bewertet werden (M 1, M 6).

Al Maktoum International Airport als strategischer Infrastrukturpunkt

Jedoch müssen im Zusammenhang mit den Zielen des Dubai Strategic Plans auch negative Aspekte des Al Maktoum International Airport benannt werden. So ist das im Vergleich zum Dubai International Airport bis 2018 äußerst **geringe Passagier- und Frachtverkehrsaufkommen** problematisch. Die derzeitige **Kapazitätsgrenze** von 7 Mio. Passagieren und 250 000 t Fracht jährlich werden bei Weitem nicht erreicht. Die Erwartungen wurden zudem durch die **Auswirkungen der Coronapandemie** erheblich getrübt. Zwischen 2019 und 2020 brach der Passagierverkehr um 50 Indexpunkte ein. Derart groß sind die Probleme, dass die Finanzierung 2019 ausgesetzt wurde und dies die **Überarbeitung des Flughafen-Masterplans** notwendig machte (M 3, M 4, M 5).

Negative Aspekte des Dubai Strategic Plans

Weitere Probleme sind die **zeitlichen Verzögerungen** und die Kürzung der finanziellen Zuwendungen, ökologische Probleme wie der Anstieg der Luftverschmutzung und ein hoher Energie-, Wasser- und Flächenverbrauch sowie zu guter Letzt auch eine **allgemeine ökonomische Unsicherheit** durch Krisen wie die Coronapandemie oder die Konkurrenz durch andere asiatische Global Citys (M 3, M 5).

So ist abschließend darauf hinzuweisen, dass Dubai ein **großes Potenzial** besitzt, zu einer **Metropolregion des Mittleren Ostens** aufzusteigen. Jedoch lassen die derzeitigen Probleme die **Erreichbarkeit der Ziele des Dubai Strategic Plans** innerhalb des zeitlichen Rahmens als fragwürdig erscheinen.

Fazit

Mögliche Gewichtung der Teilaufgaben: 25 % : 35 % : 40 %

Checkliste

Aspekt	ja	teil-weise	nein	weiß nicht
TEILAUFGABE 1				
Habe ich Dubai als Teil der Vereinigten Arabischen Emirate aufgabenbezogen richtig verortet?	☐	☐	☐	☐
Habe ich die Maßnahmen und Projekte der wirtschaftlichen Entwicklung der Stadt räumlich differenziert korrekt gekennzeichnet?	☐	☐	☐	☐
Habe ich mithilfe der wirtschaftlichen Strukturdaten sowie der Maßnahmen und Projekte Dubai als Wirtschaftsstandort mit überregionaler Bedeutung charakterisiert?	☐	☐	☐	☐
TEILAUFGABE 2				
Habe ich anhand zentraler Merkmale Dubais Wirtschaft als zukunftsorientiert charakterisiert?	☐	☐	☐	☐
Habe ich positive Aspekte des Al Maktoum International Airports im Zusammenhang mit den Zielen des Dubai Strategic Plans kriterienorientiert dargestellt und bewertet?	☐	☐	☐	☐
Habe ich mithilfe wesentlicher Aspekte Dubai als Drehkreuz für den internationalen Flugverkehr korrekt dargestellt?	☐	☐	☐	☐
Habe ich unter Angabe von Beispielen die Bedeutung des Al Maktoum International Airports für die Entwicklung der Stadt angemessen erläutert?	☐	☐	☐	☐
Bin ich auf die Bedeutung des Al Maktoum International Airports im Kontext der wirtschaftlichen Diversifizierungsmaßnahmen eingegangen?	☐	☐	☐	☐
Habe ich die Auswirkungen der Coronapandemie hinsichtlich der Entwicklung des Passagierflugverkehrs erläutert?	☐	☐	☐	☐
TEILAUFGABE 3				
Habe ich die Ziele des Dubai Strategic Plans anhand des Dubai Urban Masterplans 2020 und der Dubai Industrial Strategy 2030 differenziert erläutert?	☐	☐	☐	☐
Habe ich positive und negative Aspekte des Al Maktoum International Airports im Zusammenhang mit den Zielen des Dubai Strategic Plans kriterienorientiert dargestellt und bewertet?	☐	☐	☐	☐
Bin ich nach der Abwägung meiner Pro- und Kontra-Argumente zu einer begründeten abschließenden Einschätzung gelangt?	☐	☐	☐	☐

Klausuren Geographie
Klausur 8

Bearbeitungszeit: 90 Minuten

Thema: Lagos als Beispiel für die Entwicklung von Megastädten in Afrika

Aufgabenstellung

1. Beschreiben Sie den Bevölkerungsaufbau Nigerias 2021 und ordnen Sie das Bevölkerungsdiagramm (M 1) begründet einer Grundform zu.
2. Beschreiben Sie die räumliche Entwicklung von Lagos und erläutern Sie mögliche Ursachen dafür.
3. *„Der größte afrikanische Albtraum ist die Megastadt."*
   (Diego Masi, italienischer Autor, Blogger, Unternehmer und Politiker)

   Nehmen Sie auf Grundlage der Materialien und Ihres Unterrichtswissens Stellung zu diesem Statement.

M 1: Bevölkerungsdiagramm von Nigeria

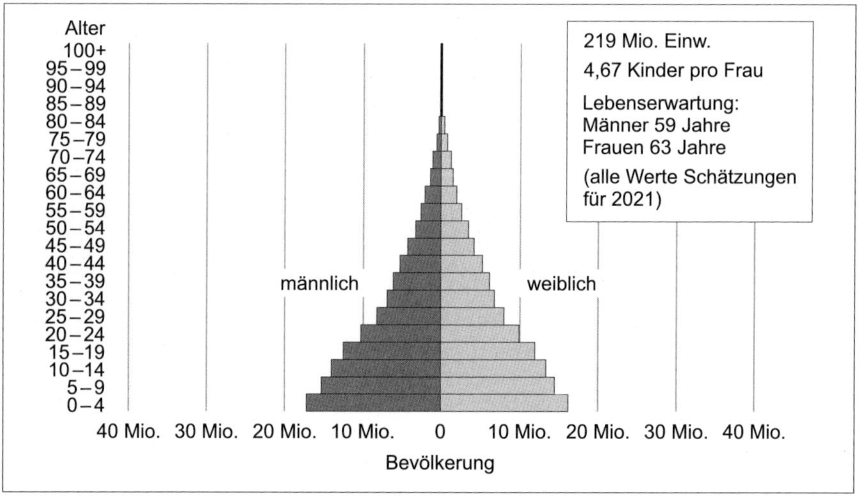

Quelle: CIA World Factbook – US Census Bureau, International Data Base

M 2: Lagos Bevölkerungswachstum 1950–2030

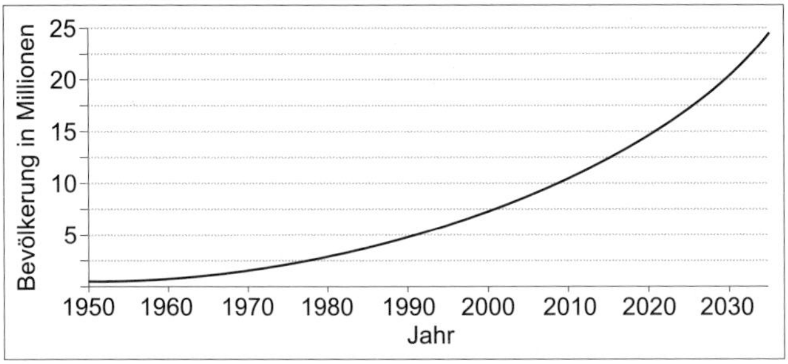

Quelle: Daten nach National Bureau of Statistics & National Population Commission Nigeria, Stand April 2021

M 3: Siedlungsfläche der Metropolregion Lagos

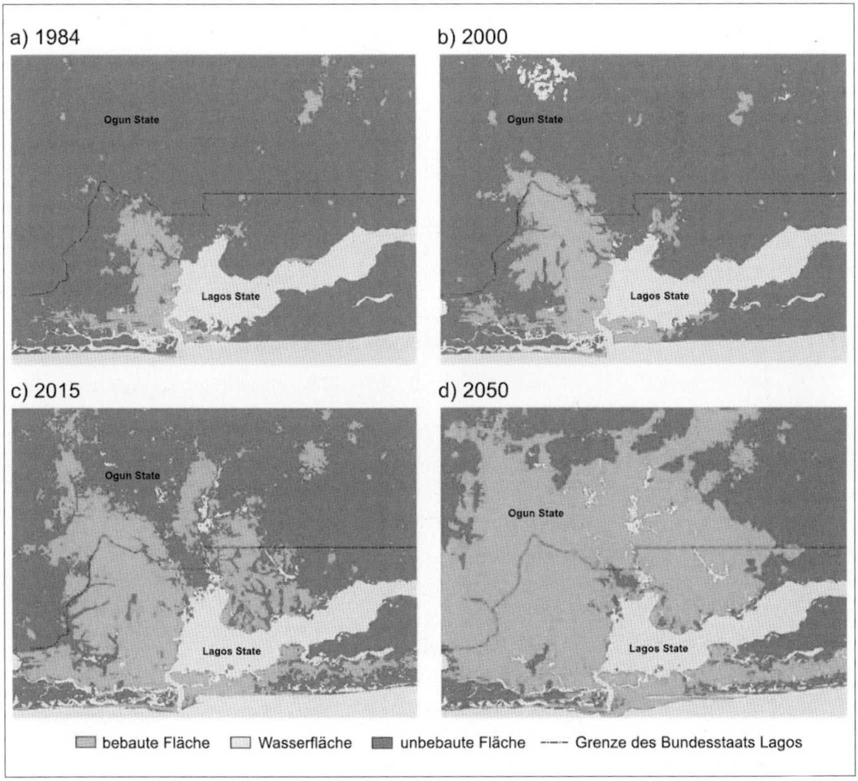

Quelle: verändert nach Jianzhu Wang & Ikechukwu Nnamdi Maduako: Spatio-temporal urban growth dynamics of Lagos Metropolitan Region of Nigeria based on Hybrid methods for LULC modeling and prediction, Figure 5, Taylor & Francis Online 18. 01. 2018, CC BY 4.0, https://doi.org/10.1080/22797254.2017.1419831

M 4: Die größten Megastädte der Welt bis zum Jahr 2100

2020				2100*			
Rang	**Einw. (Mio.)**	**Stadt**	**Land**	**Rang**	**Einw. (Mio.)**	**Stadt**	**Land**
1	37,5	Tokio	Japan	1	88,3	Lagos	Nigeria
2	28,5	Delhi	Indien	2	83,5	Kinshasa	Kongo
3	25,6	Shanghai	China	3	73,7	Dar es Salaam	Tansania
4	21,7	São Paulo	Brasilien	4	67,2	Mumbai	Indien
5	21,6	Mexico City	Mexiko	5	57,3	Delhi	Indien
6	20,1	Kairo	Ägypten	6	56,6	Khartoum	Sudan
7	20,0	Mumbai	Indien	7	56,1	Niamey	Niger
8	19,6	Peking	China	8	54,3	Dhaka	Bangladesch
9	19,5	Dhaka	Bangladesch	9	52,4	Kolkata	Indien
10	19,3	Osaka	Japan	10	50,3	Kabul	Afghanistan
11	18,8	New York	USA	11	49,1	Karachi	Pakistan
12	15,4	Karachi	Pakistan	12	46,7	Nairobi	Kenia
13	15,0	Buenos Aires	Argentinien	13	41,4	Lilongwe	Malawi
14	14,8	Chonqing	China	14	40,9	Blantyre City	Malawi
15	14,7	Istanbul	Türkei	15	40,5	Kairo	Ägypten
16	14,6	Kolkata	Indien	16	40,1	Kampala	Uganda
17	13,5	Manila	Philippinen	17	40,0	Manila	Philippinen
18	13,4	Lagos	Nigeria	18	37,7	Lusaka	Sambia
19	13,3	Rio de Janeiro	Brasilien	19	36,4	Mogadishu	Somalia
20	13,2	Tianjin	China	20	35,8	Addis Abeba	Äthiopien

* Schätzung anhand beobachteter Entwicklungstrends

Quellen: eigene Zusammenstellung, Daten nach: Research and Data Analytics at the CEOWORLD magazine, Global Cities Institute, visualcapitalist.com

M 5: Anteil der Stadtbevölkerung, der in Slums wohnt

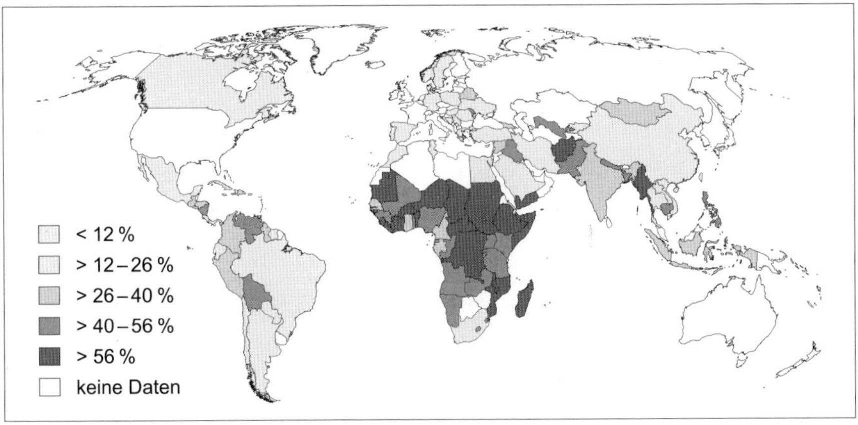

Quelle: eigene Darstellung, Daten nach UN HABITAT

Lösungsvorschläge

1. *Der Operator „Beschreiben" ist dem AFB I zuzurechnen. Gehen Sie dabei von den bekannten Merkmalen eines Bevölkerungsdiagramms (Altersgruppen nach Geschlecht, Anteile, Verteilung usw.) aus. Der Operator „Zuordnen" entspricht dem AFB II. Die Zuordnung des Bevölkerungsdiagramms zu einer Grundform (hier: Pyramide) und damit einem Typ Land (hier: Entwicklungsland) findet auf Grundlage der zuvor erfolgten Beschreibung statt.*

Allgemeine Aussagen zum Bevölkerungsdiagramm

Das Bevölkerungsdiagramm M 1 zeigt den **Altersaufbau von Nigeria**, einem Land in Westafrika, das mehr als doppelt so groß wie Deutschland ist. Die Gesamtbevölkerung Nigerias beträgt rund 219 Mio. Menschen. Die Bevölkerungsdichte entspricht also ungefähr der Deutschlands. Die Lebenserwartung ist mit rund 60 Jahren vergleichsweise niedrig. Die Anzahl der Kinder je Frau beträgt mit 4,67 ein Vielfaches der Kinderzahl je Frau in den Staaten Mitteleuropas.

Für wenig entwickelte Länder typische Pyramidenform

Auffallend ist die **deutliche Pyramidenform** mit breiter Basis und sich nach oben schnell verschmälernder Spitze, wie sie typisch für wenig entwickelte Länder ist. Rund 90 Mio. aller Einwohnerinnen und Einwohner Nigerias, also rund 40 %, sind nicht älter als 14 Jahre. Die Zahl der Kinder ist aufgrund der **hohen Geburtenrate** (vgl. Anzahl der Kinder je Frau) sehr hoch.

Die **Ursachen** dafür sind einerseits traditionelle und religiöse Wertvorstellungen, andererseits ökonomische Aspekte: Viele Kinder bedeuten viele Arbeitskräfte in einer Familie; zudem „ersetzen" die Kinder in der Regel die fehlende staatliche Alterssicherung. Nach oben, d. h. in den höheren Altersgruppen, nimmt die Zahl der Menschen schnell ab, was an der **geringen Lebenserwartung** (schlechte Versorgung mit Nahrungsmitteln, mangelhafte medizinische Versorgung und hygienische Bedingungen, harte Arbeit usw.) liegt. Nur zwischen 6–70 Mio. Menschen, also rund 3 % der Gesamtbevölkerung, erreichen in Nigeria ein Alter von 65 Jahren oder mehr.

Geschlechterverteilung

Die **Anzahl von Männern** (links im Diagramm) **und Frauen** (rechts im Diagramm) ist insgesamt relativ ausgeglichen. In der Altersgruppe ab 20 Jahre ist die Anzahl der Frauen geringer, was auf die hohe Frauensterblichkeit bei Geburten, wie sie typisch für wenig entwickelte Staaten ist, zurückzuführen sein dürfte. In späteren Jahren verringert sich der Unterschied wieder. „Ausgleichend" wirkt die grundsätzlich geringere Lebenserwartung der Männer.

Keine auffallenden Einschnitte

Auffallende Einschnitte, wie man sie von mitteleuropäischen Alterspyramiden kennt (z. B. Kriege), sind nicht erkennbar. Mögliche Folgen der instabilen Situation nach der Unabhängigkeit des Landes lassen sich im Diagramm nicht eindeutig zuordnen.

2. *Die Beschreibung (AFB I) der räumlichen Entwicklung bezieht sich auf die in M 3 gezeigte Entwicklung der Besiedlung in und um Lagos, wobei es sich bei den Karten a–c um die jeweilige tatsächliche Ausdehnung der Siedlungsfläche, bei der Karte d um eine Prospektion in das Jahr 2050 handelt.*
Der Operator „Erläutern" im zweiten Teil der Aufgabe ist dem AFB II zuzuordnen. Sie sollen dabei Sachzusammenhänge mithilfe ergänzender Informationen verdeutlichen. Dazu gehen Sie zum einen von Ihrem Unterrichtswissen über die Entwicklung von Städten in wenig entwickelten Ländern aus. Zum anderen lassen sich die Informationen aus M 1 und M 2 sinnvoll einbeziehen.

Ausdehnung von Lagos

1984 zeigt sich die **bebaute Fläche von Lagos** zum großen Teil als kompakter „Kern", dessen südliche Grenze der Golf von Guinea bildet. Darüber hinaus sind lediglich das Gebiet an der Küste westlich des Stadtkerns und einige Flecken um Lagos herum bebaut. Die besiedelte Fläche befindet sich bis auf wenige Ausnahmen innerhalb der Grenzen des Bundesstaates Lagos. 16 Jahre später hat sich Lagos auf ungefähr das Doppelte der Fläche ausgedehnt; im Norden werden die Grenzen zum benachbarten Bundesstaat Ogun bereits weit überschritten. Weitere 15 Jahre später hat sich die Fläche noch einmal verdreifacht. Gut ein Fünftel des bebauten Gebiets von Lagos liegt inzwischen im Nachbarstaat, auch weil die Ausdehnung zum Meer und zur Lagune hin nur begrenzt möglich ist. Bis 2050 (also 35 Jahre später) geht man von einer weiteren Verdreifachung (oder mehr) der bebauten Fläche aus. Verglichen mit deutschen Millionenstädten wie Berlin, Hamburg, München oder Köln, in denen Wachstum und Bebauung kontrolliert und vergleichsweise langsam stattfinden, liegt die Entwicklung von Lagos jenseits unserer gewohnten Vorstellungen.

Ursachen

Die **Ursachen für die Ausdehnung der Stadt** sind vielfältig. Hauptursache ist das in Teilaufgabe 1 angesprochene **Bevölkerungswachstum in Nigeria**. Eine große Anzahl junger Menschen, verbunden mit einer hohen Geburtenrate im Vergleich zur Sterberate, lässt die Bevölkerungszahl exponentiell steigen. Deutlich wird das exponentielle Wachstum auch bei einer Betrachtung der Entwicklung der Bevölkerung in Lagos (M 2). Neben der natürlichen Bevölkerungsbewegung (Zuwachs durch Geburten) wächst die Stadt auch durch räumliche Bevölkerungsbewegungen, also **Zuzüge**. Maßgeblich hierfür sind die Pullfaktoren, die Menschen in die Stadt ziehen, und die Pushfaktoren, die zu Abwanderung in ländlichen Regionen führen. Zum Teil entsprechen beide einander.

Natürliche Bevölkerungsbewegungen

Räumliche Bevölkerungsbewegungen

Push-Faktoren

Verglichen mit der Stadt **haben ländliche Gebiete in Entwicklungsländern wenig zu bieten**. Neben der allgemein hohen Geburtenrate in Nigeria, die auf dem Land besonders hoch ist, spielt die Situation der Landbevölkerung eine wichtige Rolle: Eine wachsende Bevölkerung führt zur Landübernutzung mit entsprechenden Folgen. Naturkatastrophen wie Dürren (v. a. im Sahel/nördliches Nigeria) erschweren die Versorgung mit Nahrungsmitteln zusätzlich. Die Infrastruktur auf dem Land ist meist mangelhaft, ebenso die medizinische Versorgung. Chancen auf Bildung oder berufliches Weiterkommen bestehen kaum.

Pull-Faktoren

Mehr zu bieten haben da die großen Städte – wenn oft auch nur vermeintlich, wie die Zahl der Slums (M 5) erahnen lässt. Die Aussicht auf Arbeit, auch für Ungelernte, und die Möglichkeit zu Bildung oder Weiterbildung zieht v. a. Menschen im arbeitsfähigen Alter nach Lagos. Ein vielfältigeres Angebot an Waren und Dienstleistungen macht die Stadt attraktiv. Städtisches Leben bietet neue Möglichkeiten und Freiheiten. Nicht zuletzt locken die Erzählungen von bereits in der Stadt lebenden Bekannten oder Familienangehörigen oder einfach nur die Hoffnung auf ein besseres Leben.

Primatstadt Lagos

Als weiterer Pullfaktor wirkt die Anziehungskraft der ehemaligen Hauptstadt als größte Stadt des Landes, als Hafenstadt und als Nigerias **Primatstadt**.

3. *Der Operator „Stellung nehmen" entspricht dem AFB III. Es empfiehlt sich, das recht knappe und provokativ überspitzte Statement zunächst in eigenen Worten wiederzugeben und die darin enthaltenen Aspekte darzulegen. Als Nächstes nehmen Sie begründet Stellung dazu. Dabei beziehen Sie sich auf die Ergebnisse aus den Teilaufgaben 1 und 2, aber auch auf die übrigen Materialien und nicht zuletzt auf Ihr Unterrichtswissen zum Thema „Megastädte". Wichtig ist, dass Sie Ihren Standpunkt logisch nachvollziehbar darlegen. Eine kurze Zusammenfassung in Form eines Fazits sollte die Aufgabe abschließen.*

Megastädte

Weltweit wachsen die Städte. Und die Zahl der Megastädte, also von **Städten mit 10 Mio. Einw. oder mehr**, nimmt zu; insbesondere in Afrika werden es immer mehr (M 4). Der italienische Autor Diego Masi bezeichnet diese Entwicklung als „Albtraum" – eine fast schon surreale Vorstellung nicht mehr kontrollierbarer Prozesse.

Situation 2020 und Prognose für 2100

2020 sind die größten Megastädte in Afrika Kairo/Ägypten mit mehr als 20 Mio. und Lagos/Nigeria mit 13,4 Mio. Einw. Interessant ist die für **2100** prognostizierte Entwicklung: Lagos rückt mit geschätzten 88,3 Mio. Einw. – mehr als ganz Deutschland heute! – auf den ersten Platz des Rankings. 13 der 20 größten Städte der Welt liegen laut Prognose auf dem afrikanischen Kontinent, davon nur eine in Nordafrika.

Größe und Wachstum

Grundlage aller möglichen Probleme von Megastädten ist zum einen deren **Größe** und der damit einhergehende immense **Flächenverbrauch**, zum anderen die **Geschwindigkeit** des Wachstums. Das Wachstum dieser Städte resultiert zum einen aus dem Bevölkerungswachstum in den Ländern insgesamt, aus dem Zuzug von Menschen aus ländlichen Regionen in die Städte und aus dem Bevölkerungswachstum in den Städten selbst (vgl. Teilaufgaben 1 und 2). Aus der Größe und dem Wachstum der Megastädte ergeben sich zahlreiche ökonomische, soziale und ökologische Probleme:

Ausdehnung ins Umland

Auswirkungen auf Nahrungsmittelproduktion und Wasser

Wie die Ausdehnung der Bebauung von Lagos zeigt (M 3), wachsen die Megastädte weit ins Umland und u. a. weit in landwirtschaftliche Flächen hinein. Dies beeinträchtigt die Nahrungsmittelproduktion; Versorgungskrisen können die Folge sein. Kompensiert wird **Nahrungsmittelknappheit** oft durch Importe, was zu wirtschaftlichen Abhängigkeiten führen kann. In Meeresnähe kann die Ausdehnung der Siedlungsfläche zu einem steigenden Risiko von Überschwemmungen führen (Bsp. Dhaka/Ganges-Delta). Ähnliches wäre in Lagos auch vorstellbar. Das Vordringen von Siedlungsflächen in Wassereinzugsgebiete kann sich zudem negativ auf die Wasserqualität und die Wasserversorgung auswirken.

Ein sehr großer Teil der in die Städte ziehenden Menschen lässt sich aus finanziellen Gründen oder aufgrund des begrenzten Platzangebots in **Marginalsiedlungen** nieder. Bereits heute gehört Nigeria zu den Staaten, in denen 40–56 % der städtischen Bevölkerung in **Slums** wohnen. In vielen anderen Staaten der Welt, v. a. in afrikanischen Staaten südlich der Sahara, ist der Anteil ähnlich hoch oder noch höher (M 5).

Leben in Slums

Kennzeichnend für Marginalsiedlungen ist deren **unzureichende Erschließung und Infrastruktur**. Auf engstem Raum leben an den Rändern der Städte Millionen von Menschen, meist unter einfachsten Bedingungen. Verkehrswege abseits der Hauptzufahrtstraßen zur Kernstadt sowie eine geregelte **Versorgung mit Elektrizität und Wasser** existieren häufig nicht, ebenso wenig die **Entsorgung von Abwasser und Müll**.

Mangelhafte Erschließung, Infrastruktur, Ver- und Entsorgung

Sanitäre Einrichtungen wie Waschmöglichkeiten und Toiletten stehen großen Teilen der Weltbevölkerung nicht zur Verfügung. Soweit Wasservorräte, z. B. Grundwasser, existieren, besteht die Gefahr von Übernutzung, was wiederum zu Wasserknappheit führt. Übernehmen nicht-offizielle Stellen die Wasserversorgung, wird Wasser zur für viele unerschwinglichen Handelsware. Die unkontrollierte Entsorgung von Abwässern und die damit verbundene Verunreinigung von Grundwasservorkommen verschärfen die Wasserknappheit zusätzlich. Große Teile der Weltbevölkerung, auch hier v. a. Slumbewohner, haben **keinen Zugang zu gesundheitlich unbedenklichem Trinkwasser**. Gesundheitliche Probleme bis hin zur Entstehung von Epidemien sind Folge der katastrophalen hygienischen Bedingungen. Die geringe Lebenserwartung in den meisten Staaten der Dritten Welt (vgl. M 1) lässt den Zusammenhang erkennen. In Küstenstädten wie Lagos werden Abwässer ins Meer geleitet, was dort zu ökologischen Schäden führt.

Gesundheitliche Auswirkungen

Auch wenn das Abfallaufkommen pro Person in wenig entwickelten Ländern wesentlich geringer sein dürfte als in Deutschland, entstehen allein aufgrund der großen Bevölkerungszahl **riesige Mengen an Müll**. 2100 sollen z. B. Lagos und Kinshasa jeweils deutlich über 80 Mio. Menschen zählen – mehr Einwohner als ganz Deutschland. Was nicht auf (oft illegalen) Deponien gelagert wird, landet im Meer oder in Flüssen oder wird verbrannt und verschmutzt die Luft. Für viele Menschen in den Megastädten der Entwicklungs- und Schwellenländer dient das Sammeln oder Sortieren von Müll oder die Suche nach Verwertbarem auch dem Lebensunterhalt.

Müllproblematik

In allen Fällen wirken sich die beschriebenen Zustände auch auf die **Ökosysteme** als Ganzes aus. Je größer eine Agglomeration, desto größer die Umweltverschmutzung. Die Biodiversität leidet, natürliche Ressourcen werden erschöpft.

Beeinträchtigung des Ökosystems

Weitere Probleme ergeben sich aus der in Marginalsiedlungen herrschenden **Armut**. Ausgesprochen beengte Wohnverhältnisse begünstigen teils gewaltsame Konflikte in Haushalten oder Nachbarschaften. Arbeitslosigkeit ist weit verbreitet. Um den Lebensunterhalt einer Familie zu bestreiten, müssen oft die Kinder arbeiten. Gelegenheitsjobs, für die es keiner Bildung bedarf, bringen wenig ein und halten Kinder von der Schulbildung ab, was die Chancen auf besser bezahlte Arbeit im Erwachsenenalter wiederum deutlich verringert. Erwachsene wie Kinder arbeiten häufig im **informellen Sektor**, z. B. als Müllsammler. Für den Staat bedeutet dies fehlende Steuereinnahmen, die Beschäftigten sind nicht sozialversichert, was sich wiederum im Krankheitsfall oder im Alter negativ auswirkt. Fehlende Möglichkeiten zum legalen Broterwerb und extreme soziale Ungleichheiten führen häufig in die Kriminalität. Viele Marginalsiedlungen sind aufgrund der dort herrschenden (in manchen Gebieten schon bürgerkriegsähnlichen) Zustände bereits seit Jahren nicht mehr kontrollierbar, nicht mehr regierbar.

Soziale Folgen

Erkennbar wird hier, dass es sich um ein komplexes Zusammenwirken unterschiedlicher Faktoren handelt. Und das Wachstum der Megastädte schreitet fort. Ein Ende des „afrikanische[n] Albtraum[s]“ ist nicht in Sicht.

Fazit

Mögliche Gewichtung der Teilaufgaben: 30 % : 30 % : 40 %

Checkliste

Aspekt	ja	teil-weise	nein	weiß nicht
TEILAUFGABE 1				
Habe ich das Bevölkerungsdiagramm hinsichtlich seiner typischen Merkmale richtig beschrieben?	☐	☐	☐	☐
Habe ich die Zuordnung zur Grundform (Pyramide) logisch nachvollziehbar begründet?	☐	☐	☐	☐
Habe ich die übrigen in M 1 enthaltenen Informationen in die Beantwortung der Frage einbezogen?	☐	☐	☐	☐
TEILAUFGABE 2				
Habe ich die wesentlichen Schritte der räumlichen Entwicklung von Lagos in chronologischer Reihenfolge aussagekräftig beschrieben?	☐	☐	☐	☐
Habe ich berücksichtigt, dass es sich bei Karte d) um eine Projektion in die Zukunft handelt?	☐	☐	☐	☐
Habe ich die Ursachen für Städtewachstum in wenig entwickelten Ländern im Allgemeinen und in Lagos im Besonderen nachvollziehbar dargestellt?	☐	☐	☐	☐
TEILAUFGABE 3				
Habe ich das Statement Diego Masis in seinem Sinn (Megastadt – Afrika – Albtraum) richtig erfasst?	☐	☐	☐	☐
Habe ich die Grundlagen der Entwicklung von Megastädten in wenig entwickelten Staaten erkannt und angemessen dargestellt?	☐	☐	☐	☐
Habe ich im Rahmen der geforderten Stellungnahme die Folgen der dargestellten negativen Entwicklungen (Albtraum!) in ihren Zusammenhängen erläutert?	☐	☐	☐	☐
Habe ich die in den Materialien enthaltenen Aussagen in meine Überlegungen einbezogen?	☐	☐	☐	☐

Klausuren Geographie
Klausur 9

Bearbeitungszeit: 120 Minuten

Thema: Stadtentwicklungsprozesse in nordamerikanischen Metropolen – das Beispiel New York City

Aufgabenstellung

1. Lokalisieren Sie New York City und kennzeichnen Sie die räumliche und demographische Entwicklung sowie die Bedeutung der Stadt.
2. Erläutern Sie die sozialräumliche Gliederung unter Berücksichtigung sozioökonomischer Aspekte.
3. Erörtern Sie die Ziele und Perspektiven der Umsetzung des SoHo/NoHo-Plans.

M 1: Chronik der Stadtentwicklung von New York City (Auszug)

1624–26	Erster niederländischer Handelsstandort; Peter Minuit kauft die Insel Manhattan von den Ureinwohnern Amerikas und nennt sie Neu Amsterdam
1664	Eroberung Neu Amsterdams durch die Engländer, Umbenennung in New York
1700	Bevölkerung: 5 000
1770	Bevölkerung: 23 000; zweitgrößte Stadt in Nordamerika nach Philadelphia
1792	Gründung der New Yorker Börse; in der Folge Entwicklung zum Finanz- und Handelszentrum
1825	Fertigstellung des Eriekanals; Verbindung zu den Großen Seen und dem Hinterland; New York wird Handelsdrehscheibe zwischen Europa und den USA
1850	Erste Einwanderungswelle aus Europa
1870	Bevölkerung: 1 Mio.; Bau der ersten Hochhäuser
1913	Bevölkerung: 6 Mio.; NYC ist größte Stadt der Welt
1920er–1930er-Jahre	Bau von Wolkenkratzern, u. a. Chrysler Building und Empire State Building; *Roaring Twenties*: Aufstieg zum Weltwirtschafts- und Zentrum der Unterhaltungsindustrie; 1929 Börsencrash und Weltwirtschaftskrise
1950er-Jahre	Zuwanderung vor allem von Afroamerikanern aus den Südstaaten nach Harlem; New York wird Sitz der Vereinten Nationen
Seit 2000	Modernisierung von historischen, aber heruntergekommenen Vierteln, z. B. East Village, SoHo, oder früheren Industriegebieten, z. B. Meatpacking District; Zuzug wohlhabender Bevölkerungsgruppen; Ansiedlung von internationalen Restaurant- und Einzelhandelsketten
2010er-Jahre	Wohnungsleerstand 2010: ca. 5 %; Bau von modernen Wolkenkratzern entlang des Central Parks an der 57. Straße, von New Yorkern *billionaires' row* genannt
2020	Negative Folgen der Coronapandemie für Wirtschaft und Bevölkerung, z. B. Wegzug wohlhabender Bevölkerungsgruppen, Verlust von Steuereinnahmen

Quelle: eigene Zusammenstellung nach http://www.localhistories.org/newyorktime.html; https://www.worldatlas.com/webimage/countrys/namerica/usstates/nytimeln.htm; https://welcome2thebronx.com/2021/05/25/amazon-takes-over-the-bronx-with-another-warehouse-lease/

M 2: Entwicklung der Bevölkerung

(in Mio.)	1970	2000	2012	2019
Großraum	17 035	18 227	19 832	19 095
City of New York	7 806	8 008	8 337	8 337
Stadtteile				
– Bronx	1 472	1 333	1 408	1 418
– Manhattan	1 539	1 537	1 619	1 629
– Queens	1 987	2 229	2 273	2 254
Obdachlose (Anzahl)	–	25 235	49 623	62 590

Quelle: eigene Zusammenstellung nach citypopulation.de; US Census Bureau; Facts about Homelessness – Coalition For The Homeless

M 3: Bevölkerungsstruktur

M 3a: Ethnische Viertel

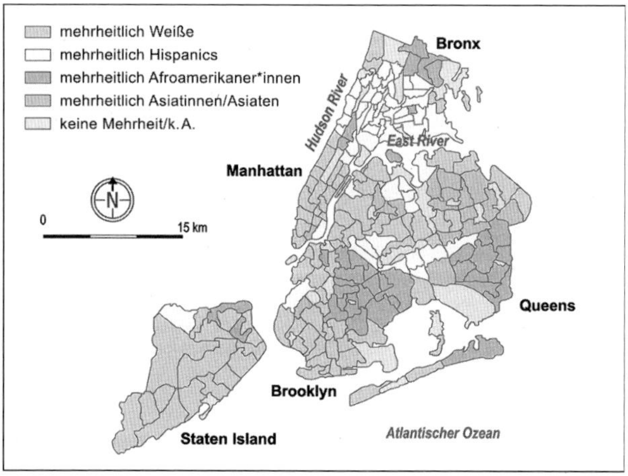

© Cartomedia, Karlsruhe nach Daten des Census 2010

Farbkarte M 3 a

Haben Sie keine Möglichkeit, den QR-Code zu scannen, finden Sie die Farbkarte auch unter *www.stark-verlag.de/109012/Klausur9*

M 3b: Armut

	Gesamt	Armutsrate
Hispanics	2 413 090	24,69 %
Afroameri-kaner*innen	2 006 010	21,13 %
Weiße	2 650 260	11,06 %
Asiatinnen/ Asiaten	1 172 890	16,34 %
andere	1 228 350	27,20 %

Quellen: Daten nach US Census 2019 ACS 5-Year Survey (Table S1701) (M 3 b); Daten nach: U.S. BLS, Local Area Unemployment Statistics (M 3 c)

M 3c: Arbeitslosenquote 2020/2021 (in %)

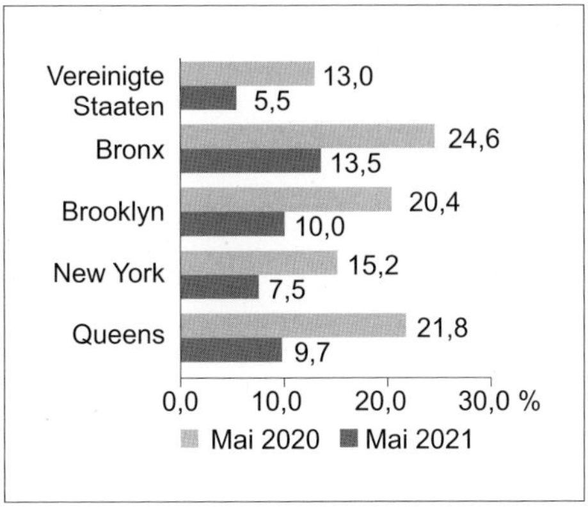

M 4: Sozioökonomische Daten

M 4a: Entwicklung der monatlichen Durchschnittsmieten (inkl. Nebenkosten) in New York City

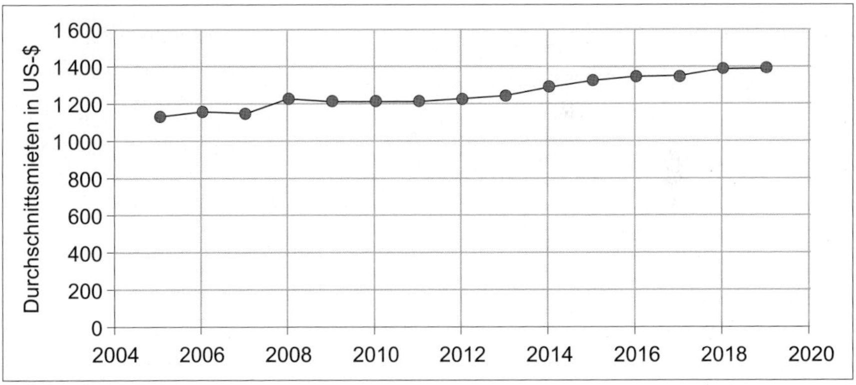

M 4b: Wohnungsmarkt, Einkommen und Bildung

	Manhattan	New York City
Wohnungen 2019	892 878	k. A.
Eigentumswohnungen (in %)	24,1	32,7
Personen pro Haushalt	2,07	2,6
Durchschnittswert der Eigentumswohnungen 2015–2019 (in US-$)	987 700	606 000
Durchschnittsmiete (in US-$) – Einzimmerwohnung – Zweizimmerwohnung	 3 431 5 046	 k. A. k. A.
Mietbelastung größer als ein Drittel des Einkommens (in %)	36,4	44,2
Haushaltseinkommen (in %) – < 50 000 US-$ – > 200 000 US-$	 34 23	 41 11
Bildungsabschlüsse der Über-25-Jährigen (in %) – High School oder höher – Bachelor oder höher	 87,3 61,3	 82,2 38,1
Anteil an Menschen in Armut* (in %)	14,1	17,9

* Laut US Census Bureau leben Menschen in Armut, wenn ihr Einkommen unter einem Schwellenwert für die Lebenshaltungskosten liegt.

Quelle: eigene Darstellung nach: census.gov/quickfacts/fact/table/newyorkcountymanhattan boroughnewyork,bronxcountybronxboroughnewyork,queenscountyqueensboroughnewyork,kingscountybrooklynboroughnewyork,richmondcountystatenislandboroughnewyork,newyorkcitynewyork/HSG010219; https://www1.nyc.gov/assets/planning/download/pdf/plans-studies/soho-noho/soho-noho-fact-sheet-socio-economics.pdf; https://www.apartmentlist.com/renter-life/cost-of-living-in-new-york

M 5: Der SoHo/NoHo-Plan

<table>
<tr><td>Stadtteil/
Bevölkerung</td><td>– Ursprung des Namens: South/North of Houston Street; Stadtteil mit historischer Bausubstanz
– Ende der 1970er- bis Ende der 1980er-Jahre: Ort für Kulturschaffende, Künstler*innen; zahlreiche Theater, Museen, Galerien und Standorte der Filmbranche
– Bevölkerungsstruktur: 78 % Weiße, 12 % Asiatinnen/Asiaten, 2 % Afroamerikaner*innen, 6 % Hispanics
– Einkommensverteilung:
< 50 000 US-$ 17 %
50 000 – 99 999 US-$ 18 %
100 000–199 999 US-$ 25 %
> 200 000 US-$ 41 %
– Besitzverhältnisse des Wohnraums:
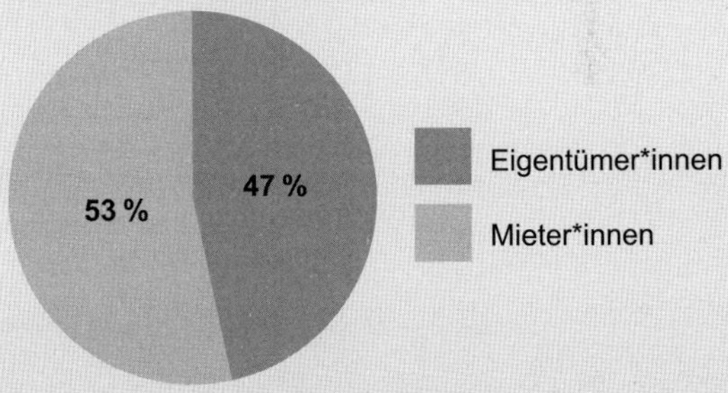

bisher keine Regulierung von Mieten</td></tr>
<tr><td>Ziele</td><td>Verbesserung der Lebensqualität und des wirtschaftlichen Wohlstands, Förderung der Diversität im Stadtteil</td></tr>
<tr><td>Wirtschaft</td><td>Mischnutzung: Ansiedlung von Einzelhandel und anderen Unternehmen; Erhalt der bestehenden Büro- und Produktionsstandorte</td></tr>
<tr><td>Kultur und Kunst</td><td>Tradition als Ort für Kulturschaffende erhalten bzw. revitalisieren; Ansiedlung von Künstlerinnen/Künstlern und Kreativwirtschaft</td></tr>
<tr><td>Physiognomie</td><td>Historischen Charakter erhalten: nur geringfügige Überschreitung der aktuellen Bauhöhe, z. B. durch Aufstockung; Abgrenzung von historischen und neu zu entwickelnden Gebieten und Gebäuden</td></tr>
<tr><td>Wohnraum</td><td>Erhaltung von bestehendem und Schaffen neuen Wohnraums; Mieten orientieren sich am mittleren Einkommen des Stadtteils; bei 25 – 30 % des Wohnraums sollen Mieten dauerhaft Bestand haben und für Gruppen mit Einkommen zwischen 60 000 und 80 000 US-$ bezahlbar und verfügbar sein</td></tr>
</table>

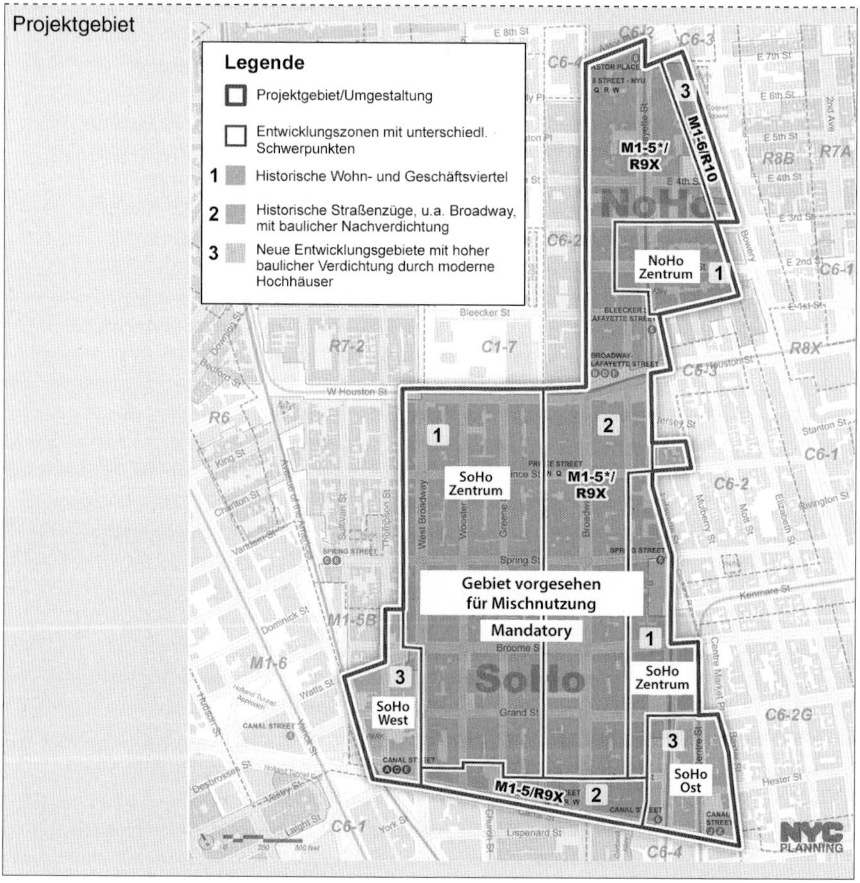

Quelle: https://www1.nyc.gov/assets/planning/download/pdf/plans-studies/soho-noho/cpc-presentation-051721.pdf

Lösungsvorschläge

1. *Zunächst sollen Sie in dieser Teilaufgabe die Stadt New York „lokalisieren“: Beschreiben Sie ihre Lage innerhalb der USA, aber auch lokale Besonderheiten; verwenden Sie hierfür den Atlas. Im zweiten Teil der Aufgabe wird erwartet, dass Sie die Entwicklung der Stadt verdeutlichen. Achten Sie darauf, nicht nur chronologisch vorzugehen, sondern relevante Teilaspekte der Entwicklung in Bezug auf räumliche und demographische Faktoren sowie die wachsende Bedeutung der Stadt zu erarbeiten und miteinander zu verknüpfen (Atlas, M 1, M 2).*

Lage

New York liegt an der Ostküste der USA im Süden des gleichnamigen Bundesstaates. Mit einer **Einwohnerzahl** von 8,3 Mio. kann die Stadt als **Megacity** eingeordnet werden. Im **Großraum** leben 19 Mio. Menschen. New York bildet das Zentrum des **Städtebands**, an dem sich fünf amerikanische Großstädte aneinanderreihen. Zu ihnen gehören außer New York Boston, Hartford, Philadelphia und Washington DC. New York liegt am Atlantischen Ozean und hat über den Eriekanal eine Anbindung an die Großen Seen im Norden. Die Stadt besteht aus fünf **Stadtteilen**: Bronx, Manhattan, Queens, Brooklyn und Staten Island. Manhattan liegt auf einer Insel, die durch den Hudson River im Westen vom Bundesstaat New Jersey und durch den East River im Osten von Queens und Brooklyn abgegrenzt wird (M 2, M 3, Atlas).

Entwicklung zum Handelszentrum

Der **Ursprung** der Stadt liegt in Manhattan, das den Ureinwohnern in der ersten Hälfte des 17. Jh. von einem niederländischen Kaufmann abgekauft und später der erste niederländische **Handelsstandort** in Nordamerika wurde. Seit der **Gründung** von Neu Amsterdam hat sich die Stadt rasant zum bedeutenden **Finanz- und Handelszentrum** entwickelt, was auch eine Folge der Einrichtung der New Yorker Börse gegen Ende des 19. Jh. war. Bereits zu dieser Zeit war die Stadt mit 23 000 Einw. die zweitgrößte Stadt in Nordamerika nach Philadelphia. Einen weiteren Entwicklungsschub erhielt New York durch die Fertigstellung des Eriekanals 1825. Die so geschaffene Verbindung zu den Großen Seen und darüber auch zum Hinterland machten sie zur **Handelsdrehscheibe** zwischen Europa und Nordamerika (M 1).

Bevölkerungswachstum

Die wachsende Bedeutung der Stadt als Handelspunkt wirkte sich auf das **Bevölkerungswachstum** aus. Ab Mitte des 19. Jh. vergrößerte sich New York enorm, u. a. auch durch Einwanderungswellen aus Europa. 1870 betrug die Anzahl der Einwohner*innen 1 Million, nur 43 Jahre später war New York mit 6 Mio. Einw. die größte Stadt der Welt. In den 1950er-Jahren wanderten Afroamerikaner aus den Südstaaten der USA zu, die sich vor allem im Stadtteil Harlem, im nördlichen Teil Manhattans, niederließen. Auch nach 1970, als die Bevölkerungszahl bei 7,8 Mio. lag, war weiterhin ein kontinuierliches Bevölkerungswachstum festzustellen. In der City von New York ist die Einwohnerzahl bis 2019 um etwa 500 000 gestiegen, im Großraum New York sogar um ca. 2 Mio. Betrachtet man einzelne Stadtteile, spiegelt sich dieser Trend nur teilweise wider. Vor allem im Stadtteil Queens hat die Bevölkerung um ca. 200 000 zugenommen, in Manhattan sind es 100 000. In der Bronx ist die Entwicklung gegenläufig. Von 1970 bis zur Jahrtausendwende ist hier ein **Bevölkerungsrückgang** um mehr als 100 000 zu verzeichnen. Seitdem wird aber auch hier ein Bevölkerungsanstieg deutlich. 2019 lag die Anzahl der Einw. 54 000 unter der Zahl von 1970 (M 1, M 2).

Besonderheiten der räumlichen Entwicklung

Mit dem Boom der Stadt und dem schnellen Bevölkerungsanstieg nahm auch die Bedeutung zu. In den 1920er-Jahren stieg New York nicht nur zum **Weltwirtschaftszentrum** auf, sondern wurde auch zum Zentrum der **Unterhaltungsindustrie**. Schon 1870 hatte man begonnen, Hochhäuser zu bauen. In den 1920er-Jahren kamen zusätzlich die stadtbildprägenden **Wolkenkratzer** dazu, u. a. das Empire State Building. Der Trend, in die Höhe zu bauen, hält auch heute weiter an. In den 2010er-Jahren wurden beispielsweise entlang des Central Parks moderne Wolkenkratzer errichtet. Zudem fing man zu Beginn des Jahrtausends damit an, Gebiete zu modernisieren. Diese **Modernisierung** umfasst sowohl **historische Viertel** wie das East Village, aber auch **ehemalige Industriegebiete** wie den Meatpacking District (M 1).

2. *Entsprechend dem Operator „Erläutern" sollen Sie in der zweiten Teilaufgabe die sozialräumliche Gliederung der Stadt verdeutlichen und einen Zusammenhang zu weiteren sozioökonomischen Merkmalen herstellen. Zunächst betrachten Sie die Stadt insgesamt, bevor Sie sich auf den Stadtteil Manhattan fokussieren. Verwenden Sie die Materialien M 1–M 4.*

Ethnische Viertel

Verteilt über das Stadtgebiet haben sich unterschiedliche **ethnische Viertel** ausgebildet. Der südliche Stadtteil Brooklyn ist überwiegend von Afroamerikanerinnen und Afroamerikanern bewohnt. Das Gleiche gilt auch für Harlem im nördlichen Teil Manhattans, was auf den Zuzug dieser Bevölkerungsgruppe in den 1950ern zurückzuführen ist. Diese Prägung setzt sich nach Norden hin in die Bronx fort, wo der Anteil an Afroamerikanern in einigen Bereichen bei 25–50 %, ganz im Norden sogar bei über 50 % liegt. Ansonsten überwiegt in vielen Vierteln der Bronx der Anteil an Hispanics; dies ist insgesamt auch in

Queens festzustellen. Hier gibt es zusätzlich Viertel, in denen auch oder überwiegend Asiatinnen/Asiaten leben, wie z. B. im südlichen Brooklyn. Auffällig ist, dass der Stadtteil Manhattan mit Ausnahme von Harlem überwiegend von Weißen geprägt ist. Nur in wenigen Vierteln südlich des Central Park leben mehrheitlich Asiaten oder Hispanics. Auch im abseits von den übrigen Stadtteilen gelegenen Stadtteil Staten Island überwiegt die weiße Bevölkerung (M 1, M 3 a).

Sozioökonomische Situation

In New York leben 17,9 % der **Bevölkerung in Armut**, d. h., ihr Einkommen ist geringer als die durchschnittlichen Lebenshaltungskosten. Betrachtet man die einzelnen Bevölkerungsgruppen, fällt auf, dass ein deutlich höherer Prozentsatz von Hispanics und Afroamerikanerinnen/Afroamerikanern von Armut betroffen ist: Etwa ein Viertel der in New York lebenden Hispanics sowie etwas mehr als ein Fünftel der Afroamerikaner*innen zählen hierzu. Bei den Asiatinnen/Asiaten sind es 16 %, bei den Weißen nur 11 %. Dies zeigt sich auch in der **Arbeitslosigkeit** in den unterschiedlichen Stadtteilen: Die Arbeitslosenquote ist in der Bronx, in Queens und Brooklyn, also in den von Afroamerikanern und Hispanics geprägten Wohngebieten, höher als im gesamten Stadtgebiet. Mit Beginn der Coronapandemie 2020 lag sie in allen drei Stadtteilen über 20 %, in New York insgesamt im Mai 2020 bei 15,2 %, wodurch das **soziale Gefälle** innerhalb der Stadt und der Zusammenhang zwischen **ethnischer Herkunft** und dem **Armutsrisiko** deutlich werden. Dies zeigt auch die Zahl der Obdachlosen, denn seit 2000 ist deren Anzahl von 25 235 auf 62 590 gestiegen (M 3 b, M 3 c, M 4 b).

Situation in Manhattan

Im Vergleich weist der durch Weiße geprägte Stadtteil Manhattan eine andere Struktur auf. Hier leben zwar 14,1 % der Bevölkerung in Armut, dennoch ist der Anteil der Bevölkerung, die über ein **Haushaltseinkommen** von mehr als 200 000 US-$ verfügen, mit 23 % mehr als doppelt so hoch wie im gesamten Stadtgebiet. Der Anteil derer, die unter 50 000 US-$ Haushaltseinkommen verfügen, liegt in New York bei 41 %; in Manhattan dagegen 7 % niedriger. Dieser Unterschied ist dadurch zu erklären, dass mit 87,3 % mehr Menschen in Manhattan einen **höheren Bildungsabschluss** haben – etwa 5 % mehr als in New York; darüber hinaus haben 61,3 % einen Bachelorabschluss. In New York insgesamt verfügen nur 38,1 % über einen Universitätsabschluss (M 4 b).

Entsprechend dieser **sozialen Struktur** ist der **Wohnungsmarkt** in Manhattan geprägt. Es gibt insgesamt 892 878 Wohnungen im Stadtteil, von denen 24,1 % Eigentumswohnungen sind. Der **Durchschnittswert** einer Eigentumswohnung betrug im Zeitraum 2015–2019 987 700 US-$, d. h., diese Wohnungen waren fast 400 000 US-$ teurer als im Durchschnitt in New York. Die **monatliche Durchschnittsmiete** für eine Einzimmerwohnung lag bei 3 431 US-$, für eine Zweizimmerwohnung bei 5 046 US-$. Dies unterschied sich deutlich von den Durchschnittsmieten insgesamt, denn diese lagen 2019 bei 1 400 US-$. Der Anteil derjenigen, die mehr als ein Drittel ihres Haushaltseinkommens für Miete ausgeben mussten, war mit 36,4 % zwar recht hoch; dennoch waren es im gesamten Stadtgebiet fast 8 % mehr. Aufgrund der Höhe der Mieten und der **Haushaltsgröße** von durchschnittlich 2,07 Personen lässt sich vermuten, dass in diesem Stadtteil vorwiegend **gut ausgebildete Singles** oder **Paare** mit **höheren Einkommen** ohne Kinder lebten (M 4 a, M 4 b).

3. *Bevor Sie gemäß dem Operator „Erörtern" Pro- und Kontra-Argumente gegeneinander abwägen, sollen Sie in dieser Teilaufgabe zunächst den SoHo/NoHo-Plan in den Blick nehmen. Stellen Sie anhand von M 5 sowohl Merkmale des Viertels als auch des Stadtentwicklungsplans heraus. Auf dieser Grundlage benennen Sie positive und negative Seiten des Plans in Bezug auf generelle Probleme der Stadtentwicklung (u. a. Mietpreise, Gentrifizierung), um am Ende eine schlüssige Meinung zu entwickeln. Verwenden Sie außer M 5 auch die anderen Materialien, um Ihre Aussagen zu belegen.*

Das Viertel SoHo / NoHo

Das Viertel SoHo/NoHo liegt im südlichen Manhattan südlich und nördlich der Houston Street. Es spiegelt Merkmale der **sozioökonomischen Struktur** des Stadtteils wider: Der Anteil an Weißen überwiegt deutlich, nur 20 % der Bevölkerung stammen aus anderen ethnischen Gruppen. Die Einkommen sind eher hoch: Ein Viertel der Bevölkerung verfügt über 100 000 – 200 000 US-$, sogar 41 % haben mehr als 200 000 US-$ als Einkommen. Das Viertel weist eine **historische Bausubstanz** auf. Traditionell war dieser Teil Manhattans ein Ort für Künstler*innen und Kulturschaffende sowie Standort von Kulturbetrieben wie Theatern und Galerien, aber auch für die Filmbranche. Der Anteil von **Mietwohnungen** ist mit 53 % etwas höher als der der **Eigentumswohnungen** (M 3 a, M 5).

Der SoHo / NoHo-Plan

Beim SoHo / NoHo-Plan handelt sich um ein **Stadtentwicklungsprojekt** mit dem Ziel, die **Lebensqualität** und den **wirtschaftlichen Wohlstand** im Viertel zu verbessern und die **Diversität** zu fördern. Dies schließt auch die **Erhaltung** und **Schaffung von Wohnraum** ein, dessen Mieten sich am mittleren Einkommen des Stadtteils orientieren sollen. Im Projektgebiet wurden daher **Entwicklungszonen** ausgewiesen, die unterschiedliche Schwerpunkte der Umgestaltung aufweisen. Der größte Teil des Projektgebiets sind die historischen **Wohn- und Geschäftsviertel**, die weiterhin für eine **Mischnutzung** vorgesehen sind, d. h., es sollen neben dem zu erhaltenden Wohnraum auch Einzelhandel und andere Unternehmen angesiedelt, aber auch bisherige **Büro- und Produktionsstandorte** erhalten bleiben. In einer weiteren Entwicklungszone sollen darüber hinaus **historische Straßenzüge** wie der Broadway erhalten, aber **baulich nachverdichtet** werden. In SoHo West und SoHo Ost gibt es neue Entwicklungsgebiete mit hoher baulicher Verdichtung durch moderne Hochhäuser. Diese Gebiete weichen in der Planung somit von dem Ziel ab, den historischen Charakter zu erhalten, weshalb diese auch deutlich von den historischen Gebieten abzugrenzen sein sollen. Im historischen Teil soll auch die Tradition als Ort für Kunst und Kultur aufrechterhalten bzw. wiederbelebt werden (M 5).

Positive Aspekte

Es ist grundsätzlich positiv, dass ein Viertel im Zentrum New Yorks modernisiert, dabei Neues mit Traditionellem und Historischem verknüpft wird und so der Charakter des Viertel erhalten bleiben soll. Die unterschiedlichen **Entwicklungsschwerpunkte** nehmen außerdem alle **Funktionen** des Viertels und somit auch verschiedene **Probleme der Stadtentwicklung** in den Blick. Insbesondere mit der Erhaltung von bestehendem und der Schaffung von neuem Wohnraum wird ein großes Problem angegangen. Die Mietpreise sind in New York kontinuierlich angestiegen und liegen in Manhattan auf einem hohen Niveau. In diesem Zusammenhang ist es sinnvoll, eine **Regulierung der Mieten** einzuführen, was bisher nicht üblich war. Diese sieht im Zuge des SoHo/NoHo-Plans vor, dass bis zu 30 % der Wohnungen dauerhaft beständige Mietpreise behalten und für Bevölkerungsgruppen mit Einkommen zwischen 60 000–80 000 US-$ bezahl- und verfügbar sein sollen. Auf diese Weise wird nicht zuletzt dem **Verfall eines Viertels** und dem daraus folgenden Wegzug der wohlhabenderen Bevölkerung, wie infolge der Coronapandemie geschehen, vorgebeugt (M 4 a, M 4 b, M 5).

Negative Aspekte

Andererseits ist nicht zu übersehen, dass das Erreichen eines Teils dieser Ziele zumindest fraglich ist. In einem Stadtteil, dessen Bevölkerung zu 78 % aus Weißen besteht, die in der Regel über höhere Einkommen verfügen, ist es zweifelhaft, ob man langfristig andere Bevölkerungsgruppen anziehen und eine höhere Diversität erzielen kann. Zudem führen **Modernisierungsmaßnahmen** in historischen Stadtvierteln häufig zum Anstieg von Mieten, was auf 70 % der Wohnungen zutreffen könnte. Folglich würde der Prozess der **Gentrifizierung** einsetzen, da Bevölkerungsgruppen mit geringeren Einkommen erst gar nicht in das Stadtviertel ziehen bzw. umgekehrt dort bereits **Ansässige** gegebenenfalls verdrängt würden. In Bezug auf die neuen, modernen Hochhäuser im Südosten und Südwesten des Viertels besteht insbesondere die Gefahr explodierender Mieten, ähnlich wie bei der *billionaires' row* am Central Park (M 1, M 2, M 5).

Im Sinne aktueller Stadtentwicklung leistet das Projekt SoHo/NoHo-Plan einen sinnvollen Beitrag, den Charakter eines historischen Viertels zu erhalten und gleichzeitig einen Modernisierungsschub zu geben. Auf diese Weise wird die Attraktivität für die Bevölkerung, aber auch für Unternehmen und die Kulturbranche erhöht. Allerdings muss gewährleistet werden, dass hier nicht ein weiteres Viertel für die Reichen entsteht, während die unteren Einkommensgruppen in andere Stadtteile verdrängt werden. Fazit

Mögliche Gewichtung der Teilaufgaben: 30 % : 30 % : 40 %

Checkliste

Aspekt	ja	teil-weise	nein	weiß nicht
TEILAUFGABE 1				
Habe ich New York im Sinne der Aufgabenstellung räumlich eingeordnet?	☐	☐	☐	☐
Habe ich zentrale Phasen der Stadtentwicklung aufgezeigt?	☐	☐	☐	☐
Habe ich dabei die Entwicklung zur bedeutenden Metropole sowie das Bevölkerungswachstum berücksichtigt?	☐	☐	☐	☐
TEILAUFGABE 2				
Habe ich die Unterteilung in ethnisch geprägte Viertel erkannt und dargelegt?	☐	☐	☐	☐
Habe ich den Zusammenhang zwischen dieser Unterteilung und anderen sozioökonomischen Daten hergestellt?	☐	☐	☐	☐
Habe ich die Besonderheiten des Stadtteils Manhattan auch unter Berücksichtigung des Wohnungsmarktes herausgearbeitet?	☐	☐	☐	☐
TEILAUFGABE 3				
Habe ich die Lage des Viertels SoHo/NoHo sowie charakteristische Merkmale dargestellt?	☐	☐	☐	☐
Habe ich den SoHo/NoHo-Plan, seine Zielsetzung und Umsetzung kurz skizziert?	☐	☐	☐	☐
Habe ich auf dieser Grundlage positive und negative Aspekte abgeleitet?	☐	☐	☐	☐
Habe ich eine schlüssige Argumentation aufgebaut, die in einem begründeten Fazit mündet?	☐	☐	☐	☐

Klausuren Geographie
Klausur 10

Bearbeitungszeit: 75 Minuten

Thema: Eine Welt – Länder unterschiedlicher Entwicklung im Vergleich

Aufgabenstellung

1. Beschreiben Sie den Entwicklungsstand der Staaten A, B und C und ordnen Sie diese begründet den Kategorien *Entwicklungsland, Schwellenland, Industrieland* zu (M 1).

2. Häufig werden das BIP bzw. der HDI als Maß für den Entwicklungsstand eines Landes herangezogen. Erörtern Sie die Tauglichkeit dieser beiden Messgrößen als Entwicklungsindikatoren.

3. Der niedrige Entwicklungsstand der LDC *(Least Developed Countries)* wird oft mit einem Zusammenspiel von Elementen der geodeterministischen Theorie, der Modernisierungstheorie sowie der Dependenztheorie erklärt.
Beschreiben und analysieren Sie vor diesem Hintergrund die Karikatur M 2. Entwickeln Sie davon ausgehend zwei mögliche entwicklungspolitische Maßnahmen, die die dargestellte Situation nachhaltig verbessern könnten.

M 1: Kennzahlen zur Entwicklung

Indikatoren	Land A	Land B	Land C
CO_2-Emissionen (in t/Einw.)	15,3	0,1	8,6
Fertilitätsrate (Kinder/Frau)	2,3	5,6	1,5
Kindersterblichkeit (< 5 Jahre; pro 1 000 Lebendgeburten)	6,6	113,8	3,8
Zuwachs städtischer Bevölkerung (in %/Jahr)	1,3	4,0	0,3
Wert der produzierten Güter aus Landwirtschaft, Forstwirtschaft und Fischerei (in % des BIP)	2,6	47,7	0,7

Quelle: zusammengestellt nach Weltbank, World Development Indicators 2018–2020

M 2: Karikatur

Quelle: www.kunstsam.de

Lösungsvorschläge

1. *Der Operator „Beschreiben" ist dem AFB I zuzurechnen. Er verlangt die schlüssige und zusammenhängende Wiedergabe von Informationen aus vorgegebenem Material. In dieser Teilaufgabe muss der Entwicklungsstand dreier Staaten anhand verschiedener Indikatoren beschrieben werden, um diese anschließend den Kategorien Entwicklungsland, Schwellenland und Industrieland zuordnen zu können. Dabei ist die Begründung der Zuordnung zentral. Es sollen also verschiedene Indikatoren betrachtet, in einen Zusammenhang gebracht und mit Blick auf deren Aussagekraft bezüglich des Entwicklungsstands erläutert werden.*

Merkmale von Entwicklungsländern

Land B weist einen **sehr niedrigen CO_2-Verbrauch** pro Kopf auf. Zwar könnten niedrige Pro-Kopf-Emissionen auf eine nachhaltige und „grüne" Wirtschaft deuten. Allerdings ist der Wert so gering, dass es sich hier um **mangelnde Industrialisierung** handeln muss, da gleichzeitig der Anteil der Land- und Forstwirtschaft sowie der Fischerei am BIP fast 50 % beträgt. Diese **Dominanz des primären Sektors** lässt auf eine agrarisch orientierte Wirtschaft schließen, die ein Merkmal von Entwicklungsländern ist. Zudem weisen eine sehr **hohe Fertilitätsrate** (Kinder pro Frau) und eine **hohe Kindersterblichkeit** auf große **soziale** (z. B. mangelnde Gleichstellung von Mann und Frau) und **medizinische Herausforderungen** (mangelnde Hygiene, Zugang zu Medikamenten) hin. Auch dies bestätigt die Annahme, dass das Land B ein Entwicklungsland sein muss.

(Zusatzinformation: Es handelt sich bei Land B um die Republik Tschad, einen Subsahara-Staat der Sahelzone und eines der ärmsten Länder der Erde.)

Merkmale von Schwellenländern

Land A weist eine **deutlich niedrigere Fertilitätsrate** auf als Land B (das Entwicklungsland), die jedoch über der von Land C liegt. Dies lässt für Land A auf größeren Wohlstand als bei Land B schließen, durch den eine hohe Kinderzahl nicht mehr als „Versorgungsversicherung" fürs Alter notwendig ist. Auch die Kindersterblichkeit in Land A liegt sehr deutlich unter der des Entwicklungslandes B, allerdings leicht über der von Land C. Zusammen mit dem besonders **hohen CO_2-Verbrauch** pro Kopf, der auf beachtliche **Industrialisierungsfortschritte** schließen lässt, machen diese Aspekte deutlich, dass es sich hierbei um ein Schwellenland handeln muss.

(Zusatzinformation: Es handelt sich bei Land A um Saudi-Arabien. Die Wirtschaft des Staats am Persischen Golf ist stark von der Erdöl- und Erdgasförderung geprägt, was u. a. die hohen CO_2-Emissionen pro Kopf erklärt.)

Land C weist die niedrigste Fertilitätsrate sowie die niedrigste Kindersterblichkeit der drei Beispielländer auf. Die **Fertilitätsrate liegt mit 1,5** deutlich **unter dem Erhaltungsniveau** von etwa 2,1. Dies lässt auf ein **negatives natürliches Bevölkerungswachstum** sowie auf **Tendenzen von Überalterung** schließen, zumal die **geringe Kindersterblichkeit** auf einen hohen medizinischen Standard verweist. All das sind typische Merkmale von Industrieländern. Hinzu kommt ein im Vergleich **sehr niedriger Zuwachs an städtischer Bevölkerung**. Dies deutet auf einen bereits **weit fortgeschrittenen Verstädterungsprozess** und eine etablierte Konsum- und Dienstleistungsgesellschaft hin, wie sie ebenfalls typisch für Industriestaaten sind. Der **sehr geringe Anteil des primären Sektors am gesamten BIP** unterstreicht zusätzlich die weit fortgeschrittene Industrialisierung.

Merkmale von Industrieländern

(Zusatzinformation: Es handelt sich bei Land C um Deutschland, die viertgrößte Industrienation – gemessen am BIP – der Erde.)

2. *Der Operator „Erörtern" gehört zum AFB III. Er verlangt, dass eine Fragestellung oder ein Sachverhalt eingehend betrachtet wird; am Ende soll ein fundiertes Urteil stehen. Hier sollen nun die beiden Messgrößen BIP und HDI auf ihre Eignung als Entwicklungsindikatoren kritisch geprüft werden. Dazu ist es notwendig, diese Messgrößen kurz zu definieren, um anschließend angemessen und ausführlich bewerten zu können, ob sie als valide Indikatoren für die Entwicklung eines Landes gelten können.*

Das **Bruttoinlandsprodukt** (BIP) umfasst den **Wert aller Güter und Dienstleistungen**, die in einem Jahr innerhalb der Landesgrenzen einer Volkswirtschaft erwirtschaftet werden. Es gilt als Indikator für die wirtschaftliche Leistung einer Volkswirtschaft und wird häufig herangezogen, um sich ein **Bild vom Wohlstand eines Landes** zu machen. Als alleiniger Entwicklungsindikator weist das BIP allerdings auch **zahlreiche Schwächen** und Probleme auf, da es als solcher einem mittlerweile überholten Entwicklungsverständnis folgt. Dieses **„alte" Entwicklungsverständnis** zeichnet sich insbesondere durch eine ökonomische Perspektive aus: Nach dem Leitbild der westlichen Wohlstandsgesellschaften wird vor allem ökonomisches Wachstum, gepaart mit Entwicklungshilfe von außen, als Mittel zur Überwindung der Herausforderungen in Entwicklungsländern gesehen. Soziale oder ökologische Aspekte von Unterentwicklung werden somit nicht ausreichend berücksichtigt. Auch sagt die Höhe des BIP nichts aus über die **Verteilung des Wohlstands** innerhalb einer Gesellschaft. So können trotz eines hohen BIP große Disparitäten zwischen unterschiedlichen Bevölke-

Schwächen des BIP als alleiniger Entwicklungsindikator

rungsgruppen in einem Land herrschen. Außerdem wird eine Vielzahl volkswirtschaftlich bedeutsamer Leistungen bei der Berechnung des BIP nicht berücksichtigt. Insbesondere der **informelle Sektor**, der gerade in Entwicklungsländern eine große Rolle spielt, findet keinen Eingang in die offiziellen Daten zum BIP. Zudem bleibt unberücksichtigt, welche Arbeitszeiten für die Erwirtschaftung des BIP aufgewendet werden müssen (Produktivität) und wie hoch der Anteil der Freizeit bzw. der Urlaubstage (Wohlstandsindikator) ist. Auch macht das BIP keine Aussagen zum **Grad der Diversifizierung** einer Volkswirtschaft. Gerade Staaten, die durch den Export einzelner Rohstoffe (z. B. fossile Energieträger wie Erdöl und Erdgas) ein hohes BIP ausweisen, sind sehr abhängig von diesen Exporten und damit sozioökonomisch besonders verwundbar.

HDI als Indikatorenbündel

Als Indikator für eine nachhaltige und ganzheitliche Entwicklung im Sinne eines „neuen" Entwicklungsverständnisses ist das BIP daher als alleinige Messgröße zur Kennzeichnung des Entwicklungsstandes nicht geeignet. Jenes **neue Entwicklungsverständnis** ergänzt die rein wirtschaftliche Perspektive um **soziale und ökologische Aspekte**. Der in diesem Sinne entwickelte Human Development Index ist ein **Bündel mehrerer Indikatoren**, die durch mathematische Berechnungsmethoden zusammengefasst und schließlich auf eine Skala von 0 bis 1 projiziert werden. Je niedriger der Wert ist, desto niedriger ist der Entwicklungsstand eines Landes. Der HDI berücksichtigt dabei **drei Teilindikatoren:** die **Lebenserwartung** zum Zeitpunkt der Geburt, den **Bildungsstand** sowie das **BNE pro Kopf**. Die Lebenserwartung bildet dabei die **soziale Dimension „Gesundheit"** ab: Eine hohe Lebenserwartung lässt auf eine gute medizinische Versorgung, eine gute Ernährungssituation sowie insgesamt einen hohen Lebensstandard schließen. Der Bildungsstand findet anhand der voraussichtlichen sowie der durchschnittlichen Schulbesuchsdauer in Jahren Eingang in die Berechnungen des HDI. Damit wird die **soziale Dimension von „Bildung"** erfasst. Das BNE pro Kopf fließt ebenfalls in die Berechnungen zum HDI ein und soll, ganz ähnlich dem BIP, das **Wohlstandsniveau** und die wirtschaftliche Dynamik einer Volkswirtschaft abbilden. Somit bildet der HDI eine **Synthese aus unterschiedlichen Werten** und bezieht sowohl ökonomische als auch soziale Aspekte ein. Damit ist er als Messgröße für den Entwicklungsstand eines Landes durchaus geeignet.

Schwächen des HDI

Allerdings hat auch der HDI **Schwächen**. So ist es schwierig, insbesondere Länder ausreichend zu differenzieren, die bereits einen sehr hohen HDI-Wert aufweisen. Für einen Vergleich der Lebensqualität in entwickelten Ländern ist der HDI daher kaum geeignet, da z. B. Alphabetisierung und Lebenserwartung im Entwicklungsprozess relativ frühe Fortschritte sind. Außerdem sagt der HDI als **Durchschnittswert** nichts über die soziale Ungleichheit oder die Situation von Randgruppen innerhalb einer Gesellschaft aus. So könnte z. B. eine im internationalen Vergleich mittlere Schulbesuchsdauer den Umstand verschleiern, dass Mädchen kaum zur Schule gehen, während Jungen eine relativ umfangreiche Bildung genießen können. Auch ob Minderheiten von schweren Menschenrechtsverletzungen bedroht sind, findet keine Berücksichtigung. Zuletzt fehlt die **ökologische Dimension:** Der HDI trifft keine Aussage darüber, wie nachhaltig die jeweilige Gesellschaftsform z. B. im Umgang mit den vorhandenen Umweltgütern ist.

3. *Der Operator „Beschreiben" ist dem AFB I zuzurechnen. Vor dem Hintergrund der Aufgabenstellung soll dabei ein Sachverhalt (hier: eine Karikatur) mit seinen zentralen Merkmalen in Grundzügen wiedergegeben werden. Anschließend verlangt der Operator „Analysieren" (AFB II), dass die Karikatur vor dem Hintergrund der Aufgabenstellung interpretiert wird. Beschreiben Sie also die dargestellte Situation knapp. Anschließend gilt es, verschiedene Aspekte der geodeterministischen Theorie, der Modernisierungs- sowie der Dependenztheorie in der Karikatur zu identifizieren und zusammenhängend zu erläutern. Abschließend müssen, ausgehend von diesen „Vorarbeiten", zwei geeignete entwicklungspolitische Maßnahmen entwickelt werden.*

Knappe Beschreibung der Szene

Die Karikatur zeigt sieben zum größten Teil **unbekleidete, stark abgemagerte und von Hungerbäuchen gezeichnete Personen** verschiedenen Alters vor dem Hintergrund einer **Wüstenlandschaft**. Die Szene scheint, aufgrund der dargestellten Umgebung sowie der äußeren Erscheinung der abgebildeten Menschen, in einem von Armut geprägten **Subsahara-Staat** zu spielen. Im Vordergrund sieht man einen **wohlgenährten Militär**, der von einer weiteren Person mit „Mr. President" angesprochen wird. Ihm quellen Geldscheine aus den Taschen und er freut sich über den Umstand, dass die G8 (die acht großen Industrienationen) die Entwicklungshilfezahlungen für Afrika erneut erhöht haben.

Darstellung des Ursachenkomplexes von Unterentwicklung

Die Karikatur zielt auf den **vielschichtigen Ursachenkomplex von Entwicklungsproblemen** wenig entwickelter Staaten ab. Auf ironische Weise thematisiert sie Elemente unterschiedlicher Erklärungsansätze für Unterentwicklung und klagt eine **fehlgeleitete Entwicklungspolitik** an. Zum einen werden Aspekte des **Geodeterminismus** verarbeitet.

Bezüge zur geodeterministischen Theorie

Dieser besagt, dass insbesondere Armut und Hunger, Mangel an landwirtschaftlicher Inwertsetzung sowie die Ausbreitung von Krankheiten auf **ungünstige**

klimatische und naturräumliche Bedingungen zurückzuführen sind. Die Karikatur greift dies auf, indem eine vertrocknete, ressourcenarme Wüstenlandschaft angedeutet wird. Damit verweist sie z. B. auf arme Länder des Sahel, die u. a. aufgrund schwieriger naturräumlicher Verhältnisse unter Wasserarmut, Dürren und Desertifikation leiden. Zum anderen knüpft die Karikatur an Elemente der **Modernisierungstheorie** an. Diese vertritt den Standpunkt, dass die Ursachen für Unterentwicklung und mangelnde Modernisierung **endogen** sind, also im Land selbst liegen und seinen sozioökonomischen Verhältnissen geschuldet sind. So führen etwa **demographische Hemmnisse** durch hohe Geburtenraten und eine hohe Anzahl von Kindern pro Frau zu einem niedrigen Entwicklungsstand. Die Karikatur spielt auf diese Fehlentwicklungen an, indem sie eine ausgehungerte Familie mit fünf Kindern zeigt und mit der Darstellung des Präsidenten gleichzeitig auf eine **autoritäre und korrupte Regierung** verweist, die sich in keiner Weise um die Belange der Bevölkerung zu kümmern scheint. Zuletzt werden auch Aspekte der **Dependenztheorie** thematisiert. Diese besagt, dass **exogene** Faktoren ursächlich sind für den niedrigen Entwicklungsstand armer Länder. Insbesondere werden **hierarchische Abhängigkeiten** der Entwicklungsländer von den Industrieländern für Unterentwicklung verantwortlich gemacht. Diese in der Epoche des Kolonialismus etablierten und bis heute wirksamen Abhängigkeiten führen zur Ausbeutung und zur Überschuldung der entsprechenden Länder. **Fehlgeleitete Entwicklungshilfe** schafft dabei nur falsche Anreize zur Beibehaltung der Situation. Dies wird in der Karikatur verdeutlicht, indem der Präsident gezeigt wird, wie er sich über die Nachricht zu steigenden Entwicklungshilfegeldern freut – wohl wissend, dass davon nichts bei der leidenden Bevölkerung ankommen wird.

Bezüge zur Modernisierungstheorie

Bezüge zur Dependenz-

Wirksame Maßnahmen zur Förderung von Entwicklung sollten stets unterschiedliche entwicklungstheoretische Ansätze umfassen und Elemente von „**Hilfe zur Selbsthilfe**“ enthalten. Dieses Prinzip legt Maßnahmen zugrunde, die Not leidende Menschen oder Gesellschaften dazu befähigen, sich selbst zu helfen bzw. sich selbst Hilfe zu organisieren. Hier könnten **Bildungs- und Aufklärungsprogramme** genannt werden, die sich besonders an Mädchen oder Frauen richten. Dadurch könnte es gelingen, die genannten demographischen Entwicklungshemmnisse abzubauen. Gerade die ärmsten Länder stehen aufgrund ihres explodierenden Bevölkerungswachstums vor großen Herausforderungen mit Blick auf die Produktion von Nahrungsmitteln oder die Verfügbarkeit von genügend Ausbildungs- und Arbeitsplätzen. Programme zur Verhütung ungewollter Schwangerschaften so-

„Hilfe zur Selbsthilfe“ und „Good Governance“ als Leitbilder wie eine bessere Bildung von Mädchen und jungen Frauen sorgen zuverlässig für niedrigere Geburtenraten. Zudem könnten Formen von Entwicklungshilfe immer an die Praxis von „**Good Governance**" geknüpft werden. Die Vergabe von Krediten könnte den Ausbau von demokratischen Strukturen zur Bedingung machen, um z. B. eine unabhängige Justiz, unabhängige Medien oder den Schutz sozial schwacher Bevölkerungsgruppen zu gewährleisten.

Mögliche Gewichtung der Teilaufgaben: 30 % : 30 % : 40 %

Checkliste

Aspekt	ja	teilweise	nein	weiß nicht
TEILAUFGABE 1				
Habe ich die Staaten A–C korrekt den Entwicklungsstufen *Entwicklungs-, Schwellen-, Industrieland* zugeordnet?	☐	☐	☐	☐
Habe ich die in M 1 aufgeführten Indikatoren mit Blick auf ihre Aussagekraft in einen schlüssigen Zusammenhang gebracht?	☐	☐	☐	☐
Ist es mir gelungen, die Beispielländer mithilfe der Indikatoren richtig zuzuordnen?	☐	☐	☐	☐
TEILAUFGABE 2				
Habe ich das BIP korrekt definiert?	☐	☐	☐	☐
Habe ich den HDI und insbesondere die Teilindikatoren, aus denen er sich zusammensetzt, umfassend erläutert?	☐	☐	☐	☐
Bin ich bei der Erörterung der Eignung dieser Messgrößen als Maß für die Entwicklung eines Landes ausführlich auf deren Stärken und Schwächen eingegangen?	☐	☐	☐	☐
TEILAUFGABE 3				
Habe ich eine aussagekräftige Beschreibung der in M 2 dargestellten Szene geliefert?	☐	☐	☐	☐
Habe ich die Standpunkte des Geodeterminismus, der Modernisierungs- sowie der Dependenztheorie in Grundzügen erläutert?	☐	☐	☐	☐
Bin ich bei der Interpretation der Karikatur ausführlich auf Aspekte des Geodeterminismus, der Modernisierungs- sowie der Dependenztheorie eingegangen, die sich in der Darstellung wiederfinden?	☐	☐	☐	☐
Habe ich zwei Maßnahmen erläutert, die die von der Karikatur kritisierte, fehlgeleitete Entwicklungshilfe nachhaltig verbessern könnten?	☐	☐	☐	☐

Klausuren Geographie
Klausur 11

Bearbeitungszeit: 90 Minuten

Thema: Zwischen Ernährungssicherung und Weltmarktproduktion – kleinbäuerlicher Quinoa-Anbau in der Region Puno/Peru

Aufgabenstellung

1. Lokalisieren Sie die Region Puno und kennzeichnen Sie deren sozioökonomische Situation.
2. Stellen Sie den traditionellen Quinoa-Anbau in der Region Puno in Bezug zu den naturräumlichen Gegebenheiten dar. Gehen Sie dabei angemessen auf das Waru-Waru-System ein.
3. Erörtern Sie, inwiefern der kleinbäuerliche Quinoa-Anbau in der Region Puno zur Ernährungssicherung und Entwicklung der lokalen Bevölkerung beitragen kann.

M 1: Sozioökonomische Indikatoren

Indikator	Region Puno	Peru
Einwohner 2020 (in Mio.)	1,24	32,6
Regionales Bruttoinlandsprodukt nach laufenden Preisen 2020 (in Mio. US-$)	3 645	159 526
Landwirtschaft: regionales Bruttoinlandsprodukt 2020 (in Mio. US-$)	840	11 995
Beschäftigte im primären Sektor inklusive Bergbau 2019 (in %)	44,9	25,3
Analphabetismus 2019 (in %)	8,6	5,6
Absolute Armut 2019 (in %)	6,3–8,3	5,1
Anschluss an das öffentliche Wassernetz 2019 (in %)	63	89
Kindersterblichkeit (< 5 Jahre) 2018 (in ‰)	14–22	15
Unterernährte Kinder (< 5 Jahre) 2019 (in %)	12,6	12,2

Quelle: Daten nach INEI 2020 (Daten), Huhsunqu/Wikipedia, CC BY-SA 3.0 (Karte)

M 2: Klima in Juliaca/Region Puno

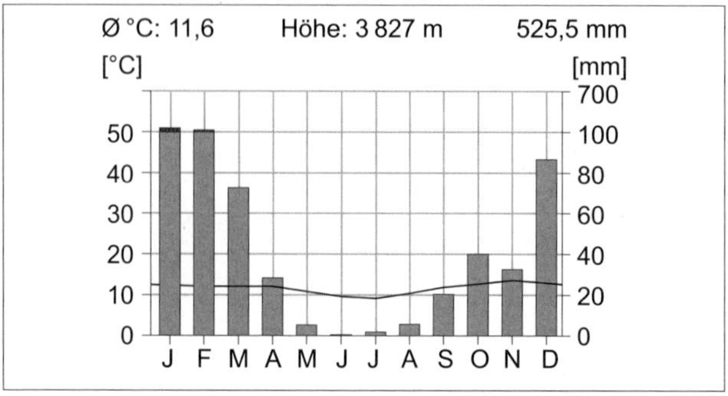

Durchschnittliche Tages- und Nachttemperaturen in °C (Daten von 2015 bis 2018)

(°C)	Jan	Feb	Mrz	Apr	Mai	Jun	Jul	Aug	Sep	Okt	Nov	Dez
Tag	18	17	19	20	19	18	21	19	19	17	20	19
Nacht	2	2	0	–1	–3	–6	–5	–4	–1	–1	–1	1

Quellen: nach Climatecharts.net (Diagramm); Daten nach Hikersbay (Tabelle)

M 3: Quinoa: Steckbrief

Pflanze	Familie der Fuchsschwanzgewächse; Körner sind getreideähnlich und können wie Reis als Beilage, für Eintöpfe oder als Mehl verwendet werden; traditionelles Grundnahrungsmittel in den Anden
Wasserbedarf	– 400–800 mm/Jahr – 20–50 mm in den 2–5 Tagen nach der Aussaat zwischen September und Dezember – Trockenheit während der Ernte
Anpassung an Höhe	Optimale Wachstumsbedingungen: 2 800–3 500 m NN
Temperatur	Optimale Wachstumstemperatur: 10–20 °C Frostresistenz: bis –4 °C; Ausnahme: Blütezeit > 1 °C
Boden	Locker, sandig, mittlere Tiefgründigkeit, hoher Humusgehalt ist förderlich, Düngung sinnvoll, z. B. mit Mist
Vegetationszeit	Je nach Sorte 110–160 Tage

Quelle: nach Agro pecuaria 7 – Revista Tecnica, Agrobanco Diciembre 2012 (Daten); PhotoSGH. Shutterstock (Foto)

M 4: Traditionelle kleinbäuerliche Landwirtschaft am Titicacasee

M 4a: Räumliche Strukturen zwischen Puno und Juliaca

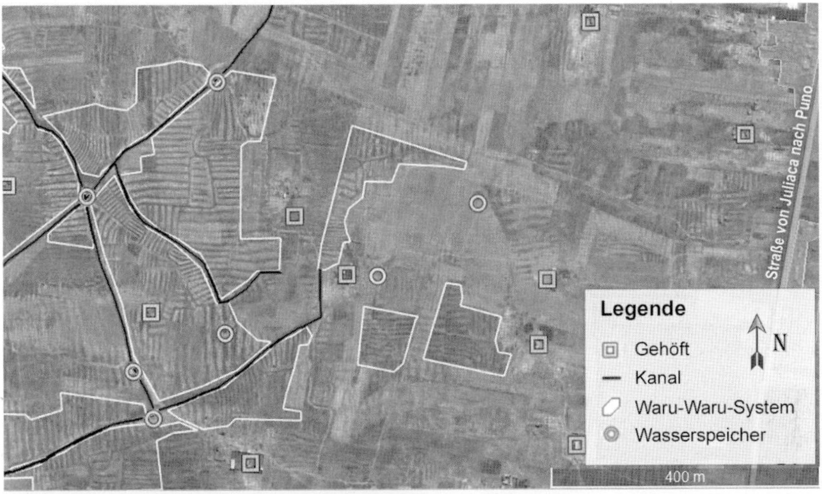

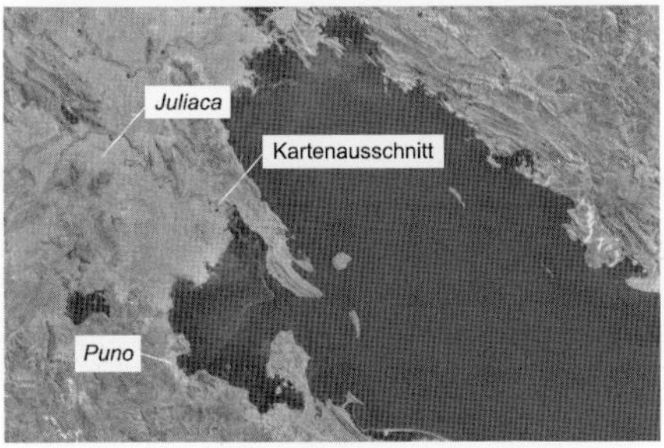

Anmerkung: Nicht alle Waru-Waru-Systeme, die sichtbar sind, werden noch genutzt. Nur die aktiven sind auf dem Satellitenbild markiert.

Quelle: eigene Darstellung nach Google Earth

M 4 b: Landnutzungssysteme am Titicacasee

Traditioneller Anbau auf schmalen Feldern oder Terrassen mit Fruchtwechsel:

1. Jahr: Kartoffel
2. Jahr: Quinoa
3. Jahr: Hafer/Gerste
4. Jahr: Dicke Bohnen (oder eine 5- bis 10-jährige Brache)

Waru-Waru

Traditionelle Hochbeet-Systeme aus der Zeit der Inka, die in den Überflutungsbereich von Gewässern hineingebaut werden

- Quinoa-Ertrag auf normalem Feld und bei normalen Wetterbedingungen: 1 120 kg/ha,
- bei gleichen Bedingungen auf Waru-Waru-Hochbeeten: 3 200 kg/ha

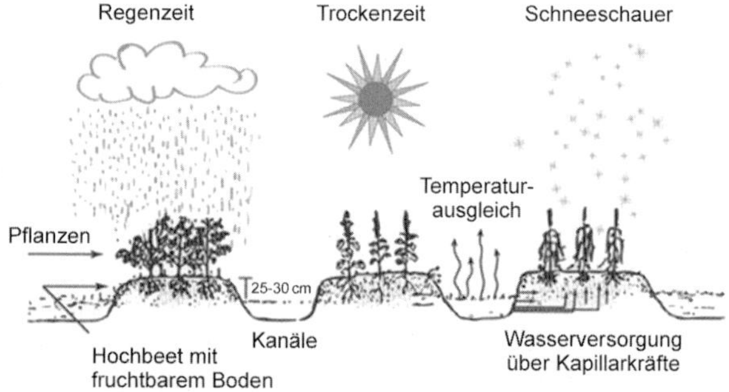

Skizze: Auswirkungen des Waru-Waru-Systems auf Mikroklima und Bodenfruchtbarkeit

Foto: Waru-Waru u. a. mit Kartoffeln und Quinoa

Quellen: http://www.minam.gob.pe/wp-content/uploads/2014/02/04-Alipio-Canahua-Humedales-Altoandinos-y-Agricultura.pdf; https://www.agrobanco.com.pe/wp-content/uploads/2017/07/REVISTA-AGROPECUARIA-07.pdf; https://digitalcollections.sit.edu/isp_collection/2275/; https://alchetron.com/Waru-Waru (Skizze); Clark L. Erickson (2006): El valor actual de los Camellones de cultivo precolombinos: Experiencias del Perú y Bolivia. In F. Valdez (Ed.), Agricultura ancestral. Camellones y albarradas: Contexto social, usos y retos del pasado y del presente (pp. 315-339). Quito: Ediciones Abya-Yala (Foto)

M 5: Quinoa: Produktion und Export

M 5a: Ernteﬂäche und Produktion in der Region Puno seit dem Jahr 2000

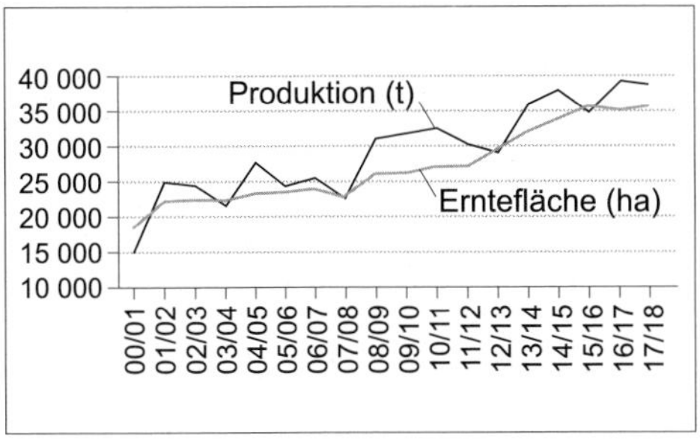

M 5b: Produktion und Export in Peru

	2018	2019	2020
Produktion (in 1 000 t)	78,6	89,7	99,0
Export-volumen (in 1 000 t)	51,1	49,3	51,6
Exportwert (in 1 000 US-$)	123 970	133 478	125 610

M 5c: Preisentwicklung ab Farm in Peru seit dem Jahr 2000

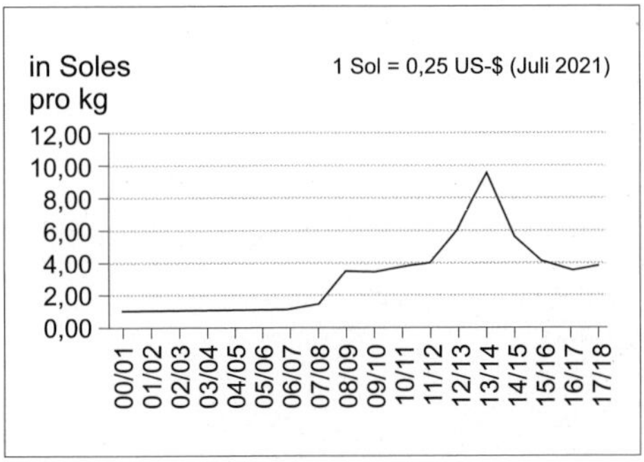

M 5d: Produktion weltweit seit dem Jahr 2005

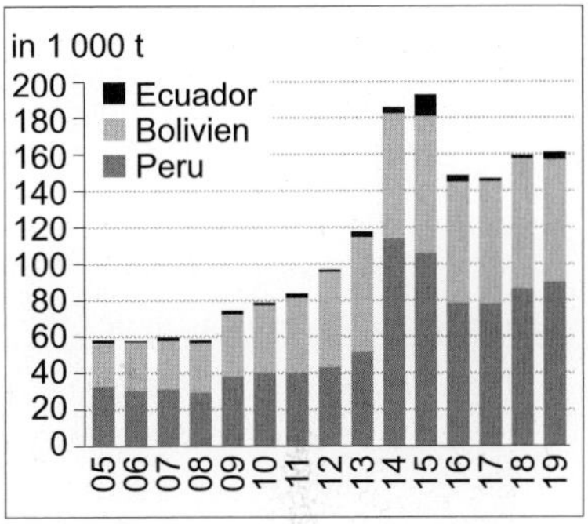

Quellen: eigene Darstellung und Übersetzung nach Agrícola – Dirección Regional Agraria Puno (agropuno.gob.pe); Reporte Estadístico de Quinua | Gobierno del Perú (www.gob.pe); Producción nacional de quinua creció 10.3% en 2020 (agraria.pe)

M 6: Ein Hype und seine Folgen

[…] Während Hunderten von Jahren waren die Peruaner die Einzigen, die Quinoa anpflanzten und aßen. Erst in den vergangenen Jahren entdeckten immer mehr Leute ihre Liebe zu Quinoa. Schon 1993 lobte die NASA die Vorzüge des Gewächses in einer Studie: „Kein Gewächs enthält alle lebensnotwendigen Nährstoffe, doch Quinoa kommt an diese Vorgabe am nächsten.“ Es brauchte aber noch Diät-Tipps und einen gewissen Promifaktor, der Quinoa nach der Jahrtausendwende weltweit bekannt machte.

Die höhere Nachfrage ließ die Preise für Quinoa steigen und hat dazu geführt, dass Quinoa an viel mehr Orten angebaut wird. Nicht mehr nur peruanische Bauern pflanzen das Korn an. Vor allem in Bolivien, aber auch in den USA, Europa oder Indien wird Quinoa gepflanzt. […] Was folgte, waren eine massive Produktionssteigerung und daraufhin ein Preisverfall. […]

Was sind dann die Folgen für die arme Landbevölkerung in den Anden? Experten zeigen auf, dass die höheren Preise den Bauern einen signifikanten Wohlstandsschub verliehen haben. Durch die sinkenden Preise sind sie daher besonders stark betroffen. Laut der Organisation für fairen Handel „Fairtrade“ brauchen die Bauern in den Anden für Bio-Quinoa mindestens 2,60 US-$ [entspricht 8,90 Soles] pro Kilo, um ihre Kosten zu decken. Eine Studie zu Effekten des Preisanstiegs kommt ebenfalls zu einem klaren Schluss: Ein höherer Quinoa-Preis steigert die verfügbaren Einkommen der ganzen Bevölkerung im Anbaugebiet, also nicht nur jene der Bauern. So wurde für einen Preisanstieg von 25 % ein höherer Konsum von 1,75 % ermittelt.

Quelle: Christian Steiner (18. 07. 2016): Ein Hype und seine Folgen. Neue Zürcher Zeitung

Lösungsvorschläge

1. *Als Erstes verorten Sie die Region Puno mithilfe einer geeigneten Atlaskarte sowie der Materialien M 1 und M 4. Der zweite Operator „Kennzeichnen" bedeutet, dass Sie einen Raum bzw. Sachverhalt auf der Basis bestimmter Kriterien begründet charakterisieren. Das heißt in diesem Fall, die sozioökonomische Situation als gut oder problematisch einzuordnen. Dabei helfen Ihnen die Vergleichswerte für Peru. Wie die Werte in Deutschland sind, müssen Sie ungefähr im Kopf haben.*

Lage innerhalb Perus

Naturräumliche Merkmale

Die Region Puno liegt im **Südosten Perus** und grenzt sowohl an den **Titicacasee** als auch direkt an Bolivien. Die Region wird durch die **Anden**, die hier über 6 000 m erreichen, und die Hochebene des Altiplano geprägt. Ein Großteil der Region liegt in Höhen von über 3 800 m. Auch ist sie ca. 800 km Luftlinie vom wirtschaftlichen Zentrum der Hauptstadt Lima entfernt, entsprechend kann die Lage als peripher bezeichnet werden. Allerdings ist sie durch eine Eisenbahnstrecke und Straßen insgesamt gut zugänglich und die größte Stadt Boliviens, La Paz, ist weniger als eine Tagesreise entfernt. **1,2 Mio. Einw.** leben in der Region Puno, deren größte Städte, Puno und Juliaca, in der Nähe des Titicacasees liegen (Atlas, M 4).

Anbindung und Besiedlung

Wirtschaftliche Situation

Das **regionale BIP** beträgt im Jahr 2020 mit ca. 3 000 US-$ nur **75 % des Landesdurchschnitts** und entspricht dem eines Entwicklungslandes. Etwa ein Viertel des regionalen BIP wird durch die Landwirtschaft erwirtschaftet, obwohl fast die Hälfte der Bevölkerung im primären Sektor arbeitet. Das zeigt, wie wenig Geld mit der Landwirtschaft erzielt wird, und weist darauf hin, dass es viele **Kleinbäuerinnen und Kleinbauern** gibt, die überwiegend **subsistenzwirtschaftlich** arbeiten. Entsprechend zeigt sich die soziale Situation: Die absolute **Armut** in der Region ist mit bis zu 8 % deutlich höher als im Landesdurchschnitt. Fast jedes zehnte Kind unter fünf Jahren ist unterernährt. Gleichzeitig ist die öffentliche Versorgungsinfrastruktur weniger gut ausgebaut als im peruanischen Durchschnitt: Fast ein Drittel der Bewohner*innen ist nicht an das öffentliche Wassernetz angeschlossen. Als Folge ist die Kindersterblichkeit hoch (M 1). Der **sozioökonomische Entwicklungsstand der Region Puno ist** daher nicht nur im Vergleich zu Deutschland **geringer**, sondern auch im Vergleich zum gesamten peruanischen Staat.

Soziale Situation

Schlussfolgerung

2. *In dieser Teilaufgabe müssen Sie die naturräumlichen Voraussetzungen mit dem Nutzungssystem in Bezug setzen. Der Operator „Darstellen" bedeutet, dass Sie Sachverhalte geordnet aufzeigen sollen. In diesem Fall müssen Sie zudem anthropogene Nutzungsmuster mit den naturräumlichen Gegebenheiten in Bezug setzen. Es ist auch wichtig, dass Sie die Darstellung mit Ihren Kenntnissen zu Landwirtschaft, Boden und Nutzungsgrenzen verknüpfen.*

Klima

Die Region Puno wird durch ihre Höhenlage geprägt. Obwohl ein **tropisches** Tageszeitenklima vorherrscht, was man an der geringen Jahresschwankung der Temperatur erkennen kann, ist die Temperatur mit 11,6 °C Durchschnitt insgesamt gemäßigt.

Temperatur

Jedoch bestimmt die große **Temperaturamplitude** zwischen Tag und Nacht den Raum: Während die Temperaturen tagsüber im Schnitt um 20 °C liegen, fallen sie nachts v. a. in den trockenen Monaten unter den Gefrierpunkt und erreichen im Juni sogar eine nächtliche Durchschnittstemperatur von –6 °C.

Niederschlag

Die fünf ariden Monate von Mai bis September sorgen trotz des Niederschlags von knapp über 50 mm im Januar und Februar dafür, dass der Jahresniederschlag von 525,5 mm nur knapp oberhalb der agrarischen Trockengrenze liegt.

Ansprüche der Pflanze

Für die Landwirtinnen und Landwirte der Region sind also sowohl die Höhe mit den Temperaturschwankungen, die **Nachtfröste** als auch die **Trockenzeit** eine enorme Herausforderung (M 2).

Bezug zwischen Pflanze und naturräumlichen Voraussetzungen

Entsprechend wurde die traditionelle Nutzung an die naturräumlichen Herausforderungen angepasst. Die häufig kultivierte einheimische Quinoa-Pflanze, die als Grundnahrungsmittel dient, wächst optimal in Höhen von 2 800–3 500 m über dem Meeresspiegel. Die Vegetationszeit beträgt je nach Sorte 110–160 Tage, wobei die Pflanze **10–20 °C zum Wachstum** braucht, aber bis –4 °C **frostresistent** ist. Das ist tagsüber in Puno generell gegeben. Ab September liegt auch die Durchschnittstemperatur über 10 °C und die Nachtemperaturen sind nicht mehr ganz so niedrig, sodass eine Aussaat ab September/Oktober gut möglich sein müsste. Auch kommt das Andengewächs mit einem **Niederschlag von 400–800 mm** gut zurecht; nach der Aussaat benötigt Quinoa 20–50 mm Niederschlag, was ab Dezember gegeben ist. Die gewünschte Trockenheit während der Ernte passt bei Sorten mit fünfmonatiger Vegetationszeit genau.

Fruchtwechsel und Bodenfruchtbarkeit

Quinoa ist also eine **ideal angepasst Anbaufrucht** für die Region am Titicacasee. Die Fruchtentwicklung könnte allerdings durch die **Nachtfröste während der Blütezeit** gefährdet werden. Besondere Ansprüche stellt Quinoa jedoch an die **Böden**, die locker, sandig, aber auch humusreich sein sollen (M 3).

Die traditionellen Nutzungssysteme am Titicacasee, die bis auf die Zeit der Inka zurückgehen, sind an die Herausforderungen des Naturraums angepasst. Ein fünfjähriger **Fruchtwechsel** mit Brachezeit oder Bohnen (also Leguminosen) verhindert eine einseitige Auslaugung des Bodens und sorgt für eine Stickstoffanreicherung (M 4).

Traditionelle Nutzungssysteme

Bezug zu den naturräumlichen Voraussetzungen

Insbesondere in der Nähe des Titicacasees wird zudem eine besondere Form der **Hochbeetkultur** gepflegt. Jeweils in der Regenzeit wird das Wasser über Kanäle bis weit in das Inland hineingeleitet. Auf den Feldern wird die Erde zu Hochbeeten aufgeworfen, die jeweils von weiteren kleinen **Kanälen** umgeben sind. Da die Erde aus den Wasser führenden Gräben entnommen wird, in denen sich organisches Material sammelt, wird das Hochbeet mit **Humus angereichert**. Die **temperaturausgleichende Eigenschaft des Wassers** mildert die Nachtfröste in der Nähe der Wasserflächen ab. Zudem führen die Kanäle auch bis in die Trockenzeit hinein weiterhin Wasser, sodass sich die Pflanzen über die Kapillarkräfte mit Wasser versorgen können. Zusätzlich zu den Kanälen legen die Bäuerinnen und Bauern Wasserspeicher an, sodass vermutlich auch noch Wasser zur Verfügung steht, wenn die Kanäle versiegen (M 4).

Das Waru-Waru-Nutzungssystem

Den Schwierigkeiten, die der Naturraum für den Anbau bringt, wird daher nicht nur durch den Anbau einer angepassten Pflanze begegnet. Sie werden durch das ökologisch besonders gut angepasste Waru-Waru-Anbausystem sogar so abgemildert, dass die **Quinoa-Erträge** bei der Produktion auf diesen Beeten von 1 120 kg/ha auf 3 200 kg/ha **gesteigert werden können** (M 4).

Zwischenfazit

3. *In der letzten Teilaufgabe müssen Sie die beiden unterschiedlichen Themen der ersten und zweiten Teilaufgabe zusammenführen. Zudem kommen als neue Aspekte die Rolle des Weltmarktes und die an Quinoa interessierten Verbraucher*innen hinzu. Der Operator „Erörtern“ gehört in den Anforderungsbereich III und verlangt von Ihnen, Vor- und Nachteile des Anbaus einander gegenüberzustellen.*

Die **Quinoa-Produktion** in Puno **nimmt** ebenso wie die Erntefläche seit Jahren stetig **zu**. Die Erntefläche ist in den Jahren 2000–2018 um 15 000 ha auf 35 000 ha gewachsen, die Produktion hat sich von 15 000 auf 40 000 t sogar um 25 000 t erhöht, was zeigt, dass auch der Flächenertrag gesteigert werden konnte. Trotzdem legt die Produktionsentwicklung nahe, dass der Ertrag erheblichen Schwankungen unterliegt, was vermutlich auf klimatische Variabilität zurückzuführen ist. Landesweit wurden 2018 rund 80 000 t Quinoa produziert, 50 000 t davon wurden

Produktions-, Ertrags- und Exportentwicklung

Vom Foodcrop zum Cashcrop

exportiert. Das zeigt, dass das ursprüngliche **Foodcrop** nun auch zum **Cashcrop geworden ist** (M 5).

Profit für regionale Produzenten

Puno hat an der Gesamtproduktion und damit vermutlich auch am Export einen erheblichen Anteil. Obwohl die Region nur einen Bruchteil an Fläche und Bevölkerung Perus hat, macht die dort produzierte Quinoa 2018 **die Hälfte der Landesproduktion** aus (M 5). Folglich bringt der Export einen **Devisenzufluss** für die ganze Region. Davon profitieren in erster Linie die Zwischenhändler*innen sowie die Bäuerinnen und Bauern, die das Getreide verkaufen. Ist der Kilopreis für Quinoa hoch genug, nämlich über 9 Sol/kg, können sie ihre Kosten decken. Es ist nachgewiesen, dass die Produzentinnen und Produzenten bei einer Preissteigerung von 25 % für Quinoa ihren gesamten **persönlichen Konsum** um 1,75 % steigern, sodass die ganze Region ein **wirtschaftliches Wachstum** erfährt (M 6).

Schwankungen der Weltmarktpreise

Gleichzeitig geraten die Produzentinnen und Produzenten aber in Abhängigkeit von den **schwankenden Weltmarktpreisen**, die durch die weltweit steigende Nachfrage zeitweise enorm in die Höhe gingen. So betrug der Preis jahrelang gleichmäßig 1 Sol/kg, stieg dann aber von 2008–2014 auf 10 Sol/kg ab Farm. Die steigenden Preise schufen als Folge einen **Anreiz für andere Regionen**, Quinoa anzubauen, sodass das daraufhin steigende Angebot die Preise innerhalb von 4 Jahren wieder auf 4 Sol fallen ließ. Bolivien hat sich auf dem Markt in der Zwischenzeit genauso etabliert wie Peru und bleibt wichtigster Konkurrent. Von 2018–2020 konnte die landesweite Produktion noch auf 100 000 t gesteigert werden. Die **Exportmenge stagniert** jedoch. Hier stellt sich die Frage, ob durch die **Konkurrenz** die weltweite Nachfrage nach peruanischer Quinoa zurückgegangen ist oder ob Quinoa wieder vermehrt als Grundnahrungsmittel genutzt wurde (M 5, M 6).

Konkurrenz

Preisentwicklung und Ernährungssicherheit

Generell ist fraglich, ob das ursprüngliche **Foodcrop** auch weiterhin der Ernährungssicherung vor Ort dient. Steigen die Preise zu hoch, können sich die Menschen vor Ort das **Produkt nicht mehr leisten**, wenn der allgemeine Wohlstand nicht in gleichem Maße steigt. Das würde die ohnehin unsichere Ernährungslage nicht verbessern. Möglicherweise **exportieren** die Produzenten das Getreide auch lieber, um den Verdienst zu steigern, als das Grundnahrungsmittel auf den lokalen Märkten der Bevölkerung zukommen zu lassen.

Traditioneller Anbau zwischen Ernährungssicherung und Weltmarkt

Um Produktionskosten zu senken, müssten die peruanischen Bauern mehr produzieren. Das traditionelle **Waru-Waru-System** bietet dabei eine Chance, weil auf gleicher Fläche ohne zusätzliche Kosten der **Ertrag fast verdreifacht** werden kann. Die Waru-Waru-Anbausysteme sind kleinräumig angelegt und erfordern **viel Handarbeit**. Die Arbeit auf den Hochbeeten lässt sich daher **nur schlecht mechanisieren**, sodass sie insbesondere **für Kleinbäuerinnen und Kleinbauern geeignet** ist, die in dieser Region dominieren (M 1, M 4). Die weltweit erhöhte Nachfrage nach Quinoa (M 5) macht das Andengewächs aber für global orientierte Produzenten mit Investitionskapital interessant. Da ein Anbau in großem Maßstab auf traditionelle Art schwierig ist, könnte dies zur Folge haben, dass die ökologisch gut angepasste Anbauweise **zunehmend vernachlässigt** wird (M 4).

Fazit

Die weltweite Nachfrage bringt der Region zwar Devisen und damit **mehr Wohlstand**, aber auch Abhängigkeit vom Weltmarkt. Die Preisschwankungen können nicht nur Bäuerinnen und Bauern in die Armut stürzen, sie können auch dazu führen, dass Quinoa für die einheimische Bevölkerung nicht mehr erschwinglich ist. Würde die Produktion über den kleinbäuerlichen Rahmen hinaus intensiviert werden, um den Weltmarktanforderungen entsprechen zu können, führt dies sehr wahrscheinlich zu einer **Vernachlässigung der traditionellen, ökologisch angepassten Landnutzung**. Dies würde wiederum die **Ernährungssicherheit** der Region und das Wohlstandswachstum der Kleinbäuerinnen und Kleinbauern **beeinträchtigen**. Wichtig scheint daher zu sein, z. B. über **Fair-Trade-Angebote** für stabile, hohe Einkünfte zu sorgen, damit die Produktionskosten der Kleinbäuerinnen und Kleinbauern sicher gedeckt sind und es innerhalb der ganzen Region zu einer wirtschaftlich positiven Entwicklung kommt.

Mögliche Gewichtung der Teilaufgaben: 24 % : 38 % : 38 %

Checkliste

Aspekt	ja	teil-weise	nein	weiß nicht
TEILAUFGABE 1				
Habe ich die Region lokalisiert und aufgabenbezogene Merkmale genannt?	☐	☐	☐	☐
Bin ich auf ökonomische Merkmale eingegangen?	☐	☐	☐	☐
Habe ich die sozialen Daten in Bezug auf die menschliche Entwicklung ausgewertet?	☐	☐	☐	☐
TEILAUFGABE 2				
Habe ich bei der Darstellung des Naturraums an die besonderen Herausforderungen durch das Höhenklima (Temperatur) gedacht und die Niederschlagsverteilung berücksichtigt?	☐	☐	☐	☐
Habe ich die Anforderung der Quinoa-Pflanze an Klima und Boden dargestellt und auf den Naturraum bezogen?	☐	☐	☐	☐
Habe ich die Nutzungssysteme für den Quinoa-Anbau beschrieben und auf die Anforderung von Quinoa und die Herausforderungen des Naturraums bezogen?	☐	☐	☐	☐
TEILAUFGABE 3				
Habe ich die Entwicklung des Quinoa-Anbaus in der Region Puno dargestellt und mit der gesamtperuanischen in Bezug gesetzt?	☐	☐	☐	☐
Habe ich die Herausforderungen der Produktion für den Weltmarkt aufgegriffen (Konkurrenz, Preisentwicklung) und auf die Produktion vor Ort bezogen?	☐	☐	☐	☐
Habe ich die Chancen und Grenzen der traditionellen Produktion für die Kleinbäuerinnen/Kleinbauern und die ökologische Situation aufgegriffen?	☐	☐	☐	☐
Habe ich die Aspekte auf die sozioökonomische Situation vor Ort bezogen?	☐	☐	☐	☐
Habe ich in einem Fazit die Aspekte in einen Zusammenhang gebracht?	☐	☐	☐	☐

Klausuren Geographie
Klausur 12

Bearbeitungszeit: 120 Minuten

Thema: Marktwirtschaftliche Agrarproduktion als Impulsgeber in Trockenräumen? – Das Beispiel des West Coast Districts im westlichen Südafrika

Aufgabenstellung

1. Lokalisieren Sie den West Coast District und kennzeichnen Sie seine Eignung für eine landwirtschaftliche Produktion.
2. Erläutern Sie die Entwicklung der Landwirtschaft und die gegenwärtige Landnutzung im West Coast District.
3. Erörtern Sie Chancen und Risiken für die zukünftige Entwicklung der Region im Zusammenhang mit dem räumlichen Entwicklungskonzept PSDF 2019.

M 1: Südafrika/westlicher Teil – Landnutzung

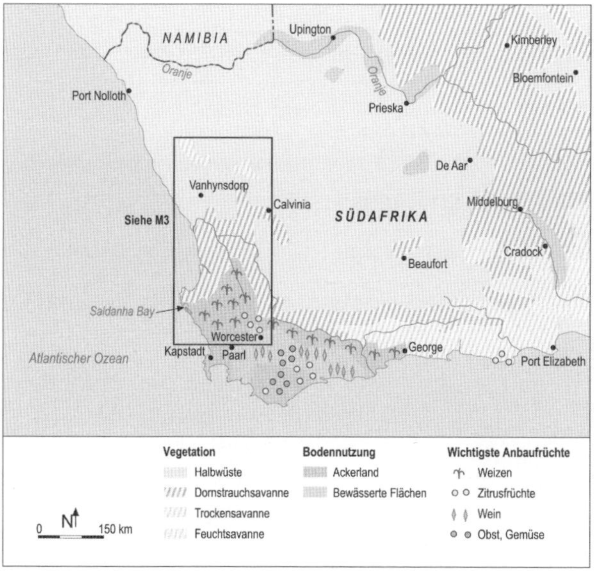

Farbkarte M 1

Haben Sie keine Möglichkeit, den QR-Code zu scannen, finden Sie die Farbkarte auch unter *www.stark-verlag.de/109012/Klausur12-M1*

Quelle: © Cartomedia, Karlsruhe

M 2: Südafrika – Klima

M 2a: Klimadiagramm Kapstadt

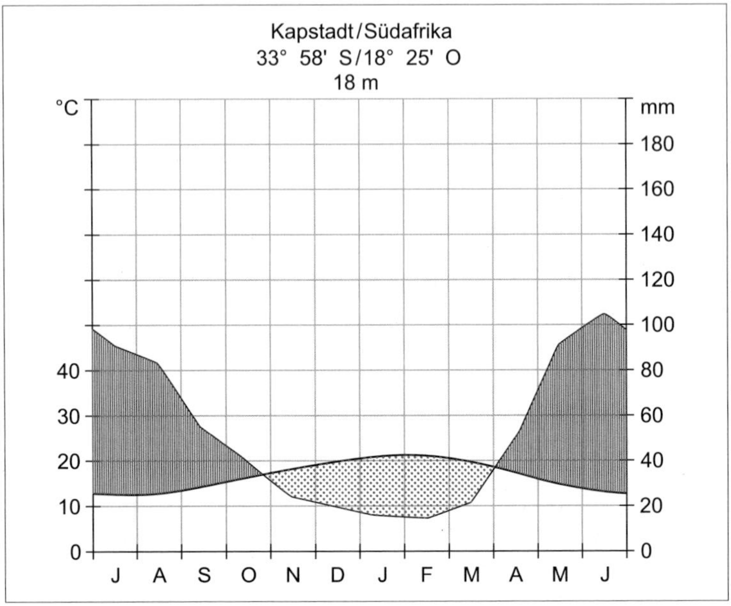

Quelle: Zakysant/Wikipedia, CC BY-SA 3.0

M 2b: Durchschnittliche Niederschlagsmengen

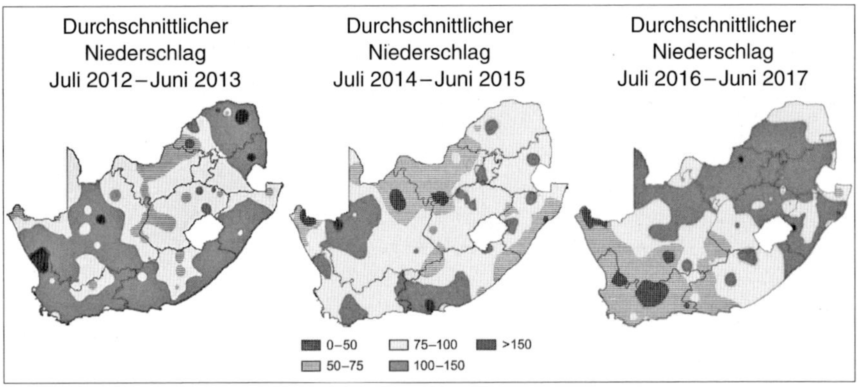

Quelle: verändert nach https://www.westerncape.gov.za/eadp/files/atoms/files/WC%20Sustainable%20Water%20Management%20Plan%202018_1.pdf

M 3: West Coast District – ausgewählte Strukturdaten

Lage	Distrikt innerhalb der Provinz Westkap (Western Cape), Südafrika; Gesamtfläche: 31 119 km²				
Einwohner	472 559 (2020)				
Regionales BIP (in Mrd. Rand) 2018	30,5 (1,7 Mrd €)				
Regionales BIP-Wachstum (%)	2012	2014	2016	2018	2019
West Coast District	3,2	3,9	−0,3	0,2	−1,2
BIP – Anteile der Wirtschaftssektoren 2018 (%)	• Landwirtschaft: 20,2 • Industrie: 28,4 • Dienstleistungen: 51,4				
Beschäftigung – Anteile der Wirtschaftssektoren 2018 (%)	• Landwirtschaft: 38,3 • Industrie: 13,1 • Dienstleistungen: 48,6				
Arbeitslosenquote 2018 (%)	11,9				
Bruttowertschöpfung: durchschnittliches Wachstum des primären Sektors im West Coast District	2011 2,4	2014 7	2016 −6,5	2017 12	2019 −7

Quelle: eigene Zusammenstellung, Daten nach Westerncape (2020), Cogta (2020)

M 4: Eckdaten – Landwirtschaft im West Coast District

Landwirtschaftliche Produktion – Einkommen – Beschäftigung

- Orangen: 147 809 t 2019
- Kartoffeln: 99 304 t 2019 (siebtwichtigster Distrikt in ganz Südafrika)
- Getreide, Lupinen, Ölfrüchte: landwirtschaftliche Nutzfläche 211 241 ha
- Durch lw. Aktivitäten generiertes Einkommen: 13,5 Mrd. Rand (755 Mio. €) 2017
- In der LW Beschäftigte: 34 277 Arbeitskräften
- Nutzung von Grundwasseraquiferen über Bewässerungsinfrastruktur:
  - Saldanha Bay Aquifer: 1 529 744 m³/Jahr
  - Hopefield Brunnenfeld: 1 642 500 m³/Jahr
  - LRA Brunnenfeld: 1 460 000 m³/Jahr seit 1999

Quelle: übersetzt und zusammengestellt nach CoCA 2017, State of Bay 2020

M 5: Räumliches Entwicklungskonzept PSDF – 2019

Farbkarte M 5

Haben Sie keine Möglichkeit, den QR-Code zu scannen, finden Sie die Farbkarte auch unter *www.stark-verlag.de/109012/Klausur12-M5*

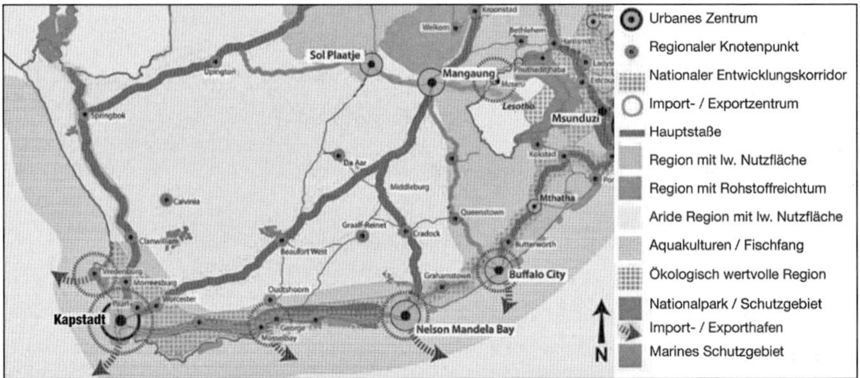

Zielsetzungen des räumlichen Entwicklungskonzeptes:

- Übergeordnete Zielsetzung des PSDF (Provincial Spital Development Framework) ist u. a. die sozioökonomische sowie ökologisch nachhaltige Entwicklung
- Schwerpunkte: Förderung von Landwirtschaft, Fischereiwirtschaft und Tourismus
- Förderung der landwirtschaftlichen Entwicklung als Teil der „Operation Phakisa“, einer Initiative der südafrikanischen Regierung, um das wirtschaftliche Potenzial der Küstenregionen zu erschließen
- Ziele: Steigerung des BIP um 177 Mrd. Rand bis 2033; Schaffung von 800 000 bis 1 Mio. neuen Arbeitsplätzen

Quelle: verändert nach The ideal spatial development, NSDF 2019, page 7, http://westcoastdm.co.za/wp-content/uploads/2020/09/WCDM-SDF-February-2020-1.pdf

M 6: Grundwasserkörper im westlichen West Coast District

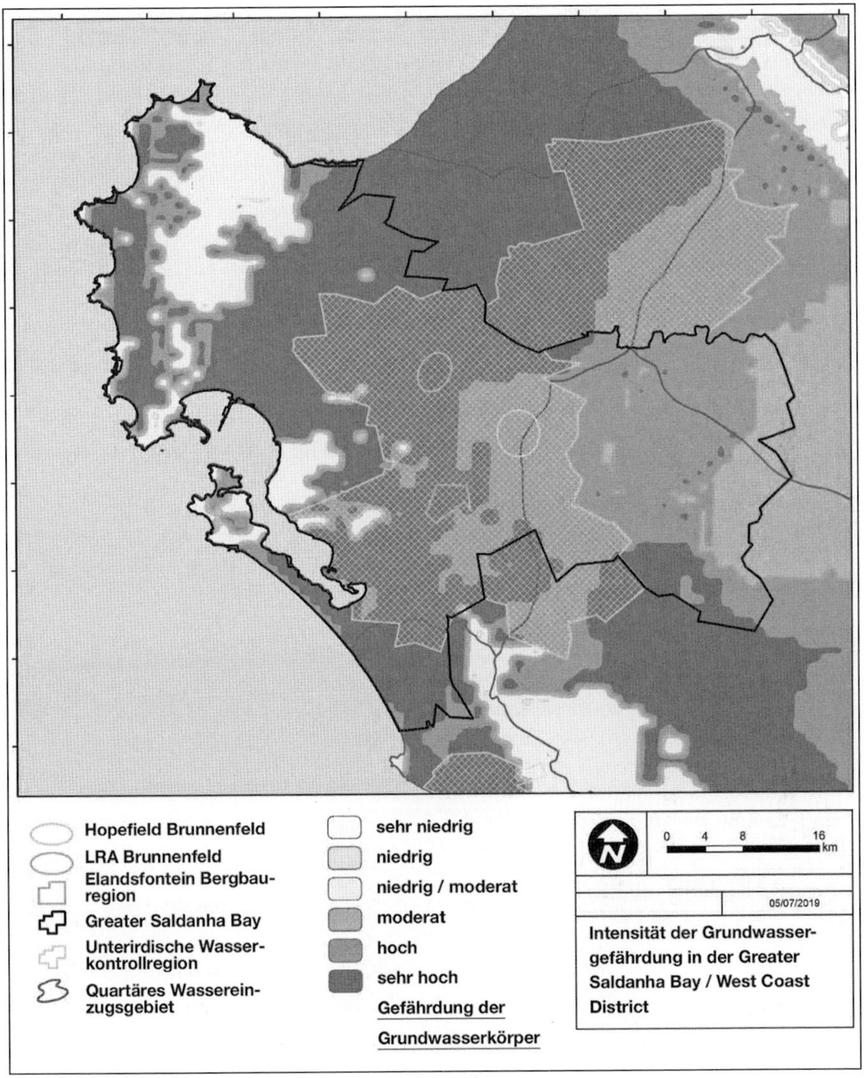

Anmerkung: Berechnungen zur Ausbeutung von Grundwasserreservoiren haben ergeben, dass bei normalen Niederschlagsverhältnissen ein jährliches Volumen von 15 237 107 m^3 Wasser für wirtschaftliche Aktivitäten genutzt werden kann. Unter Dürrebedingungen verringert sich das jährliche Volumen um 30 %.

Quelle: verändert nach: https://sbwqft.org.za/state-of-the-bay-2020-technical-report/

Lösungsvorschläge

1. *Der Operator „Kennzeichnen“ fordert von Ihnen Leistungen aus dem AFB I. Es geht um die Wiedergabe grundlegender fachlicher Inhalte (naturräumliche Voraussetzungen) sowie Ihre Methodenkompetenz bei der Auswertung einer thematischen Karte und eines Klimadiagramms. Sie sollen deutlich machen, welche Gunst- und Ungunstfaktoren im West Coast District vorliegen und inwiefern diese Region für eine landwirtschaftliche Produktion geeignet ist. Den Atlas verwenden Sie, um das Land zu lokalisieren, ggf. können Sie weiteren thematischen Karten zusätzliche Informationen entnehmen. Beachten Sie: In den Materialien sind i. d. R. nur Indikatoren aufgeführt, Sie sollten die Eignung bzw. mögliche Defizite auch benennen.*

Verortung

Der **West Coast District** ist ein Distrikt innerhalb der südafrikanischen **Provinz Westkap** mit Moorreesburg als Verwaltungssitz. Er ist auf 32° südlicher Breite und 18° östlicher Länge rund 130 km nördlich von Kapstadt zwischen Vanhynsdorp im Norden und Paarl im Süden zu verorten. Im Westen grenzt der West Coast District mit der Tiefwasserbucht Saldanha Bay an den Atlantischen Ozean (M 1).

Naturräumliche Voraussetzungen

Die Region ist geprägt von einem **subtropischen, maritimen Klima** mit nur mäßigen Temperaturschwankungen. Die Durchschnittstemperatur beträgt 16,3 °C. Gemäß der Klimaklassifikation nach Köppen und Geiger handelt es sich um ein Csb-Klima, das auch als **Mittelmeerklima** beschrieben werden kann. Die wärmste Jahreszeit mit durchschnittlich 20 °C liegt in den deutschen Wintermonaten. Von den insgesamt 523 mm Jahresniederschlag fallen durchschnittlich weniger als 20 mm pro Monat in dieser Zeit. Anhand der Niederschlags- sowie Temperaturverteilung können heiße, mehr oder weniger trockene Monate zwischen Oktober und April sowie feuchte und milde Monate zwischen Mai und September identifiziert werden (M 2a).
Betrachtet man die durchschnittlichen Niederschlagsmengen im West Coast District über einen längeren Zeitraum, so werden deutliche **räumliche Unterschiede** offensichtlich. Erkennbar ist eine zunehmende **Reduktion der Niederschlagsmengen** von durchschnittlich 100–150 mm im Zeitraum Juli 2012–Juni 2013 zu durchschnittlich 50–75 mm Niederschlag im Zeitraum Juli 2016–Juni 2017. Über nur fünf Jahre ist somit eine an Intensität zunehmende Trockenphase im Südwesten Südafrikas und im Speziellen in der Region des West Coast Districts zu erkennen (M 2b). Ein weiteres Charakteristikum des West Coast Districts sind die wenigen Flüsse, die die Region durchqueren, sodass neben dem begrenzten Wasserangebot aus Niederschlägen und

Flusswasser nur **Wasser aus Grundwasserspeichern** gewonnen werden kann (M 1, M 2, M 4, M 6).

Natürliche Vegetation und Inwertsetzung

Durch diese klimatischen Gegebenheiten ist auch die vorherrschende natürliche Vegetationsform **Dornstrauchsavanne** zu erklären, ebenso die Konsequenzen hinsichtlich der Verfügbarkeit von Bewässerungswasser. Die landwirtschaftliche Nutzung und deren **Intensivierung** kann in diesem ariden Raum nur über **künstliche Bewässerung** erfolgen. Es besteht die Möglichkeit, Bewässerungswasser aus Flusssystemen zu entnehmen; Wasser kann zudem aus den Grundwasservorkommen gewonnen werden. Zur Bewässerung muss das Wasser mithilfe einer speziellen Infrastruktur zu den landwirtschaftlichen Nutzflächen gebracht werden (M 1, M 2, M 4, M 6).

Zwischenfazit

Abschließend ist festzuhalten, dass die Region des West Coast Districts aufgrund ihrer naturräumlichen Gegebenheiten nur bedingt und nur in einem insgesamt trockenen Südafrika attraktiv für eine landwirtschaftliche Nutzung ist.

2. *„Erläutern" bedeutet, Sachverhalte im Zusammenhang zu beschreiben und Beziehungen deutlich zu machen. Im vorliegenden Fall sollen in einem ersten Schritt die Entwicklung der Landwirtschaft beschrieben werden und mit Rückbezug auf Ihre Ergebnisse aus Teilaufgabe 1 (naturräumliche Voraussetzungen) die gegenwärtige Landnutzung dargelegt werden. Denken Sie daran, Ihre Ausführungen durch Zahlen und Verhältnisangaben zu stützen. Sie sollten insbesondere die Veränderungen der Zahlenwerte (M 3) berücksichtigen sowie die Karten M 1 und M 6 abgleichen, damit verschiedene Entwicklungsprozesse und Zusammenhänge deutlich werden.*

Landnutzung

Im West Coast District dominiert flächenmäßig der **Weizenanbau**. Über 211 000 ha landwirtschaftliche Nutzfläche werden für den Anbau von Getreide, Lupinen und Ölfrüchten bereitgestellt. Im Jahr 2019 verzeichnete der West Coast District ein Produktionsvolumen von 147 809 t Orangen sowie 99 304 t Kartoffeln; die Region ist somit u. a. die siebtwichtigste für den Kartoffelanbau in ganz Südafrika (M 1, M 4).

Bewässerungslandschaft

Insgesamt werden in dieser Agrarregion vorrangig auf Bewässerung angewiesene Nutzpflanzen kultiviert (M 1, M 6). So gehören zu den Merkmalen der **Bewässerungslandwirtschaft** im West Coast District eine ausgebaute Bewässerungsinfrastruktur, die **Nutzung von Aquiferen** und Brunnenfeldern wie dem Saldanha Bay Aquifer mit 1,5 Mio. m^3 Wasserentnahme pro Jahr, dem Hopefield Brunnenfeld oder und dem LRA Brunnenfeld mit 1,4 Mio. m^3 pro Jahr (M 4).

Folglich liegen Produktionsschwerpunkte des Anbaus unter künstlicher Bewässerung in der Nähe dieser genannten **Grundwasservorkommen** in der Region Saldanha Bay. Insgesamt erfolgte die landwirtschaftliche **Produktion mittels künstlicher Bewässerung** als Reaktion auf die problematische naturräumliche Ausstattung im West Coast District (vgl. Teilaufgabe 1) und entwickelte sich zu einem regionalen Schwerpunkt innerhalb Südafrikas. Die **landwirtschaftliche Wertschöpfung** ist hoch: Der Anteil des primären Sektors am **regionalen Bruttoinlandsprodukt** 2018 betrug 20,2 %, was annähernd so viel ist wie im sekundären Sektor. Das durchschnittliche Wachstum des primären Sektors im West Coast District war zwischen 2011–2014 kontinuierlich positiv, fiel danach auf –6,5 %, stieg im Folgejahr sprunghaft an auf 12 % und fiel bis 2019 wiederum auf –7 % ab. Eine Erklärung für die **sprunghafte Bruttowertschöpfung** sind die immer wieder auftretenden Dürrejahre (M 1, M 3, M 6).

Wirtschaftliche Entwicklung

Einhergehend mit dem hohen Anteil des primären Sektors am regionalen Bruttoinlandsprodukt ist im West Coast District ein ebenfalls sehr hoher Anteil des primären Sektors von 38,3 % an der **Gesamtbeschäftigung** zu erkennen: Im Jahr 2017 konnten in der Region 13,5 Mrd. Rand (755 Millionen €) durch landwirtschaftliche Aktivitäten generiertes Einkommen verzeichnet werden. Diese positiven Effekte müssen jedoch mit Verweis auf das rückläufige BIP-Wachstum sowie die bereits erwähnten, teils erheblichen **Wachstumsschwankungen** des primären Sektors relativiert werden. Ein weiteres Problem ist die regional erhebliche **Grundwassergefährdung**, wenn für die Bewässerung **fossile Wasservorräte** ausgebeutet werden. So bedroht die Bewässerungslandwirtschaft im West Coast District unter normalen Bedingungen und ganz besonders in Dürrejahren die **ökologische Stabilität** der Region (M 1–M 4, M 6).

Wirtschaftliche Bedeutung

Insgesamt wären im West Coast District weitergehende, nicht nur wirtschaftliche Impulse nötig, um eine **nachhaltige Entwicklung** zu gewährleisten (M 1–M 6).

Zwischenfazit

3. *„Erörtern" (AFB III) bedeutet, dass Sie einen Sachverhalt eigenständig deuten, bewerten oder lösen sollen. Durch Abwägen von Chancen und Risiken sollen Sie zu einem begründeten Urteil kommen.*
Bei derartigen Fragestellungen („Chancen und Risiken") sollten Sie immer auf ein differenziertes Vorgehen achten. Mit Formulierungen wie „Es könnte sein …" oder „Es besteht die Gefahr …" können Sie Ihre Schlussfolgerungen einschränken. Falls Sie im Unterricht ähnliche Fallbeispiele kennengelernt haben, können Sie sich darauf vergleichend oder kontrastierend beziehen. Schließen Sie Ihre Darstellung mit einem begründeten Fazit ab.

Vor dem Hintergrund der in Teilaufgabe 2 skizzierten Entwicklungen im West Coast District kann das räumliche Entwicklungskonzept „**Provincial Spital Development Framework**", kurz PSDF 2019, als ein von der südafrikanischen Regierung initiiertes **Konzept zur sozioökonomisch und ökologisch nachhaltigen Entwicklung** beschrieben werden. Zu den wesentlichen Schwerpunkten des PSDF 2019 gehören die weitere **Erschließung des wirtschaftlichen Potenzials** der Küstenregion, die Förderung der Landwirtschaft, der Fischereiwirtschaft und des Tourismussektors im Allgemeinen sowie konkret die Schaffung von zusätzlich bis zu 1 Mio. neuen Arbeitsplätzen (M 5).

Räumliches Entwicklungskonzept PSDF

Die Förderung der landwirtschaftlichen Entwicklung ist Teil der übergeordneten „**Operation Phakisa**" (M 5). Diese Initiative der südafrikanischen Regierung hat das Ziel, das wirtschaftliche Potenzial der Küstenregionen zu erschließen. Um dies zu erreichen, sollen **Wachstumspole** innerhalb des Landes definiert werden. Bis 2033 soll ein zusätzlicher BIP-Beitrag von 177 Mrd. Rand in diesen Regionen erwirtschaftet werden. Dazu sieht das PSDF vor, **regionale Entwicklungspunkte** wie überregionale bzw. nationale **Entwicklungskorridore** zu schaffen, in denen **Import- und Exportzentren** als Motor der Regionalentwicklung fungieren. Der West Coast District mit der besonders bedeutsamen Saldanha Bay ist ein Teil des nationalen Entwicklungskorridors, in dem die Agrarproduktion systematisch gefördert wird. Dadurch sollen 800 000 bis 1 Mio. neue Arbeitsplätze entstehen (M 4, M 5).

Zielsetzungen des PSDF

Neben den erhofften positiven wirtschaftlichen Effekten müssen auch negative Aspekte erwähnt werden, die eine weitere wirtschaftliche Inwertsetzung gefährden. Grundsätzlich sind die Investitionen in eine ökologisch an den Naturraum nicht angepasste Bewässerungslandwirtschaft kritisch zu bewerten (vgl. Teilaufgaben 1 und 2). Notwendig wäre eine **ökologisch angepasste Raumnutzung:** Diese sollte erstens die Umstellung des Anbaus auf Produktionsschwerpunkte mit geringem Wasserbedarf, zweitens wassersparende moderne Bewässerungsverfahren in der Landwirtschaft und drittens die Implementierung von zusätzlichen wassersparenden Maßnahmen im Tourismussektor beinhalten (M 2, M 4, M 6). Wie im PSDF ausgewiesen, ist die Kapregion von besonderer wirtschaftlicher Bedeutung. Neben der Landwirtschaft wird hier als weiteres Kernziel die **Förderung der touristischen Entwicklung** definiert. Die Entwicklung und der Ausbau der Tourismusdestinationen werden weitere erhebliche Konsequenzen für den natürlichen Wasserhaushalt haben. Sämtliche Anstrengungen, das landwirtschaftliche und

Konsequenzen der wirtschaftlichen Inwertsetzung

touristische Potenzial der Region zu fördern, müssen deshalb mit der im PSDF ausgewiesenen übergeordneten Zielsetzung der **sozioökonomischen sowie ökologisch nachhaltigen Entwicklung** des Raumes in Einklang gebracht werden (M 5).

Als Fazit ist festzuhalten, dass in Anbetracht der Aridität des Raumes und der bereits eingetretenen ökologischen Probleme jede Art von wirtschaftlicher Entwicklung unbedingt eine wassersparende Nutzung voraussetzen sollte. Fazit

Mögliche Gewichtung der Teilaufgaben: 30 % : 30 % : 40 %

Checkliste

Aspekt	ja	teil-weise	nein	weiß nicht
TEILAUFGABE 1				
Habe ich die Region West Coast District in Südafrika aufgabenbezogen richtig eingeordnet?	☐	☐	☐	☐
Habe ich die naturräumlichen Voraussetzungen und die daran angepasste landwirtschaftliche Nutzung korrekt gekennzeichnet?	☐	☐	☐	☐
Bin ich bei meiner Analyse der naturräumlichen Voraussetzungen insbesondere auf die Faktoren Klima, Vegetation und Bodenverhältnisse eingegangen; und habe ich die landwirtschaftliche Nutzung als an diese Verhältnisse angepasst gekennzeichnet?	☐	☐	☐	☐
Habe ich den West Coast District als einen nur begrenzt günstigen, jedoch im insgesamt ariden Südafrika dennoch attraktiven Agrarraum charakterisiert?	☐	☐	☐	☐
TEILAUFGABE 2				
Habe ich die wichtigsten Anbaufrüchte als Merkmal der landwirtschaftlichen Nutzung herausgearbeitet?	☐	☐	☐	☐
Habe ich wesentliche Merkmale der Bewässerungslandwirtschaft sowie Produktionsschwerpunkte im West Coast District korrekt dargestellt?	☐	☐	☐	☐
Habe ich die wirtschaftliche Bedeutung der Landwirtschaft angemessen erläutert und dies mithilfe von Strukturdaten/der Materialien M 3 und M 4 belegt?	☐	☐	☐	☐
Habe ich ökologische Probleme als direkte Folge der landwirtschaftlichen Nutzung im West Coast District materialbezogen erläutert?	☐	☐	☐	☐
TEILAUFGABE 3				
Habe ich mithilfe des räumlichen Entwicklungskonzeptes PSDF 2019 die wirtschaftliche Bedeutung des West Coast Districts erläutert?	☐	☐	☐	☐
Habe ich negative Aspekte, die eine weitere wirtschaftliche Inwertsetzung gefährden, dargestellt und bewertet?	☐	☐	☐	☐
Habe ich Aspekte angeführt, die die Notwendigkeit einer ökologisch angepassten Raumnutzung vor dem Hintergrund der naturräumlichen Voraussetzungen erläutern?	☐	☐	☐	☐
Bin ich nach der Abwägung meiner Pro- und Kontra-Argumente zu einer begründeten abschließenden Einschätzung gelangt?	☐	☐	☐	☐

Klausuren Geographie
Klausur 13

Bearbeitungszeit: 120 Minuten

Thema: Landwirtschaft im Spannungsfeld zwischen Ökonomie und Ökologie – das Beispiel Victoria/Australien

Aufgabenstellung

1. Lokalisieren Sie den australischen Bundesstaat Victoria und kennzeichnen Sie die naturräumlichen Gegebenheiten.
2. Erläutern Sie die Entwicklung und die Strukturen des Gemüseanbaus in Victoria.
3. Nehmen Sie Stellung zur Nachhaltigkeit und Zukunftsfähigkeit des Gemüseanbaus in Victoria.

M 1: Südostaustralien –Wasserversorgung

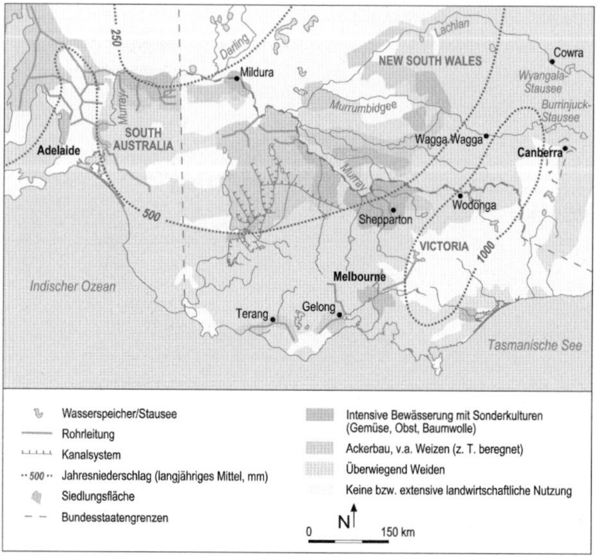

Farbkarte M 1

Haben Sie keine Möglichkeit, den QR-Code zu scannen, finden Sie die Farbkarte auch unter *www.stark-verlag.de/109012/Klausur13*

Quelle: © Cartomedia, Karlsruhe

M 2: Klimadiagramme Shepparton und Mildura

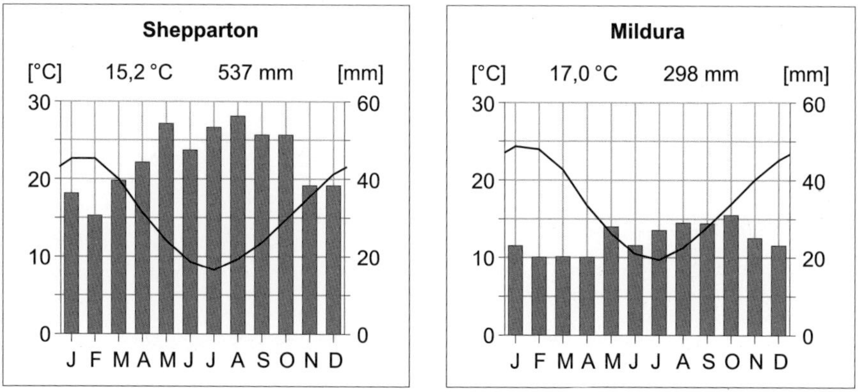

Quelle: Climate Data

M 3: Gemüseanbau in Victoria

Bruttowertschöpfung (BWS 2019)	1,09 Mrd. AU-S*
Anteil des primären Sektors an der BWS in Victoria 2019	6,9 %
Anteil des Gemüseanbaus an der BWS des australischen Gemüseanbaus insgesamt 2019	24,9 %
Erwerbstätige im primären Sektor 2019 (Anteil an Erwerbstätigen in Victoria insgesamt)	79 030 (2,3 %)
Exportquote Gemüse 2019	5 %
Durchschnittseinkommen pro Gemüsefarm in Victoria 2019	419 000 AU-$
Durchschnittseinkommen pro Gemüsefarm in Gesamt-Australien 2019	253 000 AU-$

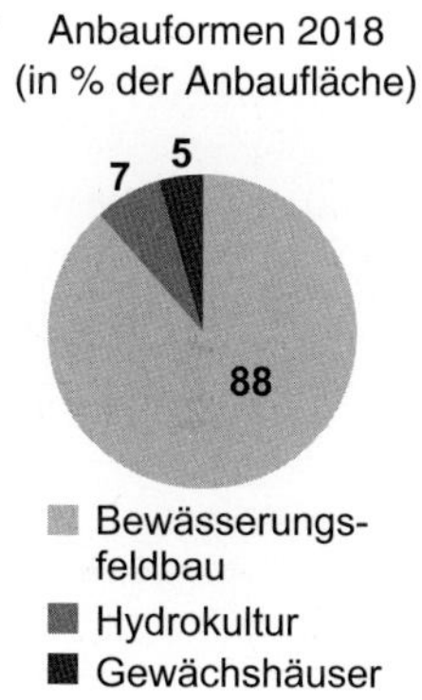

* AU-$ = Australischer Dollar; 1 AU-$ = 0,62 € (Stand: 08. 09. 2021)

Quelle: eigene Zusammenstellung nach www.agriculture.gov.au, stats.abs.gov.au; www.ausveg.com.au; https://itt.abs.gov.au, https://www.abs.gov.au

M 4: Entwicklung des Gemüseanbaus in Victoria

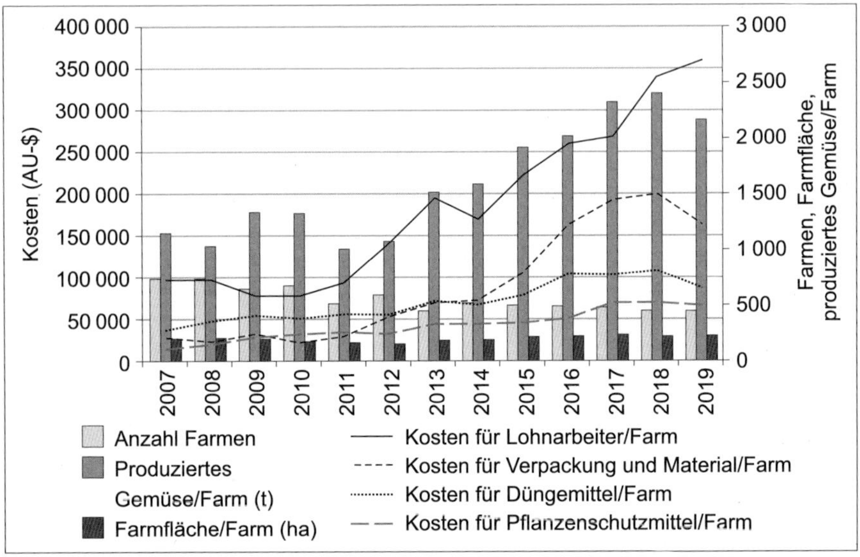

Quelle: eigene Darstellung nach www.ausveg.com.au und www.agriculture.gov.au

M 5: Wasserreserven in ausgewählten Stauseen in Südost-Australien
(100 % = maximaler Füllstand)

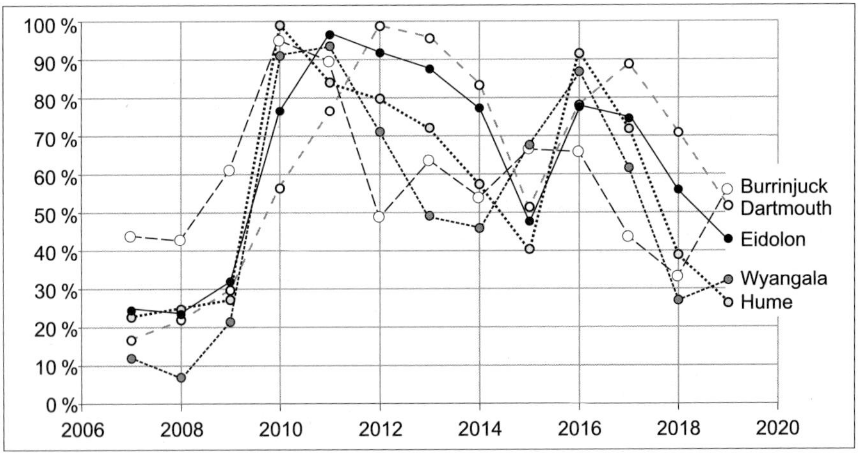

Anmerkung: extreme „Jahrhundert-Dürre" in Australien zwischen 1997 und 2009; weitere Dürre zwischen 2017 und 2019

Quelle: eigene Darstellung nach http://www.bom.gov.au/climate/drought/knowledge-centre/previous-droughts.shtml, www.agriculture.gov.au

M 6: Top 5-Exportmärkte für australisches Gemüse 2018

	Staat (Exportmarkt)	Gemüseexporte (in 1 000 t)	Wert der Gemüseexporte (in Mio. AU-$)	Bevölkerungszahl 2018 (in Mio.)	Bevölkerungszahl 2030 (in Mio.)[2]	Bevölkerungszahl 2050 (in Mio.)[2]
1	VAE[1]	39,4	35,9	9,5	11,0	13,0
2	Singapur	29,9	45,3	5,8	6,1	6,0
3	Südkorea	21,2	< 15,7	52,0	53,0	49,0
4	Malaysia	21,0	20,7	33,0	37,0	42,0
5	Japan	16,1	15,7	127,0	119,0	101,0

1 VAE = Vereinigte Arabische Emirate
2 Prognose

Quellen: eigene Zusammenstellung nach ausveg.com.au, www.ausvegvic.com.au, www.www.dsw.org/landerdatenbank, www.populationpyramid.net

---

Lösungsvorschläge

1. *Die Operatoren „Lokalisieren" (AFB I) sowie „Kennzeichnen" (AFB II) verlangen, dass Sie das Raumbeispiel in bekannte topographische Orientierungsraster einordnen und dieses auf Basis bestimmter Kriterien begründet charakterisieren. Die Verortung nehmen Sie mithilfe einer geeigneten Atlaskarte sowie M 1 vor. Für die Kennzeichnung des Naturraumes bietet es sich an, die verschiedenen Geofaktoren (Relief, Klima, Hydrologie, Vegetation) in den Blick zu nehmen. Die Teilaufgabe sollten Sie mit einem Zwischenfazit beenden.*

Lage

Victoria ist ein **Bundesstaat** Australiens. Er liegt im Südosten des Landes zwischen 34° und 39° südlicher Breite sowie 141° und 150° östlicher Länge. Im Norden und Nordosten grenzt Victoria an den Bundesstaat New South Wales, im Westen an den Bundesstaat South Australia, im Süden an das Meer: Im Südosten erstreckt sich die Tasmanische See, im Südwesten der Indische Ozean. Die Hauptstadt Victorias ist die Metropole Melbourne (Atlas, M 1).

Relief

Der südliche Teil Victorias ist geprägt von den **Australischen Alpen**, mit Landhöhen bis über 1 500 m ü. NN. Nach Norden und vor allem Nordosten hin fallen die Landhöhen ab, im Nordosten findet sich **flaches Land** mit Landhöhen zwischen 0 und 100 m ü. NN (Atlas, M 1).

Hydrologie

Südlich der Australischen Alpen fließen einige **Flüsse** in Richtung Meer. Gleiches gilt für den nördlichen Teil: Die dortigen Flüsse münden alle in den Fluss Murray, der entlang der Grenze zu New South Wales nach Nordwesten fließt und den Bundesstaat im Nordwesten verlässt (M 1).

Der Osten des Bundesstaates ist von Wäldern bedeckt, in den übrigen Regionen wird Landwirtschaft betrieben. **Die klimatischen Bedingungen** in Victoria zeigen eine nach Nordwesten hin **zunehmende Aridität:** In Shepparton fällt mit 537 mm **Jahresgesamtniederschlag** deutlich mehr Regen als in Mildura mit nur 298 mm. Die Niederschläge zeigen keine ausgeprägte Saisonalität. Das Klima in Shepparton ist mit acht humiden Monaten **semihumid**, in Mildura hingegen, mit nur vier humiden Monaten, **semiarid**. Während in Shepparton **Jahresmitteltemperaturen** von 15,2 °C zu verzeichnen sind, liegen diese in Mildura bei 17 °C. Gleiches gilt für die Jahreshöchst- und Jahrestiefsttemperaturen, sie liegen in Mildura mit 24 °C bzw. 10 °C jeweils um 2 °C höher (M 2). Vegetation, Bodenbedeckung und Klima

Bei Victoria handelt es sich um einen Bundesstaat im Südosten Australiens, dessen Naturraum vor allem durch ein nach Nordwesten abflachendes Relief und eine nach Nordwesten hin zunehmende **Aridität** gekennzeichnet ist. Zwischenfazit

2. *Der Operator „Erläutern" (AFB II) verlangt, dass Sie Sachzusammenhänge mithilfe ergänzender Informationen verdeutlichen. Sie sollten also Entwicklung und Strukturen des Gemüseanbaus auf Basis der Ihnen zur Verfügung gestellten Materialien herausarbeiten. Dazu bietet es sich an, die Materialien auf ihre Hauptaussagen hin auszuwerten und sinnvoll miteinander zu verknüpfen. Dabei sollten Sie auch auf Ihre Ergebnisse aus der ersten Teilaufgabe zurückgreifen. Achten Sie auf die unterschiedlichen räumlichen Voraussetzungen für den Anbau, diese werden oft vernachlässigt.*
Denken Sie auch bei dieser Teilaufgabe an ein abschließendes Zwischenfazit.

Der Anbau von Gemüse findet in Victoria in kleinerem Maßstab in der südlichen Küstenregion statt, vor allem aber im nördlichen und nordöstlichen Flachland, entlang des Murray und seiner Zuflüsse. Dabei werden die Anbauflächen **intensiv bewässert** (M 1). Raumstrukturen

Dazu wurden mehrere **Wasserspeicher** bzw. **Stauseen** an den nördlichen Hängen der Australischen Alpen angelegt, des Weiteren Rohrleitungen und Bewässerungskanäle v. a. in den Ackerbauregionen im Norden bzw. Nordwesten Victorias. Außerdem wird der Murray von mehreren Flüssen aus dem Norden gespeist, die Zuflüsse werden z. T. ebenfalls aufgestaut (z. B. am Wyangala-Stausee oder am Burrinjuck-Stausee, nördlich von Canberra; M 1). Bewässerungssystem

Im Jahr 2018 wurden 88 % der Gemüseanbauflächen Victorias in klassischem **Bewässerungsfeldbau** betrieben. Wassersparende Bewässerungsmethoden wie die Hydrokultur oder der Anbau in Gewächshäusern wurden nur zu 12 % eingesetzt. Diese Tatsache sowie die Wasserführung in Flüssen und Kanälen spricht für eine **verdunstungsintensive Landwirtschaft** mit hohem **Wasserverbrauch** (M 1, M 3).

Entwicklung der Betriebe und der Betriebskennzahlen

Seit 2007 ist die Zahl der Gemüsefarmen kontinuierlich zurückgegangen: Lag die Anzahl der Farmen 2007 noch bei knapp 750, so waren es im Jahr 2019 nur noch ca. 480. Die durchschnittliche Anbaufläche pro Farm stagnierte in diesem Zeitraum bei ca. 250 ha. Trotz des **Farmsterbens** und der stagnierenden Anbauflächen ist die Menge an produziertem Gemüse pro Farm seit 2007 deutlich angestiegen: Lag diese im Jahr 2007 noch bei ca. 1 200 t, so waren es im Jahr 2019 mit ca. 2 200 t rund 80 % mehr. Dabei schwankte die Produktion jahresweise um bis zu 300 t. Diese **Intensivierung** des Gemüseanbaus lässt sich auch anhand der Kosten für verschiedene **Betriebsmittel** verdeutlichen. So stiegen diejenigen für Düngemittel von ca. 40 000 AU-$ pro Farm und Jahr in 2007 auf ca. das Doppelte in 2019, die Kosten für Pflanzenschutzmittel von ca. 15 000 AU-$ auf über 60 000 AU-$. Am stärksten stiegen die Kosten für Lohnarbeiter: von ca. 100 000 AU-$ pro Farm in 2007 auf ca. 360 000 AU-$ in 2019. Die Kosten für Verpackungen und Material entwickelten sich analog zur Menge an produziertem Gemüse von ca. 30 000 AU-$ in 2007 auf ca. 160 000 AU-$ (M 4).

Ökonomische Bedeutung

Der **ökonomische Stellenwert** des Gemüseanbaus in Victoria ist je nach Betrachtung unterschiedlich einzuordnen. Der Anteil des Gemüseanbaus an der Bruttowertschöpfung des primären Sektors war mit 6,9 % im Jahr 2019 eher gering, allerdings entsprach dies einer absoluten Bruttowertschöpfung von knapp 1,1 Mrd. AU-$. Des Weiteren war der Gemüseanbau 2019 mit ca. 79 000 Beschäftigten ein bedeutender Arbeitgeber in Victoria, dies entsprach einem Beschäftigungsanteil von 2,3 % (M 3).
Im Vergleich zu Gesamt-Australien zeigt sich die herausgehobene Stellung Victorias beim Gemüseanbau. Auf den Bundesstaat entfielen knapp 25 % der gesamten Bruttowertschöpfung des australischen Gemüseanbaus, außerdem erzielten Gemüsefarmen in Victoria mit 419 000 AU-$ im Jahr 2019 überdurchschnittlich hohe Einkommen. Das Durchschnittseinkommen für Gemüsefarmen in Gesamt-Australien lag 2019 mit 253 000 AU-$ deutlich niedriger (M 3).

Außenhandel und Einbindung in den Weltmarkt

Die **Exportquote** für Gemüse aus Victoria lag im Jahr 2018 bei nur 5 %. Folglich wurde v. a. für den heimischen Markt produziert; eine Abhängigkeit vom Weltmarkt ist kaum gegeben. Der kleine Teil, der dennoch exportiert wurde, ging vorrangig nach Asien: Die wichtigsten **Exportmärkte** für australisches Gemüse waren 2018 die Vereinigten Arabischen Emirate (VAE) mit knapp 40 000 t, Singapur mit knapp 30 000 t sowie Südkorea und Malaysia mit jeweils ca. 21 000 t (M 6).

Zwischenfazit

Der wasserintensive Gemüseanbau konzentriert sich in Victoria auf das nördliche und nordöstliche Flachland entlang des Murray. Die **Bewässerungsmethoden** sind überwiegend traditionell, was vor dem Hintergrund der **klimatischen Verhältnisse** auf hohe Wasserverbräuche schließen lässt. Trotz des zu beobachtenden **Farmsterbens** wurde die Gemüseproduktion in den letzten Jahren **intensiviert**, die Produktionsmengen und der Betriebsaufwand sind stark gestiegen. Dennoch ist der **ökonomische Stellenwert** des Gemüseanbaus, bei einer nicht zu vernachlässigenden **Beschäftigungswirksamkeit**, aber als eher gering zu kennzeichnen. Er ist nicht exportorientiert und v. a. auf den heimischen Markt ausgerichtet.

3. *Der Operator „Stellung nehmen" (AFB III) verlangt, dass Sie unter Abwägung unterschiedlicher Argumente zu einer begründeten Einschätzung eines Sachverhaltes kommen. Sie sollten also positive bzw. negative Argumente sammeln, die für bzw. gegen die Zukunftsfähigkeit des Gemüseanbaus sprechen, diese gewichten und dann zu einer Einschätzung gelangen. Dazu sollen Sie auf Basis des Materials und Ihrer Ergebnisse aus den ersten beiden Teilaufgaben Pro- und Kontra-Argumente sammeln (ggf. Vorstrukturierung auf Konzeptblatt), ausführen und gewichten. Eine Strukturierung nach den Dimensionen der Nachhaltigkeit bietet sich an. Die abschließende, begründete Einschätzung bildet das Fazit.*

Auseinandersetzung mit dem Naturraum und dem Bewässerungssystem

Das Klima in den Gemüseanbaugebieten Victorias ist von nach Norden hin zunehmender **Aridität** gekennzeichnet (vgl. Teilaufgabe 1). Vor diesem Hintergrund ist es klar, dass die Anbauflächen bewässert werden müssen. Allerdings entsprechen die Bewässerungssysteme nur selten den modernsten Methoden: Nur rund 12 % der Anbauflächen Victorias wurden im Jahr 2018 in Form von Hydrokulturen und in Gewächshäusern angebaut (vgl. Teilaufgabe 2). Hinzu kommt, dass Australien in den letzten Jahren mit starken **Dürren** zu kämpfen hatte, zuletzt zwischen 2017 und 2019. In diesen Jahren sind die Wasserreserven in den Stauseen, die an den Zuflüssen des Murray liegen, stark gesunken. So fielen z. B. die Reserven des Eidolon- und des Hume-Stausees auf 43 bzw. 27 % des maximalen Füllstandes. Zwar waren die Rückgänge der Reserven in den Stauseen nicht so stark wie am Ende der australischen „Jahrhundert-Dürre" von 1997 bis 2009 – damals lagen die Stände z. T. noch niedriger –, dennoch zeigen sie, wie hoch die Abhängigkeit des bewässerungsintensiven Gemüseanbaus von den Niederschlägen ist. Hinzu kommt, dass sich die Füllstände in den Jahren zwischen den Dürreperioden nie vollständig erholen konnten; der Wyangala-Stausee z. B. erreichte in den letzten zehn Jahren nur zwei Mal einen maximalen Füllstand von über 90 % (M 5).

Ökologische Dimension

Eine zunehmende Intensivierung des Gemüseanbaus (vgl. M 4) lässt einen steigenden Wasserverbrauch vermuten. Hier wäre es aus ökologischer Sicht dringend geboten, auf **moderne Bewässerungsmethoden** zu setzen, um den Wasserverbrauch zu senken.

Ökonomische Dimension

Dies wäre auch ökonomisch sinnvoll, da so die **Abhängigkeit vom Wasser reduziert** würde. Der Gemüseanbau ist für die Gemüse-Farmer*innen in Victoria überdurchschnittlich lukrativ. Die Produktionsmengen sind in den letzten Jahren deutlich gestiegen und die Einkommen liegen überdurchschnittlich hoch (vgl. Teilaufgabe 2). Auch vor dem Hintergrund steigender Bevölkerungszahlen in den wichtigsten Exportmärkten für australisches Gemüse scheint der Gemüseanbau in Victoria zukunftsfähig zu sein. So sollen z. B. die Bevölkerungszahlen in den zwei wichtigsten Exportmärkten bis zum Jahr 2050 um rund 3,7 Mio. Menschen zunehmen. Zwar war die Exportquote mit 5 % im Jahr 2018 gering und in anderen wichtigen Exportmärkten wie Südkorea oder Japan sollen die Bevölkerungszahlen zurückgehen, dennoch bieten eine immer weiter zunehmende Weltbevölkerung und die Globalisierung Zukunftschancen auch für den Gemüseanbau in Victoria (M 6).

Soziale Dimension

Aus sozialer Sicht weist der Gemüseanbau in Victoria mit gut 79 000 Beschäftigten eine **hohe Beschäftigungswirksamkeit** auf, dies entspricht einem nicht zu vernachlässigenden Anteil von 2,3 % an der Gesamtbeschäftigung Victorias (M 3).

Abwägung

Vor dem Hintergrund der klimatischen Verhältnisse ist der Gemüseanbau im Bewässerungsfeldbau als nicht mehr zeitgemäß einzuschätzen. Es wären hohe Investitionen z. B. in **moderne Bewässerungsmethoden** nötig, um den Anbau zukunftsfähig zu gestalten, auch vor dem Hintergrund des **Klimawandels**. Betrachtet man aber die stete Produktionssteigerung und die überdurchschnittlichen Einkommen der Gemüsefarmen in Victoria, sind hohe Investitionen durchaus realistisch. Eine Steigerung der Exportquote würde die Gemüsefarmen ökonomisch zusätzlich absichern.

Fazit

Der Gemüseanbau ist durchaus zukunftsfähig, wenn auf die Herausforderungen des Naturraumes (hohe Verdunstungsraten, Dürren) angemessen reagiert würde, z. B. durch Investitionen in wassersparende Technologien.

Mögliche Gewichtung der Teilaufgaben: 30 % : 30 % : 40 %

Checkliste

Aspekt	ja	teil-weise	nein	weiß nicht
TEILAUFGABE 1				
Habe ich den australischen Bundesstaat Victoria mithilfe von M 1 und des Atlas hinreichend lokalisiert?	☐	☐	☐	☐
Habe ich zur Kennzeichnung der naturräumlichen Gegebenheiten anhand des Atlas die Faktoren Relief, Klima, Hydrologie und Vegetation berücksichtigt und konkret auf den Bundesstaat Victoria bezogen?	☐	☐	☐	☐
Habe ich die besondere Bedeutung des Reliefs und der unterschiedlichen Niederschlagsverhältnisse im Südosten und Nordwesten herausgestellt?	☐	☐	☐	☐
TEILAUFGABE 2				
Habe ich die Kerngebiete des Gemüseanbaus von Victoria dargestellt?	☐	☐	☐	☐
Bin ich hinreichend ausführlich auf die quantitative und strukturelle Entwicklung seit 2001 eingegangen?	☐	☐	☐	☐
Habe ich den Stellenwert der künstlichen Bewässerung und der hierfür angelegten Einrichtungen verdeutlicht?	☐	☐	☐	☐
Bin ich differenziert genug auf die ökonomische Bedeutung des Gemüseanbaus in Victoria eingegangen: in Bezug auf die Bruttowertschöpfung, bzgl. des Beschäftigtenanteils, im Vergleich mit anderen Bundesstaaten Australiens und hinsichtlich des Produktionsanteils für den Weltmarkt?	☐	☐	☐	☐
TEILAUFGABE 3				
Habe ich alle Hauptaspekte der Nachhaltigkeit berücksichtigt und mithilfe der Materialien M 2–M 6 intensiv erörtert?	☐	☐	☐	☐
Bin ich hinreichend auf die aktuellen Methoden des Gemüseanbaus in Victoria vor dem Hintergrund möglicher Alternativen eingegangen?	☐	☐	☐	☐
Habe ich für die abschließende Beantwortung der Frage nach der Zukunftsfähigkeit alle relevanten Aspekte der Naturraumausstattung, der Ökologie und der Ökonomie hinzugezogen?	☐	☐	☐	☐

Klausuren Geographie
Klausur 14

Bearbeitungszeit: 120 Minuten

Thema: Kreuzfahrttourismus in der Karibik –
Beitrag zu einer zukunftsfähigen Entwicklung?

Aufgabenstellung

1. Lokalisieren Sie die Karibik und kennzeichnen Sie ihr touristisches Potenzial.
2. Erläutern Sie die Entwicklung des Kreuzfahrttourismus in der Karibik und seine wirtschaftliche Bedeutung für diese Region.
3. Nehmen Sie Stellung zur Themenfrage.

M 1: Karibik – Klima und Naturraum

M 1 a: Klimatabelle Nassau/Bahamas

	Jan	Feb	Mrz	Apr	Mai	Jun	Jul	Aug	Sep	Okt	Nov	Dez
Tagestemperatur in °C	25	25	27	28	29	31	32	32	31	30	28	26
Nachttemperatur in °C	17	17	18	19	21	23	24	24	24	22	20	18
Wassertemperatur in °C	24	24	24	25	26	26	29	29	29	28	27	25
Niederschlag in mm	47	40	40	54	116	233	158	216	171	176	57	52
Regentage	7	6	6	9	14	19	17	19	17	16	9	8
Sonnenstunden	7	8	8	9	9	8	9	9	7	7	7	7

Quelle: Temperaturen, Niederschlag, Sonnenschein in Nassau (Bahamas), https://www.travelklima.de/bahamas/

M 1 b: Flora und Fauna

Flora	– Großer Artenreichtum: 14 000 verschiedene Pflanzenarten, u. a. 100 verschiedene Orchideenarten, Hibiskus, Passionsblumen – Vegetation: Palmen, immergrüne tropische Regenwälder – Nutzpflanzen: Zitrusfrüchte, Bananen-, Mango- und Olivenbäume, Edelhölzer
Fauna	– 700 Vogelarten, u. a. Papageien, Kolibris, zahlreiche Seevögel, ca. ein Drittel endemisch – Viele Reptilien; Besonderheit: Hutias (Baumratten = endemische Art, die vom Aussterben bedroht ist) – Im Meer: Delfine, Haie, Korallenfische, Wasserschildkröten, Rochen, Seekühe
Küsten	Korallenriffe, Mangroven (z. B. auf Jamaika)
Naturgefahren	– Zahlreiche, auch aktive Vulkane – Hurrikansaison: Juni – November

Quelle: eigene Zusammenstellung nach https://www.berge-meer.de/info/karibik#Flora__Fauna, https://www.caribbean-embassy.de/2021/03/07/baumratten-eines-der-letzten-endemischen-saeugetiere-der-karibik/; https://www.globalnature.org/de/naturschutz/biodiversitaet-karibik

M 1c: Zugbahnen verschiedener Hurrikane 2017

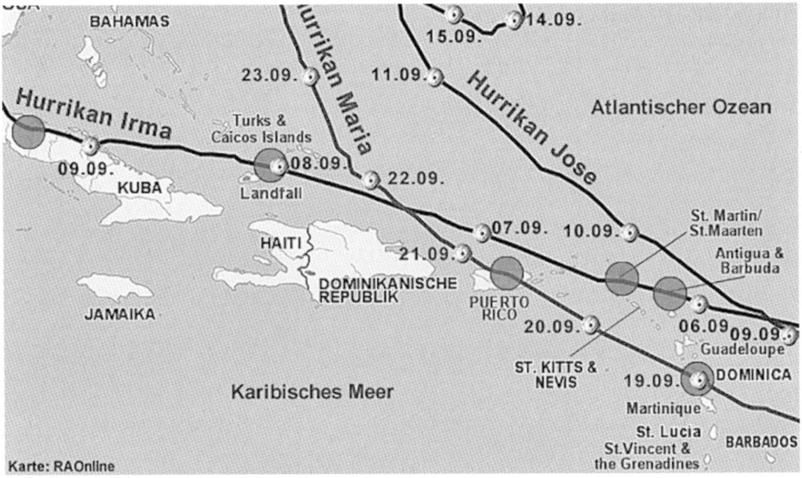

Anmerkung: Windgeschwindigkeiten von Irma/Maria bis zu 259 km/h

Quelle: RA Online, Fundort: https://www.raonline.ch/pages/edu/haz/hurr17_Irmaspec0103.html

M 2: Tourismus in der Karibik

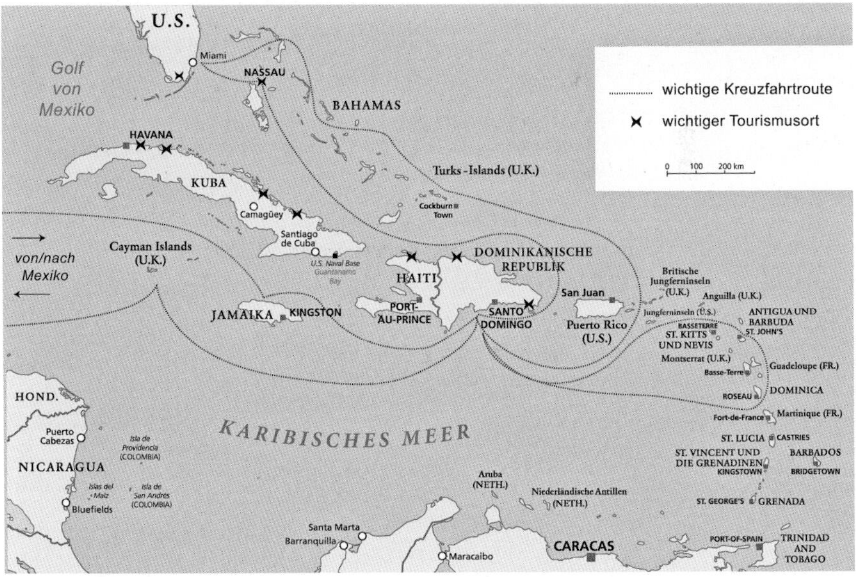

Quelle: eigene Darstellung, Kartengrundlage: Peter Hermes Furian. 123rf.com

M 3: Entwicklung des Kreuzfahrttourismus in der Karibik

1960er-Jahre	Beginn des Kreuzfahrttourismus in der Karibik mit der Filialeröffnung der drei großen Anbieter *Carnival*, *Royal Caribbean* und *Norwegian* in Florida
1970–1980	Expansion des Kreuzfahrttourismus von 500 000 auf 1,4 Mio. Passagiere
1990er-Jahre	– 3,8 Mio. Passagiere – Beginn des Erwerbs oder Pachtung kleinerer Inseln durch Kreuzfahrtunternehmen; Angebot privater und exklusiver Stranderlebnisse, oft als Inklusivleistung gebucht
2000er-Jahre	Durchschnittliche Steuereinnahmen der Destination pro Kreuzfahrttourist*in: 17 US-$ pro Besuch (Übernachtungstouristen: 133 US-$)
2014	Lockerung des amerikanischen Wirtschaftsembargos gegen Kuba; Anzahl der Kreuzfahrttouristinnen/-touristen auf Kuba: 8 085
2016/2017	– Inselstaat Kuba wird als letzte Destination der Region offiziell in den Kreuzfahrttourismus eingebunden – Boom des Kreuzfahrttourismus auf Kuba: 437 429 Kreuzfahrttouristinnen/-touristen 2017 – Kreuzfahrtunternehmen *Royal Caribbean* und der *World Wildlife Fund* (WWF) gehen eine fünfjährige Partnerschaft ein; Ziel des Programms: Reduzierung der Treibhausgasemissionen um 35 % bis 2020 sowie Maßnahmen zur Erhaltung mariner Ökosysteme; finanzielle Unterstützung des WWF mit 5 Mio. US-$
Aktuell	– Die drei größten Kreuzfahrtanbieter kontrollieren 90 % des US-Marktes an Karibikkreuzfahrten – Karibik als Ziel von 35 % aller Kreuzfahrten weltweit – Coronapandemie 2020/21: erwartete Umsatzeinbußen bis zu 44 Mrd. US-$; Verlust von 1,2 Mio. Arbeitsplätzen insgesamt im Kreuzfahrtsektor Karibik

Quelle: eigene Zusammenstellung nach https://www.tourism-watch.de/en/focus/cruise-tourism-caribbean; https://www.caribbean-council.org/reassessing-the-role-of-cruise-tourism/; https://www.cruisecritic.co.uk/articles.cfm?ID=1418; https://www.worldwildlife.org/press-releases/royal-caribbean-cruises-ltd-and-world-wildlife-fund-wwf-announce-global-partnership-to-support-ocean-conservation

M 4: Merkmale des Kreuzfahrttourismus in der Karibik

Kreuzfahrttouristen 2019	30,2 Mio. (+ 3,4 % gegenüber 2018)
Hauptquellgebiete / Anzahl 2019 (Veränderung zu 2018)	USA 15,5 Mio. (+10 %); Kanada 3,4 Mio. (+ 0,4 %); Südamerika 1,5 Mio. (–10,4 %); Karibik 2 Mio. (+7,4 %); Europa 5,9 Mio. (–1,4 %)
Anlegesteuer pro Passagier (gezahlt von Kreuzfahrtunternehmen beim Anlegen im Hafen)	Durchschnitt 8,92 US-$; Dominikanische Republik 1 US-$, Jamaika 15 US-$, Bermuda 60 US-$
Aufenthaltsdauer 2018	Durchschnittlich 4,38 Stunden zum Vergleich: Übernachtungstouristen durchschnittlich 7 Tage
Ausgaben im Durchschnitt beim Landgang 2014 / 2015	Pro Passagier*in: 103 US-$ Pro Crewmitglied: 67 US-$
Reiseangebote	V. a. mehrtägige Kreuzfahrten; auch als Pauschalangebote inkl. Flug z. B. für Ferntouristen; Landgänge zusätzlich buchbar; Hauptreisezeit: Nov. – Mrz.

Quelle: eigene Zusammenstellung nach: https://www.onecaribbean.org/wp-content/uploads/Key-Stats-Powerpoint_26Feb2020.pdf; https://www.tourism-watch.de/en/focus/cruise-tourism-caribbean; https://www.caribbean-council.org/time-to-ask-difficult-questions-about-the-value-of-cruise-tourism/; https://www.f-cca.com/downloads/2017-Cruise-Industry-Overview-Cruise-Line-Statistics.pdf

M 5: Beschäftigung und Arbeitsmarkt

M 5a: Anteil Beschäftigte in unterschiedlichen Branchen

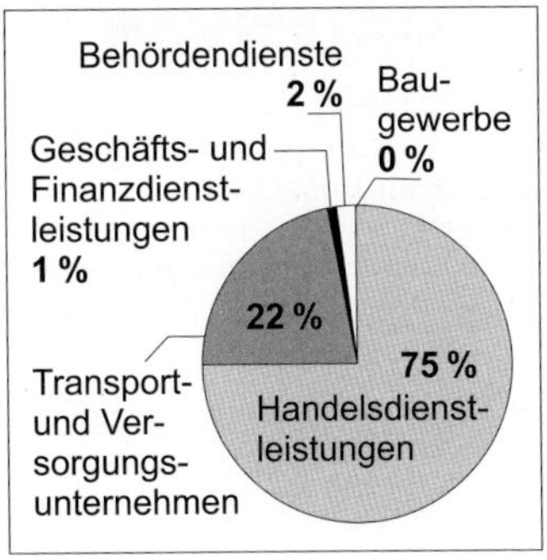

M 5b: Anzahl der Beschäftigten im Kreuzfahrttourismus in ausgewählten Destinationen 2018

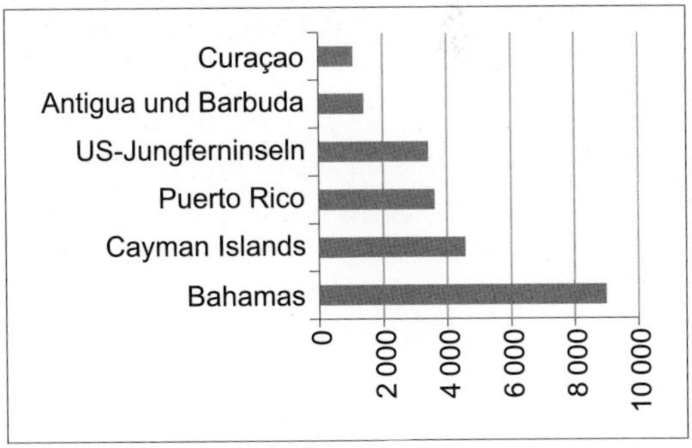

Anmerkung: häufig nur saisonale Beschäftigung zwischen 6 – 10 Monaten

Quelle: eigene Darstellung, Daten nach BREA, FCCA (2018)

M 6: Ökologische Aspekte

M 6a: Zeitungsartikel

Die Reedereien werben gerade stark mit ihren neuen LNG*-Schiffen. Der Antrieb mit Flüssiggas ist weniger umweltschädlich, Emissionen werden reduziert. Aida Cruises hat mit der „Aida Nova“ im Jahr 2018 das erste LNG-Kreuzfahrtschiff in Dienst gestellt, zuletzt lief die „Costa Smeralda“ vom Stapel. Weitere LNG-Schiffe sind in Planung.

Also Kreuzfahrt ohne schlechtes Gewissen? Keineswegs. Der Ausstoß von Feinstaub und Schwefeloxiden wird bei LNG zwar nahezu vollständig vermieden, und die Stickoxidemissionen sind geringer. Das hilft der Luft in den Häfen und der Gesundheit der Passagiere an Bord. […]

Der Haken: Die CO_2-Emissionen eines LNG-Kreuzfahrtschiffs sind lediglich ein wenig reduziert. Aida Cruises spricht von minus 20 Prozent im Vergleich zu einem Marinediesel-Schiff. Tui Cruises geht von 10 Prozent weniger Emissionen aus, wenn man die gesamte Lieferkette von der Produktion bis zur Nutzung berücksichtigt.

* LNG: liquid natural gas

Quelle: dpa/tmn: Wie klimaverträglich ist meine Kreuzfahrt? Merkur vom 28. 01. 2020, https://www.merkur.de/reise/wie-klimavertraeglich-ist-meine-kreuzfahrt-zr-13504676.html

M 6b: CO_2-Bilanz pro Person bei Kreuzfahrten von Deutschland in die Karibik

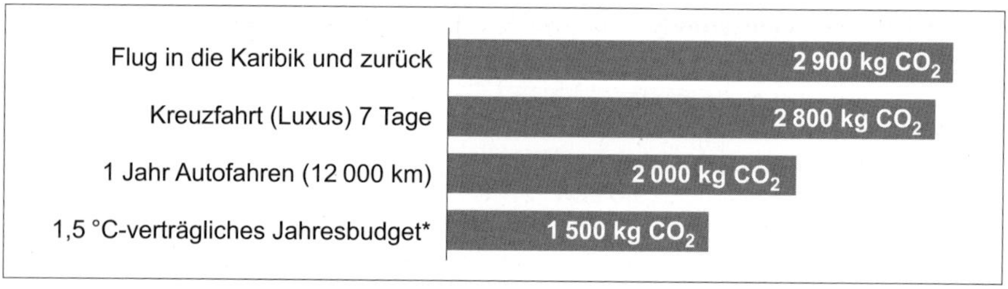

* Im Pariser Klimaabkommen von 2015 ist vorgesehen, die Erderwärmung möglichst auf 1,5 °C zu begrenzen.

Quelle: verändert nach Klimaverträgliches Jahresbudget, atmosfair, https://www.atmosfair.de/de/gruenreisen/persoenliches_klimabudget/

Lösungsvorschläge

1. *In dieser Teilaufgabe sollen Sie zunächst die Karibik „lokalisieren". Dieser Operator bedeutet, dass Sie mit Blick auf die Gesamtaufgabe zum Themenbereich Tourismus die Region räumlich einordnen. Die Orientierung an Breitengraden und Klimazone ist hier genauso wichtig wie das Benennen der wichtigsten Länder/Inselgruppen, Meere sowie die Nähe zum Festland. Anschließend sollen Sie Merkmale herausarbeiten, die die Region für den Fremdenverkehr attraktiv machen und das touristische Potenzial charakterisieren. Verwenden Sie neben dem Atlas die Materialien M 1, M 2 und M 4.*

Lage

Die Karibik ist eine **Inselgruppe** am westlichen Rand des Atlantischen Ozeans in räumlicher Nähe zum US-Staat Florida, zu Mexiko und den nördlichen Ländern Südamerikas. Sie dehnt sich zwischen 10° und 25° nördlicher Breite aus und befindet sich somit in den **wechselfeuchten Tropen**. Im Westen liegt der Golf von Mexiko, im Süden das Karibische Meer. Die größten Inseln sind Kuba, Hispaniola, auf der die Länder Haiti und die Dominikanische Republik liegen, Jamaika und Puerto Rico. Außerdem zählen kleine Inseln und Inselstaaten, z. B. Barbados, Granada oder Martinique, und der aus vielen kleinen Inseln bestehende Staat Bahamas dazu (Atlas, M 2).

Touristisches Potenzial

Die Lage in der Nähe des nördlichen Wendekreises bietet günstige **klimatische Bedingungen** für den Tourismus. So herrschen beispielsweise auf den Bahamas ganzjährig hohe Temperaturen: Das **Temperaturminimum** liegt bei 25 °C im Januar, das **Maximum** bei 32 °C im Juli und August. Nachts bleiben die Temperaturen mild und schwanken zwischen 17 °C im Januar/Februar und 24 °C in den Monaten Juli bis September. Die Anzahl der **Sonnenstunden** liegt durchschnittlich bei acht Stunden. Der **Jahresniederschlag** beträgt 1 360 mm, wobei die Mengen von November bis April jeweils um 50 mm liegen und somit deutlich geringer sind als in den übrigen Monaten, wo sie die Maxima im Juni (233 mm) und September (176 mm) aufweisen (M 1 a).
Etwas eingeschränkt wird das touristische Potenzial in der **Hurrikan-Saison** von Juni bis November; in dieser Zeit können die Inseln von diesen Starkwinden betroffen sein (M 1 b, M 1 c).
Der **Naturraum** ist vom tropischen Klima und einem **großen Artenreichtum** an Flora und Fauna geprägt. Die karibischen Inseln sind Lebensraum einiger nur hier heimischer sowie bedrohter Tierarten. Zahlreiche exotische Blühpflanzen, z. B. Orchideen, sind hier ebenfalls beheimatet; ein Teil der Vegetation sind **tropische Regenwälder**. Aufgrund der **hohen Wassertemperaturen** von über 20 °C bietet auch die Unterwasserwelt eine Vielfalt an Meerestieren sowie unterschiedliche **Küstenformen**

mit Stränden, Korallenriffen und Mangroven. Eine weitere Besonderheit des Naturraums sind die zahlreichen, z. T. noch aktiven **Vulkane** (M 1 b).

Erreichbarkeit

Aufgrund der Nähe zu den USA und Mittel-/Südamerika sind diese Regionen die **Hauptquellgebiete** der Touristinnen und Touristen. Sowohl die USA als auch Mexiko sind wichtige Ausgangspunkte für **Kreuzfahrtrouten**. Von Miami aus führt eine dieser Routen rund um die Bahamas und weiter zur Dominikanischen Republik. Von Mexiko werden Jamaika und ebenfalls die Dominikanische Republik angesteuert. Von hier aus kann man die kleineren Inseln im Osten der Karibik per Kreuzfahrtschiff erreichen. An allen Kreuzfahrtrouten liegen bedeutende **Tourismusorte** (M 2, M 4).

Unterschiedliche Tourismusarten

All diese Merkmale machen deutlich, dass die Karibik ein hohes **touristisches Potenzial** aufweist und ganzjährig eine **attraktive Destination** darstellt. Sowohl Naturinteressierte als auch Bade- und Tauchtouristinnen und -touristen werden durch die naturräumlichen Bedingungen angesprochen.

2. *Der Operator „Erläutern" erfordert von Ihnen, dass Sie Sachzusammenhänge mithilfe ergänzender Informationen verdeutlichen. Bezogen auf diese Teilaufgabe sollen Sie demnach anhand verschiedener Kennzahlen (vor allem Anzahl der Touristen und Erschließung der Destinationen) herausarbeiten, wie sich der Kreuzfahrttourismus entwickelt hat. Auf dieser Grundlage sowie weiteren Daten, z. B. zu Arbeitsmarkt/Beschäftigungswirksamkeit und Steuereinnahmen, sollen Sie dann Rückschlüsse über die wirtschaftliche Bedeutung der Branche ziehen (M 3–M 5).*

Entwicklung des Kreuzfahrttourismus

Die Besonderheiten der Karibik sind neben dem Naturraum die große Anzahl einzelner kleiner Inseln. Dies hat der Entwicklung des **Kreuzfahrttourismus** Vorschub geleistet, denn bei einer Kreuzfahrt werden unterschiedliche **Destinationen** angelaufen. Seit Beginn des Kreuzfahrttourismus in den 1960er-Jahren ist ein kontinuierlicher Anstieg der **Touristenzahlen** in diesem Bereich zu verzeichnen.

Die Erschließung dieses Sektors ging von der Filialgründung großer **Kreuzfahrtgesellschaften** in Miami aus. Zu Beginn der 1970er-Jahre lag die Passagierzahl erst bei 500 000. Doch innerhalb eines Jahrzehnts hatte sich die Anzahl bereits fast verdreifacht. In den 1990er-Jahren stieg die Anzahl an Kreuzfahrttouristinnen und -touristen auf insgesamt 3,8 Mio. Als neu erschlossenes Kreuzfahrtziel in der Karibik kam 2014 Kuba hinzu, das bis dahin aufgrund des US-Embargos ausgeschlossen war. In nur kurzer Zeit hat hier ein **Boom des Kreuzfahrttourismus** mit einer Vervielfachung der Touristenzahl stattgefunden: 2017 wurden über 400 000 Touristinnen und Touristen auf Kreuzfahrten nach Kuba verzeichnet (M 3).

Merkmale des Kreuzfahrttourismus

Der Kreuzfahrttourismus in der Karibik ist durch folgende Merkmale gekennzeichnet: Die Hauptreisezeit ist aufgrund der klimatischen Bedingungen von November bis März. Insbesondere werden Touristinnen und Touristen aus Regionen angezogen, in denen zu der Zeit Winter ist. Allein 18,9 Mio. Kreuzfahrttouristinnen und -touristen kamen 2019 aus Nordamerika, weitere 5,9 Mio. aus Europa. Für **Ferntouristen** gibt es **Pauschalangebote**, die auch den Flug einschließen. Die Kreuzfahrten dauern mehrere Tage und gehen entlang der **Hauptkreuzfahrtrouten**. **Landgänge** zu touristischen Attraktionen sind zusätzlich buchbar. Die **durchschnittliche Aufenthaltsdauer** bei solchen Ausflügen beträgt 4,38 Stunden. In den 1990er-Jahren gingen die Kreuzfahrtunternehmen vermehrt dazu über, auch exklusive Stranderlebnisse anzubieten und zu diesem Zweck kleinere Inseln zu pachten oder sogar zu erwerben (M 3, M 4).

Wirtschaftliche Bedeutung

Die Karibik ist derzeit eine bedeutende Destination im Kreuzfahrttourismus: Weltweit finden 35 % aller Kreuzfahrten in dieser Region statt, was sich auch wirtschaftlich auswirkt. Je nach Destination ist die Anzahl der Beschäftigten in der Branche unterschiedlich hoch: Während auf den **peripher gelegenen** kleineren Inseln, z. B. Curaçao oder Antigua und Barbuda, eine geringere **Beschäftigungswirksamkeit** festzustellen ist, ist sie auf den nahe Florida gelegenen Bahamas deutlich größer. Hier sind 9 000 Beschäftigte im Kreuzfahrttourismus zu verzeichnen, in Curaçao ca. 1 000. Ziele wie die US-Jungferninseln, Puerto Rico oder die Cayman Islands liegen mit 3 800–4 200 Beschäftigten dazwischen. Der Einfluss des Tourismus zeigt sich auch in der **Verteilung der Beschäftigung** auf verschiedene Branchen: Drei Viertel der Arbeitskräfte sind in **Handelsdienstleistungen** beschäftigt, weitere 22 % in **Transport- und Versorgungsunternehmen** (M 5 a, M 5 b).

Einnahmequelle Tourismus

Der Kreuzfahrttourismus ist eine wichtige **wirtschaftliche Einnahmequelle** für die Destination: Für jede Kreuzfahrttouristin/jeden Kreuzfahrttouristen wurde in den 2000er-Jahren durchschnittlich eine Steuer in Höhe von 17 US-$ eingenommen. Etwa die Hälfte davon kommt aus der **Anlegesteuer**, die die Kreuzfahrtunternehmen pro Passagier*in beim Anlegen in einem Hafen entrichten müssen. Allerdings ist deren Höhe sehr unterschiedlich: Während sie in der Dominikanischen Republik nur 1 US-$ beträgt, liegt sie in Bermuda bei 60 US-$. Zusätzlich geben sowohl die Passagiere als auch die Crewmitglieder bei Landgängen Geld aus, das in die **lokale Wirtschaft** fließt:

2014/15 lag dieser Betrag pro Passagier*in bei 103 US-$ und bei Crewmitgliedern bei 67 US-$ (M 3, M 4).

3. *Entsprechend dem Operator „(kritisch) Stellung nehmen" sollen Sie unterschiedliche Argumente gegeneinander abwägen und zu einer begründeten Einschätzung kommen. In Bezug auf die Themenfrage bedeutet das, dass Sie sowohl Argumente aufführen, die diese befürworten, als auch welche, die dagegen sprechen. Orientieren können Sie sich z. B. an ökonomischen, ökologischen und sozialen Aspekten. Auf dieser Grundlage ziehen Sie dann ein Fazit, das Ihre Einschätzung sachlich widerspiegelt (M 1, M 3–M 5).*

Positive Perspektiven

Die Bedeutung des Kreuzfahrttourismus für die Karibik ist nicht von der Hand zu weisen, denn allein aufgrund des Naturraums und des Klimas stellt die Region ein attraktives Reiseziel insbesondere für Touristinnen und Touristen aus Ländern der Nordhalbkugel dar. Die hohen Touristenzahlen von zuletzt 30,2 Mio. jährlich und immer noch zu verzeichnende Zuwächse sowie die Expansion der Branche innerhalb weniger Jahrzehnte sind ein Beleg hierfür. Die Einnahmen aus Steuern helfen den häufig wirtschaftlich gering entwickelten Ländern, in **Infrastruktur** und andere Bereiche zu investieren. Die Schaffung von Arbeitsplätzen sichert das **Einkommen für die Bevölkerung**, und langfristig können so Impulse für die **wirtschaftliche Entwicklung** gegeben werden (M 1, M 3–M 5).

Negative Perspektiven

Demgegenüber stehen allerdings einige Aspekte, die die Vorteile relativieren. Vergleicht man die **Einnahmen** aus dem Kreuzfahrttourismus mit denen aus dem **Übernachtungstourismus**, wird deutlich, dass erstere relativ gering sind. Übernachtungstouristen bleiben im Durchschnitt sieben Tage und die Steuereinnahmen pro Tourist*in sind mit 133 US-$ um ein Vielfaches höher. Zudem ist bei längerem Aufenthalt die Wahrscheinlichkeit von Ausgaben für die eigene Versorgung oder für Souvenirs höher. Der Arbeitsmarkt unterliegt zudem **saisonalen Schwankungen**, da viele Arbeitsplätze zeitlich begrenzt sind und so die Sicherheit einer dauerhaften Anstellung nicht gewährleistet ist.
Die Kreuzfahrtbranche wird inzwischen von drei großen Kreuzfahrtanbietern dominiert, die 90 % des US-Marktes kontrollieren. Auf diese Weise besteht eine große **Abhängigkeit** der Destinationen von diesen Anbietern, die die Bedingungen, z. B. für die Preise des Anlegens in Häfen, mit beeinflussen können. Die Tatsache, dass Kreuzfahrtunternehmen bereits eigene Inseln besitzen, die sie für Ausflüge nutzen, minimiert zusätzlich die Chance für die ansässige Bevölkerung, am Erfolg der Branche angemessen teilzuhaben. Diese Abhängigkeit führt in Krisenzeiten zu

wirtschaftlichen Einbußen. So wird erwartet, dass durch die Coronapandemie in der Karibik Umsätze in Höhe von 44 Mrd. US-$ sowie 1,2 Mio. Arbeitsplätze im Kreuzfahrtsektor verloren gehen, was ernste **wirtschaftliche** und **soziale Folgen** in den Destinationen nach sich ziehen wird.
Zerstörungen durch Hurrikane stellen ein zusätzliches Risiko für wirtschaftliche Einbußen im Tourismus dar. Allein 2017 lagen einige der Hauptziele in der **Zugbahn schwerer Hurrikane** mit Windgeschwindigkeiten bis zu 259 km/h. Eine mögliche Folge ist der **Rückgang der Touristenzahlen**, wie 2019 festzustellen war. Insgesamt hat sich die Zahl der europäischen Touristinnen und Touristen um 1,4 % verringert, aus Südamerika kamen 10,4 % weniger Touristen in die Region (M 3 – M 5).

Ökologische Perspektive

Nicht zu vernachlässigen sind die Folgen des Kreuzfahrttourismus für die **Umwelt**. Bei einer Kreuzfahrt in die Karibik fallen pro Person 5 700 kg CO_2 an. Die **CO_2-Bilanz** übersteigt somit das persönliche Jahresbudget von 1 500 kg CO_2 deutlich, das bei einer Begrenzung der Erderwärmung auf 1,5 °C verträglich wäre. Hinzu kommt die **Gefährdung der Ökosysteme** durch **Emissionen** der Kreuzfahrtschiffe sowie durch Badeausflüge und Landgänge. Immerhin haben auch die Kreuzfahrtunternehmen den Handlungsbedarf erkannt und arbeiten an **alternativen Antrieben** auf Flüssiggasbasis, wodurch zumindest Feinstaub- und Schwefeldioxidemissionen vermieden werden; die CO_2-Emissionen werden hierdurch jedoch nur in geringem Maße reduziert. Eine spezielle Maßnahme zum Erhalt **mariner Ökosysteme** hat das Unternehmen Royal Carribean zusammen mit dem WWF ergriffen: Die Kreuzfahrtgesellschaft unterstützt die Umweltorganisation in ihrer Arbeit mit 5 Mio. US-$ in einer fünfjährigen Partnerschaft (M 3, M 6).

Fazit

Trotz der negativen Aspekte ist der Kreuzfahrttourismus ein **wichtiger Wirtschaftsfaktor** in der Karibik. Allerdings darf mit Blick auf die Zukunft nicht nur der **ökonomische Aspekt** im Vordergrund stehen. Es muss eine Balance gefunden werden zwischen den Bedürfnissen der Touristinnen und Touristen sowie der Bevölkerung einerseits und dem Erhalt des Naturraums andererseits, denn dieser bestimmt maßgeblich das touristische Potenzial dieser Region. Eine Veränderung des Tourismus hin zu längeren Aufenthalten oder die Entwicklung umweltverträglicherer Kreuzfahrtschiffe könnten einen wichtigen Beitrag zu einer **zukunftsfähigen Entwicklung** leisten.

Mögliche Gewichtung der Teilaufgaben: 30 % : 30 % : 40 %

Checkliste

Aspekt	ja	teil-weise	nein	weiß nicht
TEILAUFGABE 1				
Habe ich das Raumbeispiel mit Blick auf das Thema Tourismus räumlich eingeordnet?	☐	☐	☐	☐
Habe ich das touristische Potenzial anhand von Klima, Naturraum und Lage erarbeitet?	☐	☐	☐	☐
Habe ich Rückschlüsse in Bezug auf mögliche Tourismusarten gezogen?	☐	☐	☐	☐
TEILAUFGABE 2				
Habe ich die Teilaspekte der Aufgabe berücksichtigt (Entwicklung des Tourismus, wirtschaftliche Bedeutung)?	☐	☐	☐	☐
Habe ich die Einzelaussagen der Materialien im Hinblick auf diese Teilaspekte miteinander verknüpft?	☐	☐	☐	☐
Habe ich die zentralen Fachbegriffe verwendet?	☐	☐	☐	☐
TEILAUFGABE 3				
Habe ich die Fragestellung unter verschiedenen Gesichtspunkten betrachtet, z. B. unter Berücksichtigung ökonomischer, ökologischer und sozialer Aspekte?	☐	☐	☐	☐
Habe ich positive sowie negative Seiten des Kreuzfahrttourismus berücksichtigt?	☐	☐	☐	☐
Ist meine Argumentation schlüssig aufgebaut und mündet sie in ein Fazit?	☐	☐	☐	☐

Klausuren Geographie
Klausur 15

Bearbeitungszeit: 60 Minuten

Thema: (Alternative) Formen und Entwicklungen des Tourismus in Deutschland

Aufgabenstellung

1. Grenzen Sie „Tourismus“ von Geschäftsreisen ab und zeigen Sie die Schwierigkeiten bei der Abgrenzung auf.
2. Erläutern Sie, dass sich das Konzept des Trekkings im Pfälzerwald am Leitbild des sanften Tourismus orientiert.
3. Entwickeln Sie ein stimmiges Szenario für die Auswirkungen der sozioökonomischen und demographischen Veränderungen sowie des Klimawandels auf den Tourismus in Deutschland. Stellen Sie jeweils zwei Aspekte dar.

M 1: Der Pfälzerwald

Der im Bundesland Rheinland-Pfalz gelegene Pfälzerwald ist mit 1 771 km^2 das größte zusammenhängende Waldgebiet Deutschlands. 1992 wurde der Pfälzerwald von der UNESCO als Biosphärenreservat anerkannt. Seit fast 20 Jahren ist der Pfälzerwald Teil des ersten grenzüberschreitenden UNESCO-Biosphärenreservats unter dem Namen „Pfälzerwald – Vosges-du-Nord“.
Das Mittelgebirge mit Höhen bis 673 m zeichnet sich durch charakteristische Buntsandsteinfelsen aus, aus denen man im Mittelalter 500 Felsenburgen herausgemeißelt hat. Rund 80 davon stehen auch heute noch.

Der „Altschlossfelsen“, eine aus Buntsandstein bestehende Felswand im Pfälzerwald

Quelle: eigene Zusammenstellung; Foto: © gs1311 – Fotolia.com

M 2: Wandern und Trekking im Pfälzerwald

„Trekking – das klingt nach Abenteuer, Wildnis und Abgeschiedenheit in fernen Ländern. An Deutschland oder gar an die Pfalz denkt man angesichts der vielen gut erschlossenen Wanderwege und Hütten im Pfälzerwald da erst mal nicht. Seit 2009 gibt es jedoch sieben Trekkingplätze zwischen Burgruine Guttenberg im Süden und Kalmit im Norden. Seit 2013 wurde das Angebot mittlerweile auf 15 Plätze im Pfälzerwald ausgeweitet. Auf diesen Plätzen, die von April bis Oktober genutzt werden können, ist das Übernachten im Biosphärenreservat Naturpark Pfälzerwald erstmals ganz offiziell erlaubt. Und man muss sich gar nicht weit von den bekannten Wegen entfernen, um das Gefühl zu haben, ganz allein mit Fuchs und Reh im Wald zu sein. [...] Alle Plätze liegen etwas abseits der Ortschaften und der gängigen Wanderwege in Gebieten, die für den Natur- und Wasserschutz unbedenklich sind. Sie sind nur zu Fuß erreichbar und verfügen über bis zu sechs Lagerplätze, eine Feuerstelle und ein einfaches Klohäuschen. Mehr nicht. Wasser und Verpflegung müssen die Trekker mitbringen. Und ihren Müll wieder mit nach Hause nehmen, so steht es in der Benutzerordnung, die jeder Gast akzeptieren muss, wenn er im Wald übernachten will. Was sonst noch in Ihrem Rucksack nicht fehlen sollte, haben wir in unseren Ausrüstungsempfehlungen zusammengestellt. Die Buchung geht ganz einfach: von April bis Oktober einfach hier die Plätze aussuchen und buchen. Nach der Buchung bekommt man die genauen GPS-Daten des gewünschten Platzes übermittelt. Dort kann man dann für eine Nacht sein Zelt aufschlagen und am nächsten Tag weiterziehen – entweder zum nächsten Trekkingplatz oder zum Entspannen ins Hotel. Denn das unterscheidet die Pfalz dann wieder von den weit entlegenen Flecken der Erde, an die man beim Stichwort Trekking zunächst mal denkt. Hier ist man nur einen Katzensprung von Komfort und nächster Einkehrmöglichkeit entfernt ...“

Karte: Wandern und Trekking im Südteil des Pfälzerwaldes

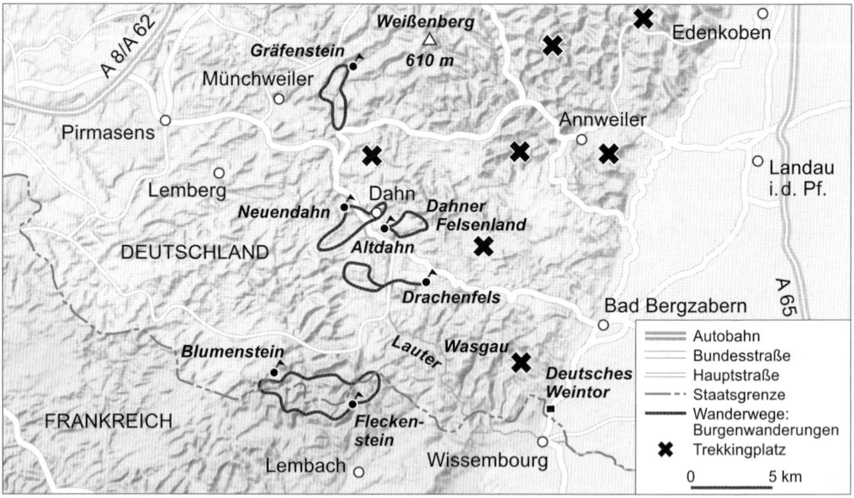

Quelle: Trekking Pfalz - Dein Natur-Abenteuer im Pfälzerwald und Pfälzer Bergland, https://www.trekking-pfalz.de/# (Text); Cartomedia, Karlsruhe (Karte)

M 3: Bevölkerungsentwicklung Deutschlands

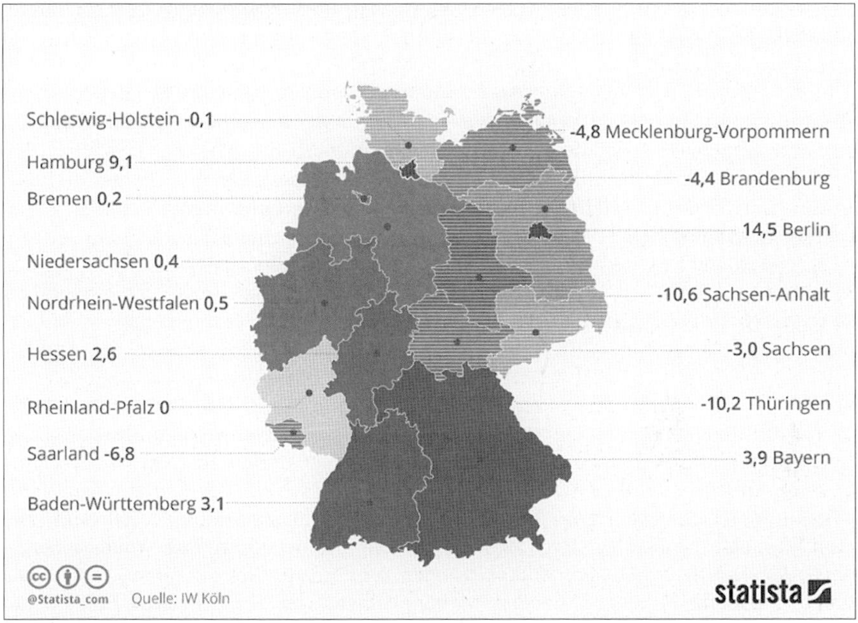

Quelle: Mathias Brandt: Der Osten schrumpft, Statista vom 04.10.2017, CC BY-ND 4.0, Datenquelle: IW Köln

---

Lösungsvorschläge

1. *In dieser Teilaufgabe müssen Sie den Begriff des Tourismus in Abgrenzung zum Geschäftstourismus differenziert darstellen (AFB I).*

Geschäftsreisen wie auch Tourismus gehören zu den Formen der Mobilität. Allerdings ist bei Geschäftsreisen im engeren Sinne als beruflich motivierte Reise keine „**Freizeitkomponente**" vorhanden, d. h., Unterhaltung und Erholung spielen höchstens eine untergeordnete Rolle.

Geschäftsreisen und Tourismus als Formen der Mobilität

Tourismus zeichnet sich durch eine **Saisonalität** aus, die i. d. R. an das Klima und an Ferienzeiten gebunden ist. Aber auch Geschäftsreisen können eine Saisonalität aufweisen, z. B. zu Messezeiten.

Unterschiede bzgl. Saisonalität

Tourismus ist hinsichtlich der **Unterkünfte** sehr ausdifferenziert, insbesondere nach Lebensstil, Alter und Einkommensschichten (Camping, Pension, Hotel, etc.), Geschäftsreisende nutzen i. d. R. Hotels. Zudem besteht die Nachfrage und Nutzung von besonderer Infrastruktur wie Kongress- und Messegebäuden.

Unterschiede bzgl. Infrastruktur

In folgenden Bereichen kann es zu Überschneidungen kommen: Viele Angebote für Städtetouristen richten sich zugleich auch an Geschäftsreisende (z. B. Konzerte, Museen, Restaurants). Hotels, die primär von Geschäftsreisenden genutzt werden, bieten am Wochenende günstige Tarife für Touristinnen und Touristen an. Incentive-Reisen, also Reisen, die die Mitarbeiter*innen belohnen oder motivieren sollen, sind geschäftlich motiviert, aber eindeutig freizeitorientiert.

Überschneidungen

2. *Das Erläutern (AFB II) der Zugehörigkeit des vorgestellten Konzepts zum sanften Tourismus erfordert eine genauere Kenntnis des Schlüsselbegriffs. Merkmale des sanften Tourismus müssen am Material überprüft werden. Folgendes Vorgehen bietet sich an: Notieren Sie zunächst die Elemente des sanften Tourismus und unterstreichen Sie dann relevante Stellen im Text M 2. Zudem sollte der Atlas zur Lösung der Aufgabe herangezogen werden, um Informationen über die bestehende Raumstruktur zu gewinnen.*

Sanfter Tourismus ist als ein Gegenentwurf zur massentouristischen Nutzung zu verstehen. Entsprechend sind bestimmte Elemente auf der Nachfrage- und Angebotsseite typisch. Gefordert wird eine Integration in ein **Gesamtkonzept**, das eine Förderung dezentraler Strukturen enthält, so wie es im Pfälzerwald der Fall wäre. Dies dient auch dazu, Konzentrationserscheinungen und intensive Raumnutzung bzw. Übernutzung und die damit verbundenen negativen Auswirkungen zu vermeiden. Das Trekkingkonzept im Pfälzerwald passt insofern dazu, als es ein **geringes Einwirken auf die Natur** bedeutet: Dieser Tourismus zieht keinen nennenswerten Flächenverbrauch nach sich, ist auf eine geringe Zahl von Nächtigungsplätzen begrenzt und wurde zudem jahreszeitlich limitiert, sodass die Winterruhe der Tiere nicht gestört wird. Vielmehr baut es auf **bestehenden Strukturen** auf („gut erschlossene[…] Wanderwege", M 2) und konzentriert sich auf ein **intensives Erleben der Natur** durch Wandern in einem Naturreservat, also abseits von verstädterten Räumen. Da Trekking-Tourismus eine Form des Wandertourismus ist, wird die Umwelt nicht durch Verkehrslärm belastet. Zudem besteht die Möglichkeit der Förderung des lokalen Gastgewerbes und des Einzelhandels im Ankunfts- bzw. Abreiseort, mithin der Stärkung regionaler Produktkreisläufe.

Sanfter Tourismus vs. Massentourismus

Es liegt auf der Hand, dass eine **periphere Region** zwischen Rheintal und Saarland gestärkt werden würde. Das **historische Erbe** (Burgruinen, M 2) und die Nähe zu den traditionellen Kurorten Bad Bergzabern und Bad Dürkheim erlauben eine Verbindung von Natur- und Kulturtourismus.

Stärkung einer peripheren Region

Zusammenfassend kann festgestellt werden, dass das Konzept des sanften Tourismus durch das Trekkingkonzept ohne Einschränkungen erfüllt wird.

Fazit

3. *Es wird die Darstellung einer möglichen Entwicklung (Veränderung des Tourismus) in Deutschland verlangt. Das Adjektiv „stimmig" weist darauf hin, dass plausible, nicht aber Antworten mit unwahrscheinlichen, abwegigen oder utopischen Ideen gegeben werden sollen. Es kommt darauf an, Ihr Unterrichtswissen unter Einbezug der Materialien zu reorganisieren und im Sinne einer plausiblen Lösung zu transferieren (AFB III).*

Die sozioökonomische Entwicklung legt ein **Wachstum im Billig- und Luxussegment** nahe. Der hohe Anteil von Niedriglohnbeschäftigten (eingependelt in den letzten Jahren auf etwa 20 % Anteil der Beschäftigten; Unterrichtswissen) führt zu einer starken Nachfrage nach preisgünstigen Urlauben, wobei mit deutlichen Schwankungen je nach konjunktureller Lage zu rechnen ist. Angebote im oberen Preissegment wie Golftourismus oder Wellnesstourismus richten sich an die zugleich ansteigende Zahl vermögender Personen.

Veränderungen bei den Preissegmenten

Ein wesentliches Element der demographischen Entwicklung ist das Ansteigen der Zahl von **Personen im Rentenalter**. Auch hierauf müsste sich die Tourismuswirtschaft einstellen durch ein verstärktes Engagement im Gesundheitstourismus und den Ausbau von altersgerechten Serviceleistungen, z. B. ganzjähriger Betrieb, Barrierefreiheit, medizinische Leistungen.

Auswirkungen der Altersstruktur

In regionaler Hinsicht ist die Bevölkerungsabnahme in **Ostdeutschland** von Bedeutung. In einigen Gebieten kann von einer Entvölkerung gesprochen werden. Viele dieser **schrumpfenden Regionen** werden auch von Touristen als unattraktiv wahrgenommen. In den **Zentren**, die ein Bevölkerungswachstum verzeichnen, werden Bodenpreise und damit auch Übernachtungspreise steigen, sodass Städtereisen für einkommensschwache Touristinnen und Touristen unattraktiver werden dürften.

Auswirkungen räumlicher Mobilität

Der prognostizierte Klimawandel bringt eine wachsende Gefahr von Unwettern und Stürmen mit sich, wodurch die Übergangsjahreszeiten für Reisen unattraktiver werden. Die erhöhten Jahresdurchschnittstemperaturen lassen Aufenthalte an Nord- und Ostsee interessanter werden.

Auswirkungen des Klimawandels

Für die **Wintersportorte** sind drastische Veränderungen zu erwarten. Nur in hohen Lagen wird klassischer Skitourismus rentabel bleiben. Die Schneesicherheit muss mit künstlicher Beschneiung gewährleistet werden. In niedrigen Lagen muss das touristische Angebot an die geringen Schneemengen angepasst werden, z. B. durch Einrichtung von Winterwanderwegen.

Mögliche Gewichtung der Teilaufgaben: 20 % : 40 % : 40 %

Checkliste

Aspekt	ja	teilweise	nein	weiß nicht
TEILAUFGABE 1				
Habe ich verschiedene Merkmale des Tourismus dargestellt?	☐	☐	☐	☐
Habe ich wesentliche Unterschiede zu Geschäftsreisen verdeutlicht?	☐	☐	☐	☐
TEILAUFGABE 2				
Habe ich alle wesentlichen Elemente des sanften Tourismus angeführt?	☐	☐	☐	☐
Habe ich die wesentlichen Merkmale des Trekking-Tourismus dargestellt?	☐	☐	☐	☐
Habe ich einen Bezug zwischen Pfälzerwald und Trekking-Tourismus hergestellt?	☐	☐	☐	☐
TEILAUFGABE 3				
Habe ich die sozioökonomischen und demographischen Entwicklungen für Deutschland in groben Zügen beschrieben?	☐	☐	☐	☐
Bin ich auf für das Thema Tourismus relevante Auswirkungen des Klimawandels eingegangen?	☐	☐	☐	☐
Habe ich diese Perspektiven auf die Entwicklung des Tourismus in Deutschland bezogen?	☐	☐	☐	☐

Klausuren Geographie
Klausur 16

Bearbeitungszeit: 120 Minuten

Thema: Innerstädtischer Flächennutzungswandel im Kontext nachhaltiger Stadtentwicklung – das Beispiel CreativRevier Heinrich Robert in Hamm

Aufgabenstellung

1. Verorten Sie die Zeche Heinrich Robert und kennzeichnen Sie die wirtschaftliche Nutzungsstruktur sowie die damit verbundenen Auswirkungen bis zum Jahr 2010.
2. Erläutern Sie die sozioökonomischen, demographischen und wirtschaftlichen Entwicklungen der Stadt Hamm seit 2010.
3. Überprüfen Sie, ob die jüngsten Planungen im Rahmen des CreativReviers Heinrich Robert zum „Leitbild der kompakten und durchmischten Stadt der kurzen Wege" passen.

M 1: Zeche Heinrich Robert in Hamm-Herringen

- Seit 19. Jh. zahlreiche Bergwerke im Stadtgebiet
- Standort der Stahl-, Maschinenbau- und Kfz-Zuliefer-Industrie
- 2010: Ende der 109-jährigen Geschichte des Bergbaus
- Heute wichtiger Standort der chemischen Industrie und Logistikzentrum

Quelle: eigene Darstellung; Kartengrundlage: © OpenStreetMap-Mitwirkende, CC BY-SA 2.0, https://www.openstreetmap.org/search?query=hamm#map=14/51.6569/7.7685

M 2: Steckbrief – Zeche Heinrich Robert

Steckbrief Zeche Heinrich Robert – Abbau von Steinkohle im Untertagebau	
1904	Beginn der Kohleförderung
1908	Einrichtung der Kokerei
1987	Stilllegung und Rückbau der Kokerei
1988	Eingliederung des Bergwerks Ost
1998	• Max. Förderung von 3 593 000 t (Gesamtjahr) • Max. Fördertiefe: 1 037–1 404 m • Durchschnittliche Förderung: 2,1 Mio. t/Jahr • Stilllegung des Bergwerks Ost • Belegschaft bei Stilllegung: 2 000 Arbeiter
2010	Beginn des Rückbaus (Verfüllung der Schächte)

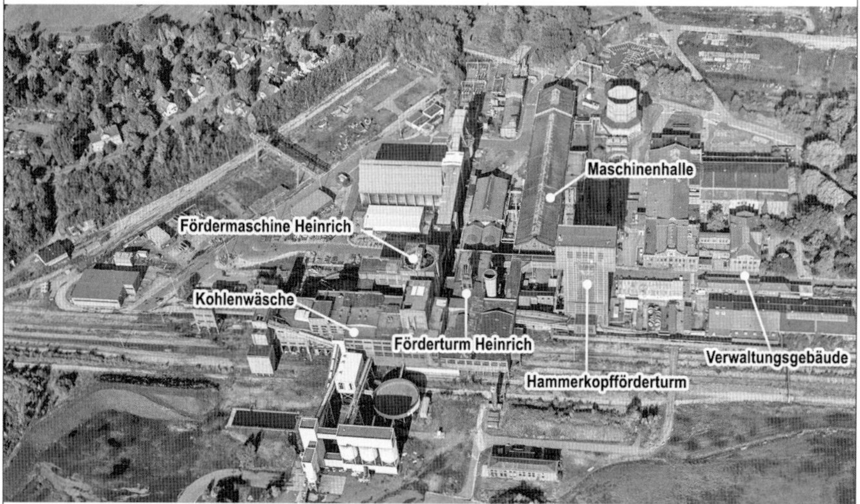

Gebäudebestand Bergwerk Ost im September 2012 (vor der Demontage)

2012	Machbarkeitsstudien der Stadt Hamm zur Identifikation potenzieller Nachnutzungsmöglichkeiten
2017	Gründung der Entwicklungsagentur CreativRevier Heinrich Robert GmbH
2019	Aktive Entwicklung der Zeche in ein CreativRevier für Kunst, Kultur-, Dienstleistungs- und Freizeitwirtschaft inklusive Wohnsiedlungen und Einzelhandelsflächen

Quelle: eigene Zusammenstellung nach https://www.ruhrzechenaus.de/hamm/ham-de-wendel.html, https://www.cr-hamm.de/creativrevier/erbe-bergbau (Text); IMAGO / Hans Blossey (Foto)

M 3: Hamm – Strukturdaten

	2006	2010	2014	2018
BIP (in Mio. €)	3 995	4 531	4 807	5 308
BIP pro Kopf (in €)	51 521	57 217	59 734	63 542
Bruttowertschöpfung (in Mio. €)				
Landwirtschaft	11	17	21	18
Produzierendes Gewerbe	1 044	1 318	1 281	1 382
Dienstleistungssektor	2 558	2 738	3 026	3 382
Arbeitslosenquote	13,1	10,7	9,8	8,7
Beschäftigte in Land- und Forstwirtschaft, Fischerei	400	400	400	300
Beschäftigte im produzierenden Gewerbe	17 600	17 100	16 100	16 700
Beschäftigte in Handel und Verkehr	21 500	21 800	21 500	23 300
Beschäftigte in sonstigen Dienstleistungen	59 500	61 700	62 700	66 500

Quelle: zusammengestellt nach Daten der Statistischen Ämter des Bundes und der Länder, Bundesagentur für Arbeit

M 4: Hamm – Bevölkerung

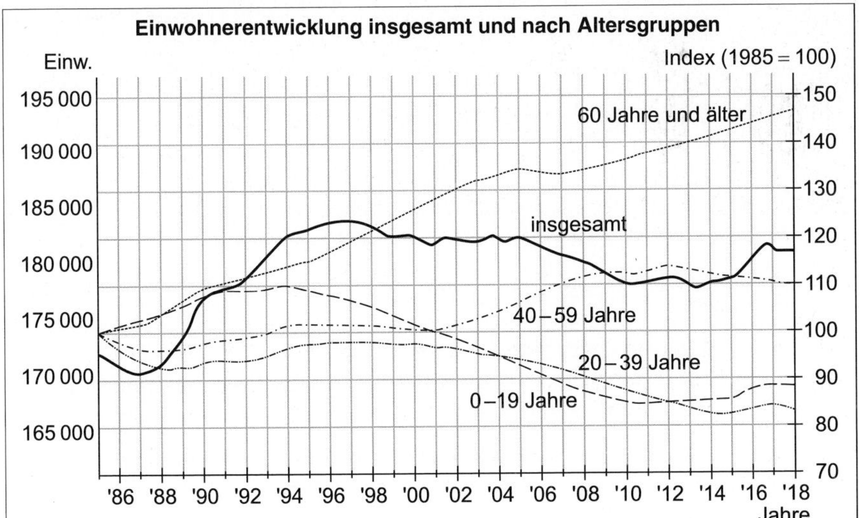

Quelle: verändert nach Paul Siemes: Vierteljahresstatistik, 1. Quartal 2018, https://www.hamm.de/fileadmin/user_upload/Medien-archiv_neu/Dokumente/Rathaus/Statistik_Wahl/Quartalsstatistik_2018_1.pdf

M 5: Rahmenplan 2020 CreativRevier Heinrich Robert

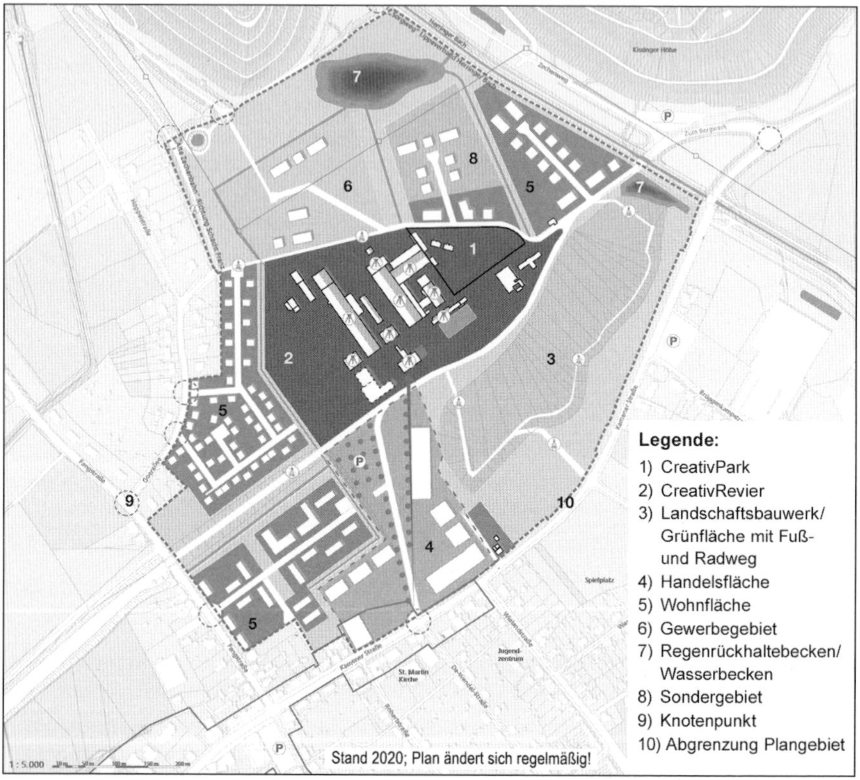

CreativRevier Heinrich Robert – Konzept und Zielsetzungen bis 2026
Konzept: • Geordnete städtebauliche Entwicklung der rd. 55 ha großen Brachflächen • Anbindung der umliegenden Stadtbezirke Herringen und Pelkum-Wiescherhöfen **Zielsetzungen:** • Rückbau nicht-denkmalgeschützter Gebäude, Sanierung schadstoffbelasteter Flächen • Multifunktionale Inwertsetzung: Schwerpunkte Kreativwirtschaft, Kultur / Freizeit, Wohnen auf 94 500 m^2, Arbeiten und Dienstleistung auf 99 200 m^2 • Energie-Plus-Entwicklung mit E-Mobilitätszentrum und klimaneutralen Gebäuden; Gastronomie-, Gewerbe- und Büroflächen auf 37 300 m^2 • Aufwertung öffentlicher Räume; Ausbau eines lokalen Rad- und Fußwegenetzes • Ansiedlung von 100 Firmen u. a. aus dem IT-Bereich mit ca. 1 000 neuen Arbeitsplätzen • Finanzierung der Entwicklungskosten von 2,2 Mio. € durch das Land NRW, Baumaßnahmen durch private Investoren (ca. 200 Mio. €)

Quelle: https://www.wa.de/hamm/berlin-steckt-millionen-in-hammer-creativrevier-heinrich-robert-90113653.html; https://hamm.news/creativrevier-heinrich-robert-soll-1000-neue-arbeitsplaetze-bringen--1002159/ (Text), Rahmenplan 2020 CreativRevier Heinrich Robert (Karte)

M 6: Potenzialanalyse – Umgebung des CreativReviers Heinrich Robert

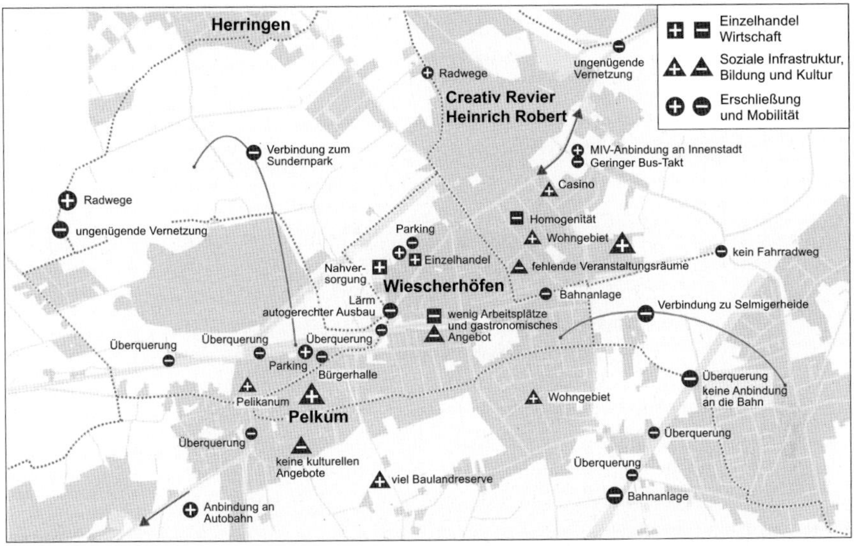

Quelle: Urban Catalyst GmbH im Auftrag der Stadt Hamm, Stadtplanungsamt

M 7: Auszug aus dem „Modell der kompakten und durchmischten Stadt der kurzen Wege“

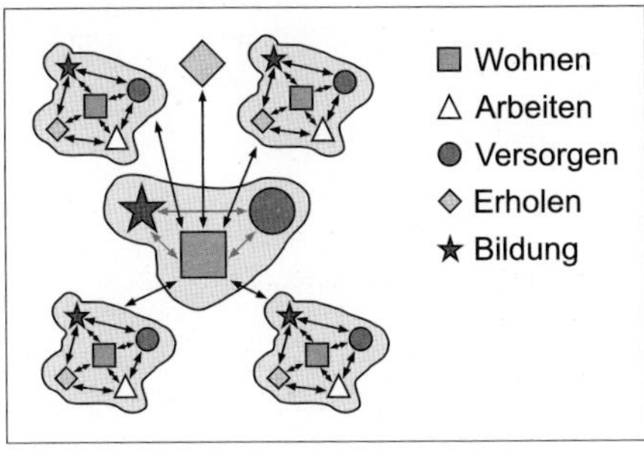

Merkmale der kompakten und durchmischten Stadt der kurzen Wege:
- hohe Baudichte
- Nutzungsmischung
- Bereitstellung von öffentlichen Räumen
- Vorhandensein von ökologisch aufgewerteten Räumen

Quelle: BMBau (Hrsg.) (1996): Raumordnung in Deutschland. Bonn, S. 37 (bearbeitet)

Lösungsvorschläge

1. *Verwenden Sie den Atlas, um die Stadt Hamm zunächst zu lokalisieren. Der Operator „Kennzeichnen" ist dem AFB I zuzurechnen. Sie sollen den beiden Materialien M 1 und M 2 die wichtigsten Informationen zur wirtschaftlichen Nutzungsstruktur entnehmen. Diese Informationen sollen Sie geordnet und unter Verwendung von Fachbegriffen wiedergeben. Konzentrieren Sie sich bei Ihren Ausführungen nur auf die Entwicklungen bis zum Jahr 2010.*

Verortung

Die **Zeche Heinrich Robert** liegt im Stadtteil Hamm-Herringen im Südwesten der Innenstadt Hamms und ist ein Teil des Rheinisch-Westfälischen Steinkohlenreviers am Ostrand des Ruhrgebietes. Die **Flächennutzung** im Stadtgebiet war bis zum Jahr 2010 geprägt durch zahlreiche Bergwerke und Halden wie die Kissinger Höhe im Osten von Herringen sowie durch den **Abbau von Steinkohle im Untertagebau**. Dies ist anhand der zahlreichen ehemaligen Zechen zu erkennen. Insgesamt kann das Stadtgebiet bis 2010 als ein Standort der Stahlindustrie sowie der Maschinenbau- und Kraftfahrzeugzulieferindustrie charakterisiert werden (Atlas, M 1, M 2).

Entwicklungsgeschichte

Die Zeche Heinrich Robert hat diesbezüglich eine langjährige Entwicklung durchlaufen: Der Start der **Kohleförderung** erfolgten Anfang des 20. Jh. 1988 wurde das Bergwerk Ost in das Zechengelände eingegliedert und damit die Produktion von Steinkohle deutlich erhöht. 1998 konnte eine maximale Produktion von 3,5 Mio. t Steinkohle bei einer maximalen Fördertiefe von 1037–1404 m erreicht werden. 2010 wurde mit der **Stilllegung** der Zeche Heinrich Robert das Ende der 109-jährigen Bergbaugeschichte in der Stadt Hamm besiegelt. Somit kann der Südwesten Hamms als ein ehemals **monostrukturierter Raum** identifiziert werden, der über Jahrzehnte vom Steinkohlenbergbau geprägt war (M 1–M 5).

Demographische und wirtschaftliche Auswirkungen

Diese Entwicklung hatte nicht nur erhebliche Konsequenzen für das Stadtbild, sondern auch für die Bevölkerungs- und Wirtschaftsentwicklung der Stadt: Bis Mitte der 1990er-Jahre konnte eine erkennbare **Bevölkerungszunahme** von 173 000 Einw. im Jahr 1987 auf ca. 183 000 Einw. im Jahr 1995 verzeichnet werden. Danach kam es zu einem Bevölkerungsverlust bis 2013, die Stadtbevölkerung nahm ab bis auf ca. 180 000 Menschen. Im gleichen Zeitraum verzeichnete Hamm einen **kontinuierlichen Verlust der Bevölkerung** in den Altersgruppen 0–19 und 20–39 Jahre. Außer auf die demographischen Aspekte muss zudem auf die hohe **Arbeitslosigkeit** von z. B. 13,1 % im Jahr 2006 sowie auf die Abnahme der Beschäftigungsverhältnisse im produzierenden Gewerbe hingewiesen werden (M 1, M 3). So verringerte sich im Zeitraum 2006 bis 2010 die Anzahl der Beschäftigten im produzierenden Gewerbe von 17 600 auf 17 100 Arbeitskräfte (M 3).

2. *Der Operator „Erläutern" ist dem AFB II zuzuordnen. „Erläutern" bedeutet, Sachverhalte im Zusammenhang zu beschreiben und Beziehungen deutlich zu machen. Sie sollen den Materialien M 2, M 3 und M 4 die wichtigsten Informationen entnehmen und diese in einen kausalen Zusammenhang bringen. Verwenden Sie Fachterminologie und gehen Sie ausführlich mithilfe von M 5 auf die jüngsten Entwicklungen ein. Identifizieren Sie Aspekte der nachträglichen Nutzungsanreicherung in der Karte M 5 und gleichen Sie diese mit der monofunktionalen Struktur auf dem Foto in M 2 ab.*

Wirtschaftlicher Strukturwandel

Nach dem Ende der Steinkohlenförderung vollzog bzw. vollzieht sich im Raum Hamm ein struktureller Wandel. In diesem Zusammenhang sind die erkennbaren Veränderungen in der Beschäftigungsstruktur als Prozesse von **Deindustrialisierung** und **Tertiärisierung** zu benennen. So gingen als Konsequenz der Stilllegung der Zeche Heinrich Robert im Jahr 2010 2000 Arbeitsplätze verloren. Weitere Beispiele für diesen Strukturwandel sind die Reduzierung der Arbeitslosenquote seit 2010 auf 8,7 % im Jahr 2018 und die kontinuierliche **Zunahme der Beschäftigungsverhältnisse im Dienstleistungssektor** – konkret von 59 500 auf 66 500 neue Arbeitsplätze zwischen 2006 und 2018 (M 1, M 2, M 4).
Auch die **demographischen Veränderungen** stehen in engem Zusammenhang mit den wirtschaftlichen Veränderungen im Südwesten Hamms. So stieg die Bevölkerung seit 2014 wieder auf ca. 180 000 Bewohner*innen an; auch in der Altersgruppe der 0–19-Jährigen war ein Anstieg zu verzeichnen. Trotz dieser positiven Tendenz ist die Bevölkerung nach wie vor als überaltert zu kennzeichnen.

Revitalisierung und Diversifizierung

Durch die Stilllegung der Zeche Heinrich Robert war eine erhebliche **Brachfläche** zwischen den Stadtteilen Hamm-Herringen und Hamm-Pelkum entstanden. Daraus sowie aus den genannten sozioökonomischen, demographischen und wirtschaftlichen Folgen ergab sich die Möglichkeit und Notwendigkeit, eine **Revitalisierung** dieser Brachfläche in Form einer nachhaltigen **Stadtquartierentwicklung** anzustoßen. So wurden 2012 Machbarkeitsstudien zur Identifikation möglicher **Nachnutzungsmöglichkeiten** durchgeführt. Mithilfe der Gründung der Entwicklungsagentur CreativRevier Heinrich Robert GmbH im Jahr 2017 wurde die aktive Entwicklung der ehemaligen Zeche und heutigen Brachfläche 2019 in ein **CreativRevier** für Kunst, Kultur, Dienstleistungs- und Freizeitwirtschaft inkl. Wohn- und Einzelhandelsflächen vorangetrieben (M 1, M 2, M 5).

Zukunftsorientierte Stadtentwicklung

Zu den wesentlichen Charakteristika dieses Projekts gehören eine **Mischung aus Wohnen, Arbeiten und Freizeit**. Hierbei soll sich das Aussehen der neuen Gebäude deutlich von den früheren Gebäuden der Zeche unterscheiden. Auch sollen laut Rahmenplan 2020 Maßnahmen zur **multifunktionalen Inwertsetzung** des Geländes eingeleitet werden. Dazu gehören sowohl die Sanierung und der Rückbau des Zechengeländes, der Bau bzw. Ausbau von Erholungs- bzw. Grünflächen sowie von Freizeit- und Tourismusangeboten als auch die Ansiedlung von **innovativen Zukunftsbranchen** (M 2–M 5).

Zwischenfazit

Mit dem Stadtentwicklungsvorhaben wurde somit gezielt versucht, in Form der Bereitstellung von attraktivem Wohnraum und Beschäftigungsmöglichkeiten in Innenstadtnähe der Überalterung entgegenzuwirken und gleichzeitig **Zuwanderung** zu initiieren. So muss das CreativRevier Heinrich Robert als wichtiger Bestandteil des Strukturwandels in Hamm angesehen werden.

3. *Der Operator „Überprüfen" ist dem AFB III zuzurechnen. Ziel ist es, einen Sachverhalt auf der Grundlage der Analyseergebnisse aus Teilaufgabe 2 sowie eigener Kenntnisse und Einsichten zu untersuchen. Beschreiben Sie zunächst die zentralen Merkmale des Leitbildes der kompakten und durchmischten Stadt der kurzen Wege in M 7. Gleichen Sie das theoretische Modell mit dem konkreten Fallbeispiel CreativRevier Heinrich Robert ab und bewerten Sie das Stadtentwicklungsvorhaben kriterienorientiert. Greifen Sie Ihre Ergebnisse aus Teilaufgabe 2 auf und kommen Sie am Ende Ihrer Argumentation zu einem begründeten Fazit.*

Leitbild der „kompakten und durchmischten Stadt der kurzen Wege"

Das **Leitbild „kompakte und durchmischte Stadt der kurzen Wege"** hat in den letzten beiden Jahrzehnten in der Stadtplanung weite Verbreitung gefunden. Zu seinen Merkmalen gehören eine hohe Baudichte, eine Nutzungsmischung, die Bereitstellung von öffentlichen Räumen und das Vorhandensein von ökologisch aufgewerteten Räumen (M 7).

Nachverdichtung und Nutzungsmischung als Ziele der aktuellen Planungen

Von besonderer Bedeutung für das CreativRevier Heinrich Robert ist die **Nachverdichtung**, eine Konzentration aller Nutzungen (Wohnungsbau, Industrie- und Gewerbebau), somit eine **Trendumkehr** von monofunktionalen hin **zu funktionsgemischten Strukturen**. Außerdem soll das öffentliche Leben durch belebte Straßenräume und öffentliche Räume sowie eine systematische **Verbesserung des Wohnumfeldes** gestützt werden. Das geschah bzw. geschieht durch die Sanierung und den Rückbau des ehemaligen Zechengeländes, ferner durch eine ökonomische Belebung, die Schaffung neuer öffentlicher Räume mit Nut-

Klausuren Geographie
Klausur 17

Bearbeitungszeit: 120 Minuten

Thema: Strukturwandel altindustriell geprägter Räume – das Beispiel Luxemburg

Aufgabenstellung

1. Lokalisieren Sie den Staat Luxemburg und kennzeichnen Sie die dortigen Voraussetzungen für die Entstehung der Montanindustrie.
2. Erläutern Sie die wirtschaftliche Entwicklung Luxemburgs.
3. Bewerten Sie die aktuelle Wirtschaftsstruktur Luxemburgs.

M 1: Historische Karte Luxemburg 1914

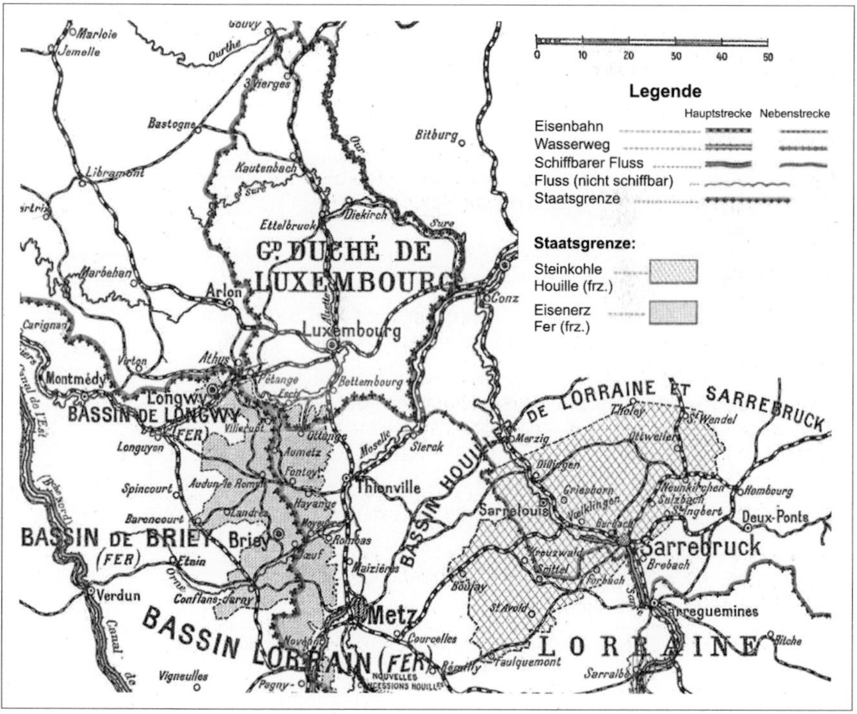

Quelle: Comité des Forges de France, Imp. Sur zinc Monrocq, Paris, 1914;
Fundort: Charles Barthel: Bras de fer 1918 –1929

M 2: Daten zu Luxemburg (Auswahl)

1859	Bau des luxemburgischen Eisenbahnnetzes, auch ins Deutsche Reich und in das frz. Lothringen; u. a. Güterverkehrsstrecken zu den dortigen Steinkohlenrevieren
1911	Gründung der ARBED („Vereinigte Stahlhütten Burbach-Eich-Düdelingen")
1913	ARBED: Erwerb einer eigenen Kohlebasis im Aachener Steinkohlenrevier
1929	Errichtung von Walzwerken; Produktion von 2,9 Mio. Gussstahl (Pl. 6 weltweit)
1952	Wiederaufbauboom nach dem 2. Weltkrieg; Gründung der europäischen Gemeinschaft für Kohle und Stahl, EGKS (Bel, D, Fr, I, Lux, NL); Wegfall von Zöllen; Gründung des Europäischen Gerichtshofs mit Sitz in Luxemburg
1957	Gründung der Europäischen Wirtschaftsgemeinschaft (EWG); Gründung weiterer europäischer Institutionen mit Sitz in Luxemburg
1960	Weltmarktanteil von luxemburgischem Stahl: 1,4 %; BSP-Anteil: ca. 33 %
1970er-Jahre	Höchststand der Beschäftigten in der Stahlindustrie 1974: 25 000, danach kontinuierlicher Rückgang, auch der Bergwerksanzahl; Abnahme der lux. Eisenerzqualität; Substitution des luxemburgischen Eisenerzes (Anteil 1980: nur noch 6 %) durch Importerz, v. a. aus Brasilien und Schweden; durchschnittlicher BSP-Anteil der Stahlproduktion: 15 % Einführung vorteilhafter Gesetze und attraktiver Steuersätze für Finanzdienstleister (Banken, Versicherungen, Vermögensverwaltungen)
1981	Schließung des letzten Eisenerzbergwerks in Luxemburg
1993	Ausschließlich Produktion von Elektrostahl (bis zur Gegenwart)
1997	Schließung des letzten Hochofens in Luxemburg
2001	Fusion der ARBED mit den Stahlkonzernen Aceralia (Spanien) und Usinor (Frankreich) zu Arcelor (Luxemburg)
2006	Fusion von Arcelor mit MittalSteel (Niederlande) zu ArcelorMittal; Verlagerung großer Teile der Verwaltung nach London
2009	Gründung des *Clusters for Logistic Luxemburg;* US-Satellitenbetreiber Intelsat verlegt Unternehmenssitz nach Luxemburg
2011	Globaler Produktionsanteil der lux. Stahlwerke: ca. 0,2 %; ca. 5 000 Beschäftigte
2015	Das Ministerium für Wirtschaft beschließt die Durchführung der *Third Industrial Revolution Strategy* für Luxemburg
ab 2016	Neugründung von 46 Unternehmenssitzen der Finanzbranche; Verlagerung von ca. 3 000 Arbeitsplätzen von London nach Luxemburg
2020	Globaler Anteil der lux. Elektrostahlproduktion: ca. 0,11 %; BSP-Anteil: < 3 %
2021	Sitz von 12 europäischen Institutionen und Einrichtungen

Quelle: eigene Zusammenstellung nach: www.destatis.de; Charles Barthel: Bras de fer 1918–1929, S. 21; https://vdocuments.mx/barthel-bras-de-fer.html; Le Luxembourg 1960–2010. L'Industrie sidérurique luxembourgeoise depuis les années 60; https://www.eurofer.eu/assets/Uploads/European-Steel-in-Figures-2020.pdf; https://orbilu.uni.lu/bitstream/10993/24564/1/GR-ATLAS_16.pdf

M 3: Bruttosozialprodukt-Anteile der Industrie

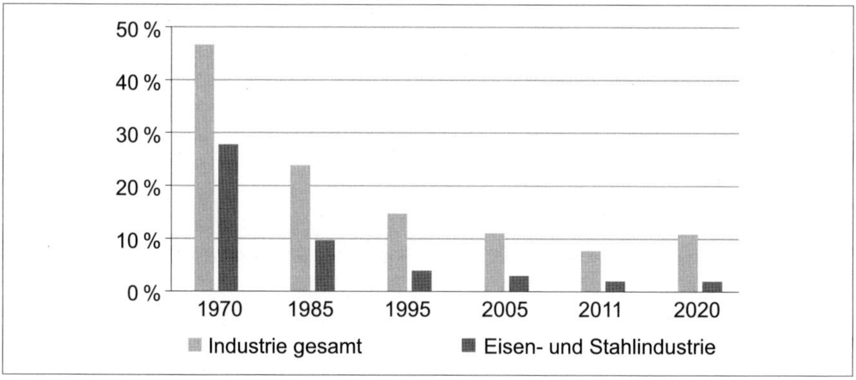

Quelle: eigene Darstellung nach STATEC: Le Luxembourgh 1960–2010 – L'industie sidérurgique luxemburgoise; https://brandongaille.com/17-luxembourg-steel-industry-statistics-and-trends/; https://www.eurofer.eu/assets/Uploads/European-Steel-in-Figures-2020.pdf

M 4: Schwerpunkte der neuen Branchenstruktur 2019 (Auswahl)

Finanzen und Versicherungen	Anteil von ca. 30 % an Bruttowertschöpfung, 21 % an Steuereinnahmen, 11 % an den Beschäftigten; 141 Banken, 94 Versicherungs- und 224 Rückversicherungsgesellschaften; über 4 000 Investmentfonds, die fast 4 000 Mrd. Euro Vermögen verwalten (Pl. 2 weltweit); Finanzen und Versicherungen als „ökonomischer Motor" Luxemburgs
ICT	Informations- und Kommunikationswesen: hohe Wachstumsraten u. a. wegen des günstigen Steuersystems; 28 Hochsicherheitsdatencenter; Firmenbeteiligung von Skype, Ebay, PayPal, Apple iTunes, Google, Vodafone u. a.; inländischer Beschäftigtenanteil 4,6 % (EU-∅: 3,5 %)
Logistik	Gute Anbindung über Schiene und Straße an Nord- und Ostsee sowie Südeuropa; neues Zentrum für multimodalen Transport 2019; Ziel für 2025: 300 000 Container (2019: 125 000); aktuell Platz 2 weltweit
Luftverkehr	Ladedocks der Lkws direkt neben Landebahnen; 90 Zielflughäfen für Waren; Luxembourg Freeport mit Schutzräumen (Temperatur, Feuchtigkeit) für spezielle Waren wie Arzneimittel oder Kunstgegenstände; ca. 2 000 Beschäftigte; Platz 6 der europäischen Luftfrachtzentren
Tourismus, Gastgewerbe	BIP-Anteil: 6,5 %; Wachstumsschwerpunkt Geschäftsreisen (Konferenzen, Ausstellungen, Messen) mit einem 3 × so hohen Wachstum wie beim Freizeittourismus; 20 000 Beschäftigte
Cluster	Ziel: Vernetzung privatwirtschaftlicher und staatlicher Wirtschaftsakteure, u. a. in den Bereichen Gesundheitswesen, Biotechnologie, Logistik, Holzwirtschaft, Kreativwirtschaft und ökologische Innovationen

Quelle: eigene Zusammenstellung nach https://www.luxinnovation.lu/innovate-in-luxembourg/luxembourg-cluster-initiative/; https://www.luxinnovation.lu/wp-content/uploads/sites/3/2017/10/web_de_brochure_eco_lux_0517_cdc-ger-de.pdf

M 5: Bruttowertschöpfung nach Wirtschaftsbereichen

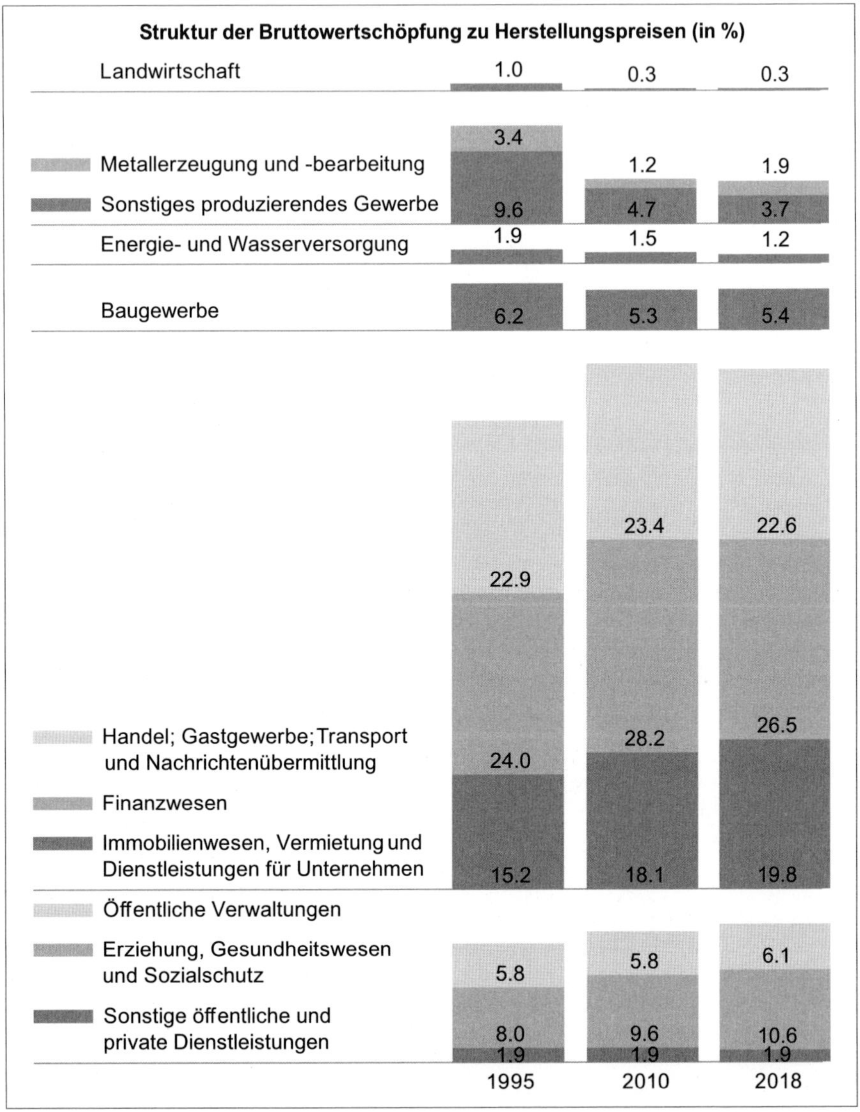

Quelle: Struktur der Bruttowertschöpfung zu Herstellungspreisen (in %), Luxemburg in Zahlen 2019 – STATEC, S. 36, CC0 1.0, https://statistiques.public.lu/catalogue-publications/luxembourg-en-chiffres/2019/luxemburg-zahlen.pdf

M 6: Industrielle Großprojekte

1	**Clerf**	Hydro Aluminium (norweg.): Aluminiumrecycling
2	**Lentz-weiler**	Faymonville (belg.): neues Logistikzentrum; Bau von Aufliegern für Sondertransporte
3	**Diekirch**	Brasserie de Luxembourg (lux.-brasil. Konzern): Bau einer neuen Brauerei
4	**Echter-nach**	Euro-Composites (lux.): Paneele und Verbundwerkstoffe; Erwerb von Hightech-Ausrüstung
5	**Bissen**	Goodyear (Reifen) und IEE (Sensoren), FuE-Zentrum
6	**Contern**	Fanuc (japan.): Industrieroboter, neues Lager und Distributionszentrum DuPont (USA): Chemiekonzern – Bau einer zweiten Produktionsstraße
7	**Rodin-gen**	Avery Dennison (USA): Etikettenpapierrollen; neue Produktionsstraße und Erweiterung der Lagerkapazität
8	**Sessen-heim**	Kronospan (österr.): Platten aus Verbund- oder Leimholz; zweites Blockheizkraftwerk
9	**Differ-dingen**	ArcelorMittal: Modernisierung von Stahlproduktionsstraße und Logistikinfrastruktur OCSiAL (russ.): FuE und Produktion von Kohlenstoffnanoröhren
10	**Foetz**	Retal (ukrain.): Kunststoffkorken, Flaschenvorformen
11	**Düdelin-gen**	Fage (griech.): Joghurtherstellung

Quelle: nach https://www.luxinnovation.lu/wp-content/uploads/sites/3/2017/10/web_de_brochure_eco_lux_0517_cdc-ger-de.pdf

Lösungsvorschläge

1. *Der Operator „Lokalisieren" (AFB I) erfordert die räumliche Einordnung des vorliegenden Raumbeispiels. Hierbei müssen Sie bedenken, welche Aspekte für das Thema relevant sind. Da es sich um eine industriegeographische Themenstellung handelt, spielen z. B. klimatische Gesichtspunkte keine Rolle, wohingegen verkehrsgeographische im Zusammenhang mit den Standortfaktoren mit Sicherheit von Bedeutung sind (M 1, Atlas).*
   Der Operator „Kennzeichnen" (AFB II) verlangt von Ihnen im zweiten Schritt, dass Sie anhand der Materialien untersuchen, welche Gründe und Voraussetzungen zur Entstehung der Montanindustrie in Luxemburg geführt haben (M 1–3, Atlas).

Geographische Lage

Das Großherzogtum Luxemburg, einer der drei Beneluxstaaten, hat als Nachbarn Deutschland, Frankreich und Belgien. Mit einer Nord-Süd-Ausdehnung von etwa 100 km und einer West-Ost-Ausdehnung von etwa 50 km ist das Land ein **europäischer Kleinstaat**. Im Osten bilden die Flüsse Sauer und Mosel die natürliche Grenze zu Deutschland. Die Nordhälfte des Landes, der Ösling, gehört mit ca. 500 m ü. NN. zu den dort auslaufenden Ardennen. Der südliche Teil zwischen Ettelbrück und Esch, das sog. Gutland, ist mit 200–350 m flacher. Dort befinden sich auch die namensgleiche **Hauptstadt Luxemburg** sowie der Großteil der Städte mit mehr als 10 000 Einw.

Verkehrslage

Luxemburg ist zentral in Europa gelegen, mit direkten Verbindungen zu wichtigen Industrieländern. Mit Ausnahme einer von Nord nach Süd verlaufenden überregionalen Bundesstraße und der parallel verlaufenden Eisenbahnlinie Lüttich–Luxemburg–Metz liegt der Großteil der Autobahnen und Eisenbahnlinien, die von West nach Ost verlaufen, im südlichen Landesteil. Der einzige internationale Flughafen befindet sich am östlichen Rand der Hauptstadt.

Die luxemburgische Eisen- und Stahlindustrie ab dem 19. Jh.

Begünstigt durch die eng beieinander in Lothringen, Luxemburg und dem Saarland liegenden **Bodenschätze Kohle und Eisenerz** entstanden in dieser Großregion schon früh im 19. Jh. Standorte der Kohlen- und Erzförderung sowie Eisen- und Stahlhütten. Im Bassin de Briey, dessen nordöstlicher Zipfel bis auf luxemburgisches Staatsgebiet bei Esch ragt, sowie im Bassin de Longwy finden sich umfangreiche Eisenerzlagerstätten; und im von Esch nur ca. 50 km entfernten östlich gelegenen Bassin Houille de Lorraine et Sarrebruck im Raum um Saarbrücken liegen ebenfalls große Steinkohlenfelder. Diese entscheidenden Standortfaktoren der Schwerindustrie führten dazu, dass sich hier im 19. Jh. eine der Regionen mit der weltgrößten Produktion von Eisen- und Stahlprodukten herausbildete (M 1, Atlas).

Nicht zuletzt, um den Transport der benötigten Rohstoffe zu den luxemburgischen Hütten möglichst preisgünstig und schnell zu gestalten, entwickelte sich in der zweiten Hälfte des 19. Jh. ein **dichtes Netz an Eisenbahnen** für den Personen- und Güterverkehr. Zentrum war die gleichnamige Hauptstadt Luxemburg, von wo sich sternförmig fünf Hauptverkehrsstrecken in alle Himmelsrichtungen erstreckten, darunter die Nord-Süd-Strecke von Lüttich nach Metz und in West-Ost-Richtung diejenige von Saarbrücken/Trier nach Sedan und weiter bis Reims. Neben diesen Fernverkehrsstrecken ins benachbarte Ausland ergänzten zahlreiche regionale Strecken dieses engmaschige Eisenbahnnetz bereits bis 1914 vor allem im Landesteil südlich der Hauptstadt (M 1).

Standortfaktor Eisenbahn

2. *In Teilaufgabe 1 haben Sie zunächst die räumliche Verortung und die Voraussetzungen des Entstehens der luxemburgischen Montanindustrie dargestellt. Jetzt verlangt der Operator „Erläutern" (AFB II) von Ihnen im zweiten Schritt, dass Sie – das Thema „Strukturwandel" im Hinterkopf! – die wirtschaftliche Entwicklung Luxemburgs darlegen. Hierbei sollen Sie mit Bezug zu den vorgegebenen Materialien und auf der Grundlage von Unterrichtswissen die Veränderungen detailliert aufzeigen. Es bietet sich an, dass Sie zunächst die weitere Entwicklung des Wirtschaftszweiges Eisen- und Stahlindustrie verdeutlichen, bevor Sie anschließend auf diejenigen Wirtschaftszweige und Branchen eingehen, die bis zur Gegenwart den Tertiärisierungsprozess und „Strukturwandel" verdeutlichen.*

Um im internationalen Konkurrenzkampf gewappnet zu sein, **schlossen sich bereits 1911 die luxemburgischen Eisen- und Stahlhütten zur ARBED zusammen**. 1913 wurden sie zudem durch den Erwerb einer eigenen Kohlenbasis in der Nähe von Aachen von der Steinkohle im Saarrevier unabhängig. Neben der **horizontalen Verflechtung** baute das Land auch die **vertikale Verflechtung** bei der Stahlproduktion aus, indem z. B. 1929 Investitionen in den Aufbau von Walzwerken erfolgten (M 2).

Weiterentwicklung zu einem weltweit bedeutenden Eisen- und Stahlproduzenten

Wie alle europäischen Länder mit Schwerindustrien erlitt auch Luxemburg während der Zeit des Zweiten Weltkrieges deutliche Zerstörungen und Einbußen. Als eine der wichtigsten Industrien profitierte die luxemburgische ARBED vom **Wiederaufbauboom in den 1950er-Jahren**. Dieser Prozess wurde begünstigt durch erste Phasen des europäischen Einigungsprozesses, zu dem die Gründung der EGKS 1952 ebenso gehörte wie die Gründung der EWG 1957. Drei Jahre später trug die Eisen- und Stahlindustrie Luxemburgs fast zu einem Drittel zum nationalen BSP bei und erreichte 1960 einen Welthandelsanteil von 1,4 % (M 2).

Wiederaufbauboom nach 1945

Wie in vielen anderen Altindustrieregionen, u. a. auch dem Saarland und dem Ruhrgebiet, führte die **Krise der Schwerindus-**

Eisen- und Stahlkrise seit Mitte der 1970er-Jahre

trie in der zweiten Hälfte der 1970er-Jahre zu einem deutlichen Bedeutungsverlust. 20 000 Arbeitsplätze gingen nach und nach bis 2011 verloren, Standorte wurden verkleinert oder ganz aufgegeben. Der internationale, z. T. überseeische Konkurrenz- und Kostendruck führte dazu, dass weder die heimische Kohle noch das heimische Erz konkurrenzfähig blieben, zumal Letzteres nach und nach an Qualität verlor. Der weite Transport aus Schweden oder Brasilien war kostengünstiger als die **kostspielige Förderung der eigenen Bodenschätze**.

Die gesamte **industrielle Produktion und deren Bedeutung für das nationale Bruttosozialprodukt gingen** in dieser Zeit **zurück**. Besonders deutlich geschah dies im Bereich der Eisen- und Stahlindustrie: Binnen 15 Jahren sank ihr BSP-Anteil von 28 % (1970) über 15 % (1980) auf unter 10 % (1985), und danach weiter über 5 % (1995) auf nur noch ca. 3 % (2020; M 2, M 3).

Neue Produktionsmethoden, „Gesundschrumpfung" und internationale Fusionierungen

Kein Wunder, dass vor dem Hintergrund dieser geänderten Rohstoffwege 1981 das letzte Eisenbergwerk in Luxemburg geschlossen wurde. 1997 erfolgte zudem der letzte Hochofenabstich, da seit 1993 die **Produktion komplett auf Elektrostahl** umgestellt wurde. In **mehreren Fusionsschritten** 2006 und 2011 gelang es Luxemburg, einige Standorte des einst dominierenden Wirtschaftszweiges am Leben zu halten. Allerdings sank der weltweite Anteil an der Stahlproduktion kontinuierlich weiter auf ca. 0,2 % (2011) und schließlich 2020 nur noch 0,11 % (M 2).

Strukturwandel und Diversifizierung

Im Gegenteil zu der früher einseitig auf Schwerindustrie ausgerichteten Wirtschaftsstruktur hat Luxemburg im Zuge des **intendierten Strukturwandels** von Anfang an Wert auf eine deutliche Diversifizierung im sekundären und tertiären Sektor gelegt.

Reindustrialisierung und Standortverteilung

Neben dem Erhalt letzter Standorte in der Eisen- und Stahlindustrie setzte der Staat 2015 durch den Entwicklungsplan **Third Industrial Revolution Strategy** ein klares Zeichen zur Förderung des sekundären Sektors **(Reindustrialisierung)**. Während zu Zeiten der florierenden Eisen- und Stahlproduktion der eindeutige räumliche Schwerpunkt im Bereich der Hauptstadt Luxemburg und südwestlich davon in der Eisenerzregion um Esch/Pétange lag, bezog die Raum- und Wirtschaftsplanung im Zusammenhang mit geplanten industriellen Großprojekten auch die Mitte und den Norden mit ein (M 2, M 6).

Beginn des Tertiärisierungsprozesses → internationales politisches Zentrum

Dem Land kam bzgl. des **Tertiärisierungsprozesses** zugute, dass bereits seit den 1950er-Jahren, also noch vor der Hochphase der Stahlindustrie, nach und nach **zwölf europäische Institutionen und Einrichtungen** ihren Sitz in Luxemburg wählten, z. B. der Europäische Gerichtshof oder die EGKS. Damit verbunden war eine große Anzahl an hoch qualifizierten Arbeitsplätzen in Politik und Wirtschaft (M 2).

Standbein 1: Vor allem die Finanzwirtschaft suchte diese Verbindung zur Politik, begünstigt durch eine **unternehmerfreundliche Steuerpolitik** und **sichere gesetzliche Rahmenbedingungen**, die Banken, Finanzdienstleister, Versicherungen und Fondsgesellschaften anzog. 141 **Banken**, rund 320 **Versicherungsunternehmen** und etwa 4 000 **Fondsgesellschaften** zeugen von dieser ungeheuren Konzentration. Die Attraktivität der Finanzbranche konnte so stark gesteigert werden, dass nach 2016 ca. 3 000 Arbeitsplätze aus der Global City Nr. 1, London, nach Luxemburg verlagert worden sind. Kein Wunder, dass diese Branche im globalen Ranking Platz 2 einnimmt und mit bis zu 28 % (2018: 26,5 %) Anteil am nationalen BSP, 21 % an Steuereinnahmen und 11 % aller Beschäftigten als „**ökonomischer Motor**" Luxemburgs gilt (M 4, M 5).

Überragendes Finanzzentrum

Standbein 2: Ein unbestreitbarer Standortvorteil Luxemburgs ist seine **zentrale Lage**, verbunden mit einer schon früh entwickelten Verkehrsinfrastruktur. So verwundert es nicht, dass die Logistikbranche einen hohen Stellenwert einnimmt, zusammen mit Zulieferindustrien für die Bereiche Transport/Fahrzeuge, Verpackung und Lagerhaltung. Wegen des Fehlens einer tragfähigen schiffbaren Wasserstraße setzt Luxemburg auf das **trimodale System Luftfahrt–Schiene–Straße**, wobei der **Containerverkehr** von herausragender globaler Bedeutung ist. Die weitere Entwicklung sieht eine Steigerung um 140 % binnen 6 Jahren bis 2025 vor. Außerdem baute der Staat seinen internationalen Flughafen in der Nähe der Hauptstadt zum sechstgrößten Luftfrachtzentrum der Welt aus, wobei die günstige Transport- und Logistikstruktur von Vorteil ist.

Handel, Gastgewerbe, Transport, Nachrichtenwesen

Die Bereiche Kommunikation und Digitalisierung spielen für die **Entwicklung einer Dienstleistungs- zu einer Informationsgesellschaft** eine wichtige Rolle; entsprechend hat Luxemburg auch in diesen Wirtschaftszweigen Impulse zur Zukunftsausrichtung gesetzt. Die konstant hohen Beiträge zur jährlichen Bruttowertschöpfung von ca. 23 % zwischen 1995 und 2018 unterstreichen die anhaltende Bedeutung dieses Wirtschaftssektors (M 2, M 4, M 5).

Standbein 3: Eine so große Anzahl von Unternehmen des Dienstleistungssektors, der mit 87,5 % Bruttowertschöpfungsanteil 2018 eindeutiger als in anderen Dienstleistungs-/Informationsgesellschaften dominiert, benötigt hoch qualifizierte Arbeitskräfte (Bankmakler, Unternehmensberater, Wirtschaftsprüfer, Fondsverwalter u. a.). Deren Beiträge zur Bruttowertschöpfung sind seit 1995 von 15,1 % bis 2018 um fast ein Drittel auf 19,8 % gestiegen und verdeutlichen die **vertikale Netzstruktur innerhalb des tertiären Sektors** (M 4, M 5, Unterrichtswissen).

Immobilienwesen und Unternehmensdienstleistungen

Die geringe räumliche Ausdehnung des Landes, die Oberflächenform und die wirtschaftlichen Schwerpunktsetzungen haben die gezielte **Bildung von Wirtschaftsclustern** begünstigt, so in den Bereichen Logistik, Nahrungsmittelindustrie und Finanzwesen. Ziel ist es außerdem, staatliche und privatwirtschaftliche Akteure für gemeinsame Projekte zu gewinnen und somit weitere Entwicklungsanreize zu schaffen. Die allmähliche Verdichtung der **Cluster- und globalen Netzstrukturen** belegen auch die Gründungen von Tochterunternehmen und Niederlassungen von Global Playern; hierzu zählen u. a. Skype, Ebay, PayPal, Apple, Google und Vodafone (M 2, M 4, M 6). Clusterbildung

Luxemburg ist es gelungen, seine Wirtschaft vollkommen neu aufzustellen, und zwar mithilfe von Wirtschaftsplänen sowohl regional als auch strukturell im sekundären wie im tertiären Sektor. Zwischenfazit

3. *Für die von Ihnen geforderte Bewertung (AFB III) bietet das Material vielfältige Ansatzpunkte. Ziehen Sie außerdem Kenntnisse heran, die Sie im Unterricht erworben haben. Materialien, die Sie in Teilaufgabe 2 bearbeitet haben, müssen Sie ggf. ein weiteres Mal bei Ihrer Auswertung und Argumentation berücksichtigen – diesmal unter der Fragestellung, ob es sich um einen gelungenen Strukturwandel handelt, ob diese Struktur zukunftsweisend und nachhaltig ist. Verdeutlichen Sie Ihre Wertmaßstäbe und denken Sie daran, dass es bei solchen Bewertungen nicht nur „Schwarz“ oder „Weiß“ gibt: Beachten Sie besonders diejenigen Elemente in den Materialien, die Aussagen über Zukunftsplanungen oder Prognosen enthalten. Fügen Sie an der einen oder anderen Stelle Überlegungen bei, welche Änderungen/Ergänzungen ggf. geeignet oder notwendig sind, um von Ihnen aufgezeigte Schwächen oder Defizite auszugleichen und zu verbessern.*

Die **Hauptmerkmale** der aktuellen luxemburgischen Wirtschaft sind folgende: eine übergroße Bedeutung des tertiären Sektors mit 87,5 % Anteil an der nationalen Bruttowertschöpfung 2018, darin die Untergliederung in drei „Standbeine“ (vgl. Teilaufgabe 2). Der mit 12,2 % seit der Krise in den 1970er-Jahren stark geschrumpfte sekundäre Sektor ist gleichwohl deutlich diversifiziert und regional gestreuter aufgestellt, als es die Eisen- und Stahlindustrie früher war. Der mit 0,3 % Bruttowertschöpfungsanteil vertretene primäre Sektor kann bei der folgenden Bewertung außer Acht gelassen werden (M 5). Aktuelle Wirtschaftsstruktur

Verglichen mit anderen hoch entwickelten Staaten macht Luxemburgs wirtschaftliche Ausrichtung einen eher unausgewogenen Eindruck: Der tertiäre Sektor ist mit fast 90 % Bruttowertschöpfungsanteil überstark vertreten – in den USA, Kanada, Deutschland oder Japan liegt dieser Wert ca. 10 % niedriger –, der sekundäre Sektor steht dem mit nur 12 % (zu) stark nach. Perspektiven des tertiären Sektors

Die **äußerst starke Fokussierung auf den Finanzsektor** und damit zusammenhängende Branchen wie Unternehmensdienstleistungen verschärfen diese **an Monostruktur erinnernde Schwerpunktsetzung**. Es muss sich zeigen, ob die durch eine länger anhaltende weltweite Wirtschaftskrise oder Pandemie bedingten Schwierigkeiten verkraftet werden können oder ob sich, falls dies nicht der Fall ist, negative Auswirkungen auf andere Bereiche des tertiären Sektors zeigen werden (M 4, M 5). Mit dem Standbein „Transport/Handel/Gastgewerbe/Kommunikation" weist der tertiäre Sektor bis auf den Teilsektor der Geschäftsreisen einen weitgehend hiervon unabhängigen Wirtschaftsbereich auf. Lagegunst, Modernisierungsgrad, Clusterbildung und internationale Ausrichtung dürften sich nachhaltig positiv auswirken. Die deutliche Wachstumsprognose beim Containerhandel binnen sechs Jahren unterstreicht diese optimistische Vorhersage. Unbeeinflusst hiervon stellen die zahlreichen, meist hoch qualifizierten Arbeitsplätze in den Institutionen und Einrichtungen der EU u. a. ein sicheres Fundament dar. Nimmt man alle Teilbereiche des tertiären Sektors zusammen, so ergibt sich eine hinreichende Grundlage für eine **überwiegend positive Bewertung** (M 2, M 4).

Perspektiven des sekundären Sektors

Die bisher vorliegenden (Zwischen-)Ergebnisse der Third Industrial Revolution Strategy scheinen zu bestätigen, dass der eingeschlagene Weg der **Diversifizierung, Neuorientierung** und **globalen Ausrichtung** zukunftweisend sein dürfte. Regionale Standortverteilung, deutliche Branchenvielfalt, vielfache Clusterbildung und Ausrichtung auf Wachstumsindustrien bieten die Voraussetzung für ein stabiles wirtschaftliches Fundament, das allerdings hinsichtlich seiner Bedeutsamkeit (zu) deutlich hinter dem tertiären Sektor zurückbleibt.
Die Standortgunst der zentralen Lage in Europa, die Qualität von Logistik, Verkehrs- und Telekommunikationsunternehmen sowie der große Anteil qualifizierter und häufig mehrsprachig aufgewachsener Arbeitskräfte mit Industrieerfahrung bieten sehr gute Voraussetzungen für eine **positive Prognose**. Die attraktiven rechtlichen und steuerlichen Rahmenbedingungen sowie die bereits erkennbaren Wachstumsansätze unterstützen dies.

Fazit

Luxemburg hat einen tiefgreifenden Strukturwandel durchlebt und sich innerhalb eines halben Jahrhunderts von einer durch Schwerindustrie geprägten Industrienation zu einem bedeutenden internationalen Finanzplatz entwickelt; auch die Zukunftsperspektiven scheinen vielversprechend.

Mögliche Gewichtung der Teilaufgaben: 30 % : 40 % : 30 %

Checkliste

Aspekt	ja	teil-weise	nein	weiß nicht
TEILAUFGABE 1				
Habe ich Luxemburg aufgabenbezogen verortet; bin ich dabei insbesondere auf verkehrsgeographische Aspekte eingegangen?	☐	☐	☐	☐
Habe ich mithilfe von M 1 und des Atlas die Kohle- und Eisenerz-Vorkommen verortet und diese als Grundvoraussetzung für die Entstehung der Montanindustrie benannt?	☐	☐	☐	☐
Habe ich die günstige Lage in Europa und das dichte Eisenbahnnetz als weitere Voraussetzungen für die Montanindustrie gekennzeichnet?	☐	☐	☐	☐
TEILAUFGABE 2				
Habe ich die Entwicklung des Wirtschaftszweiges der Eisen- und Stahlindustrie in folgenden Phasen dargestellt: Beginn des 20. Jh. – nach 1945 – Krise Mitte 1970er-Jahre – Umstrukturierung seit den 1990er-Jahren?	☐	☐	☐	☐
Habe ich den Strukturwandel unter Verweis auf die Deindustrialisierung und die nachfolgende überstarke Tertiärisierung verdeutlicht?	☐	☐	☐	☐
Bin ich auf die aktuelle Bedeutung Luxemburgs als internationales politisches Zentrum, Finanz- und Verkehrszentrum eingegangen, habe ich dabei Bezüge zu den Ergebnissen der 1. Teilaufgabe (Lagegunst) hergestellt?	☐	☐	☐	☐
Habe ich das staatlich gewollte Entstehen einer Clusterstruktur erläutert?	☐	☐	☐	☐
TEILAUFGABE 3				
Habe ich Perspektiven des tertiären Sektors aufgezeigt und dabei die übergroße Dominanz dieses Sektors als mögliches Problem benannt?	☐	☐	☐	☐
Habe ich Perspektiven des sekundären Sektors im Zuge der Reindustrialisierungsansätze aufgezeigt und bin ich dabei auch auf die Third Industrial Revolution Strategy eingegangen?	☐	☐	☐	☐
Habe ich meine Ausführungen mit einem begründeten Fazit abgeschlossen?	☐	☐	☐	☐

Klausuren Geographie
Klausur 18

Bearbeitungszeit: 75 Minuten

Thema: Alaska – ein Naturraum am Rande der Ökumene

Aufgabenstellung

1. Stellen Sie die räumliche Verbreitung des Permafrosts dar und erklären Sie die Unterschiede seiner Ausdehnung in Nordamerika und Eurasien.
2. Ordnen Sie die Daten in M 3 den Klimastationen Yakutat und Barrow/Kap Barrow zu, indem Sie die jeweiligen Niederschlagsverhältnisse begründen.
3. Bewerten Sie unter Verwendung geeigneter Atlaskarten das naturräumliche Potenzial sowie die wirtschaftsräumlichen Standortbedingungen für Forstwirtschaft und Ackerbau in Alaska.

M 1: Verbreitung von Permafrost auf der Nordhalbkugel und Profil der Permafrostzone in Alaska zwischen 60 und 70° n. Br.

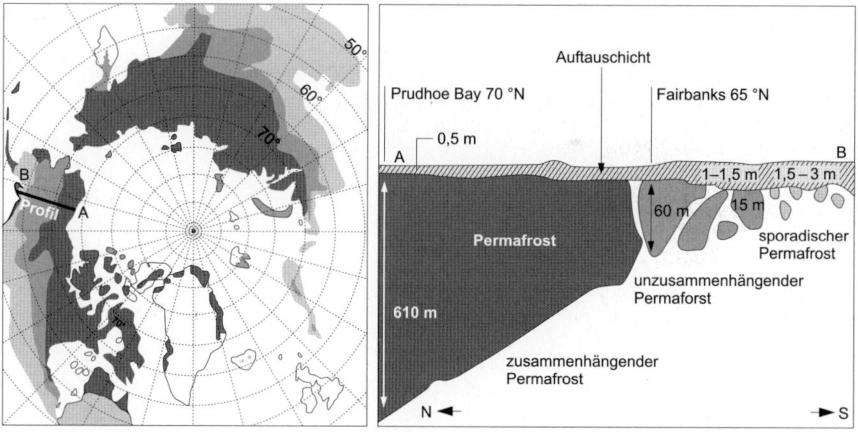

Quelle: eigene Darstellung nach U.S. Arctic Research Commission Permafrost Task Force (2003): Climate Change, Permafrost, and Impacts on Civil Infrastructure. Special Report 01-03, U.S. Arctic Research Commission, Arlington, Virginia und http://bildungsserver.hamburg.de/eis-und-schnee-nav/2121522/permafrost.html (Zugriff am 06. 04. 2013)

M 2: Lage der Stationen Yakutat (9 m, 59° 31' N / 139° 40' W) und Barrow / Kap Barrow (2 m, 71° 18' N / 156° 47' W)

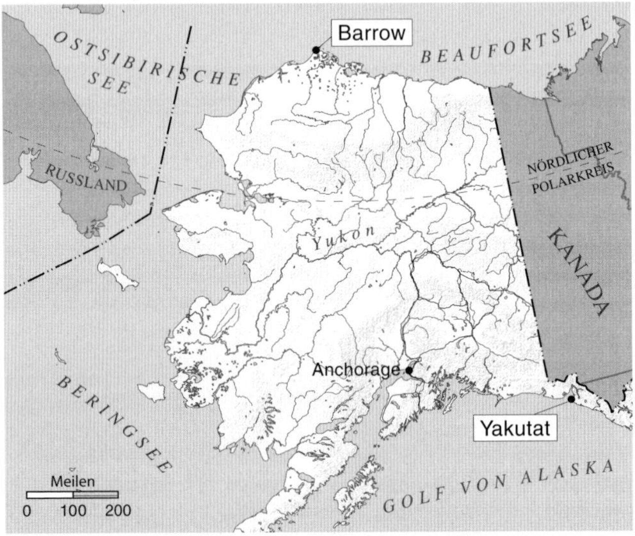

Quelle: by National Atlas of the United States

M 3: Jahresgang des Niederschlags von zwei ausgewählten Stationen

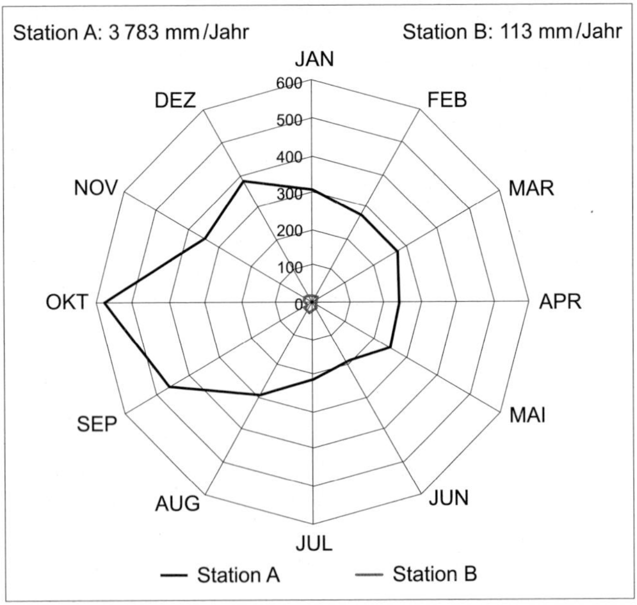

Quelle: eigene Darstellung, Datengrundlage: www.klima-diagramme.de

Lösungsvorschläge

1. *Bei dieser Teilaufgabe sollen Sie zunächst die Ausdehnung des Permafrosts darstellen (AFB I) und in einem weiteren Schritt die dabei festgestellten Unterschiede hinsichtlich der Verbreitung erklären (AFB II).*

Verbreitung des Permafrosts: Dreiteilung

Für das Untersuchungsgebiet ist eine **Dreiteilung** in Regionen mit
- bis zu 610 m weit in die Tiefe reichendem **zusammenhängendem Permafrost,**
- bis 60 m mächtigem **unzusammenhängendem Permafrost** und
- **sporadischem Permafrost**

festzustellen, die in Abhängigkeit zu den nach Norden hin **niedrigeren Durchschnittstemperaturen** steht.

Erklärungsansatz: Kontinentalität

In Eurasien breitet sich der zusammenhängende Permafrost bis 56 ° n. Br. über eine weitaus größere Fläche aus als auf dem nordamerikanischen Kontinent. Auch die Gebiete mit unzusammenhängendem und sporadischem Permafrost sind in Eurasien ausgedehnter und erstrecken sich weiter nach Süden, stellenweise bis zu ca. 48 ° n. Br. Die insgesamt im Vergleich zu Nordamerika flächenmäßig deutlich größere Nord-Süd-Ausdehnung in Eurasien ist in der insgesamt größeren Landmasse sowie in der daraus resultierenden ausgeprägten **Kontinentalität** begründet: Die extrem meerferne Lage verursacht große Temperaturunterschiede sowie geringe Luftfeuchtigkeit und Jahresniederschläge. Andererseits gibt es einige Gebiete in hohen Breiten ohne Permafrost (z. B. Island, Lappland), was mit der dort vorherrschenden **Maritimität** erklärt werden kann.

Geringere Winterniederschläge in Sibirien

Auf dem eurasischen Kontinent dehnt sich der Permafrost am Ostrand bis in mittlere Breiten aus. Dies liegt in der gering ausgebildeten, schützenden Schneedecke begründet, die auf den geringeren Winterniederschlägen in Sibirien basiert.

Vereisung der Hudson Bay

Im Osten Nordamerikas erstrecken sich die Gebiete mit Permafrost zudem aufgrund der Auswirkungen der Hudson Bay mit ihrer langen Vereisung und der damit einhergehenden Temperaturreduzierung der Umgebung weiter nach Süden.

2. *Gefordert wird an dieser Stelle die begründete Zuordnung von zwei Klimastationen. Grundlage bildet hierbei ein Polarkoordinatendiagramm, das die Niederschlagsverhältnisse von zwei Stationen in Alaska abbildet (M 3). Es bietet sich dabei an, zunächst ausführlich die Niederschlagsverteilung der einen Station zu erläutern und darauf aufbauend eine begründete Zuordnung abzugeben (AFB II). Die Zuweisung der anderen Station folgt im Vergleich hiermit und darauf aufbauend kann nachgewiesen werden, welche Merkmale diese Entscheidung belegen.*

Station A weist insgesamt eine deutlich höhere Niederschlagssumme und ganzjährig hohe Niederschläge auf, die in den Herbstmonaten ihr Maximum erreichen. Ursache dafür ist die Lage im **Luv** der Alaskakette. Die Staueffekte am Gebirge führen dazu, dass die an der Küste auftreffenden Luftströmungen abgebremst werden. Die Luft wird zum Aufsteigen gezwungen und mit zunehmender Höhe immer weiter abgekühlt, dabei sinkt jedoch auch ihre Wasserdampfkapazität und die Lufttemperatur nähert sich immer weiter dem Taupunkt. Dabei kondensiert der Wasserdampf der Luftmasse unter Freisetzung latenter Wärme zu Wasser (Wolkentröpfchen), was zu Wolkenbildung und Niederschlägen führt.

Station A: Lage und begründete Zuordnung

Verstärkt werden die Niederschläge durch die hohe **Verdunstung** über dem warmen Wasser des Pazifischen Stroms sowie durch den Einfluss des Westwinds in den hohen nördlichen Breiten, der Feuchtigkeit aufnimmt. Diese wird dann vor der Alaskakette abgeregnet.

Station A muss daher Yakutat zugeordnet werden.

Dementsprechend handelt es sich bei Station B um Barrow/Kap Barrow. Diese Station weist im Jahresgang eine äußerst geringe Niederschlagssumme auf, die in **kalten Meeresströmungen** und der Eisdrift in der Beaufortsee sowie der fast **ganzjährigen Vereisung** des Nordpolarmeeres, an dessen Küste Barrow zu finden ist, begründet liegt. Ein sehr gering ausgeprägtes sommerliches Niederschlagsmaximum entsteht aufgrund der erhöhten Verdunstung in dieser Periode.

Station B: Lage und begründete Zuordnung

3. *Der Operator „Bewerten" verlangt von Ihnen, dass Sie zu einem begründeten Urteil sowie zu einer fundierten Aussage zu den Möglichkeiten und Einschränkungen der land- und forstwirtschaftlichen Nutzung Alaskas gelangen (AFB III). Dabei sind neben fachlichen Kriterien auch die adäquate Darstellung und überzeugende Beweisführung bei der Bewertung von Bedeutung.*

Alaska verfügt insgesamt über wenig günstige Voraussetzungen für die ackerbauliche Nutzung. Aufgrund der nördlichen Lage und der daraus resultierenden **niedrigen Durchschnittstemperaturen** sind die klimatischen Ausgangsbedingungen ungünstig, denn für Ackerbau bleibt nur eine **kurze Vegetationsperiode**, sodass die Wahl der Produkte eingeschränkt ist und genau überlegt sein muss bzw. nur in klimatischen Gunstlagen Ackerbau möglich ist. Einige jenseits von 65 °n. Br. gelegene Regionen eignen sich überhaupt nicht für die ackerbauliche Nutzung, da dort ganzjährig Permafrost herrscht (M 1).

Klimatische Ungunstfaktoren

Einen weiteren Ungunstfaktor stellt die geringe Bodengüte dar. Man findet weitgehend **Podsolböden** vor, häufig als Gebirgspodsole (Atlas). Beim Podsol handelt es sich um einen sauren, sandigen, an Nährstoffen armen bzw. verarmten Bodentyp, dessen Eigenschaften einem optimalen Wachstum der meisten Nutzpflanzen entgegenstehen. Mit gleichmäßig hohen Düngergaben ist es zwar möglich, auch auf Podsolen ertragreich zu wirtschaften. Allerdings treibt dies die Produktionskosten in die Höhe und aufgrund der Tendenz zur Auswaschung besteht die Gefahr, dass Dünger und Pflanzenschutzmittel ins Grundwasser gelangen können.

Geringe Bodengüte als einschränkender Faktor

Ein weiteres Standbein stellt die **Forstwirtschaft** dar. Zwar erfolgt auch hier aufgrund der kurzen Vegetationsperiode das Wachstum der borealen Nadelwälder nur langsam, doch verzeichnen die Tallagen sowie die Lagen an der Südküste ausreichend Niederschläge für gute Erträge.

Forstwirtschaftliche Nutzung

Negativ wirkt sich die **abseitige Lage** Alaskas im äußersten Nordwesten des amerikanischen Kontinents, weit entfernt von den relevanten Absatzmärkten, aus. Aufgrund dieser ungünstigen Lage und der geringen Produktionsmengen ist die landwirtschaftliche Produktion Alaskas im Vergleich zu den anderen US-amerikanischen Bundesstaaten kaum konkurrenzfähig. Nur auf den **lokalen Absatzmärkten** liegen gute Absatzchancen für ausgewählte Agrarprodukte vor.

Periphere Lage

Für Holz und Fertigprodukte aus diesem Rohstoff zeigen sich bessere Chancen, denn durch die Möglichkeit des **kostengünstigen Transports** auf dem Seeweg ergeben sich für die Unternehmen finanzielle Vorteile, sodass sie aufgrund niedrigerer Transportkosten auch gute Absatzmöglichkeiten außerhalb der USA aufweisen.

Insgesamt besitzt Alaska nur geringes land- und forstwirtschaftliches Potenzial, weswegen hauptsächlich der regionale Markt als Abnehmer gilt.

Fazit

Mögliche Gewichtung der Teilaufgaben: 30 % : 30 % : 40 %

Checkliste

Aspekt	ja	teil-weise	nein	weiß nicht
Teilaufgabe 1				
Habe ich die wesentlichen Informationen des Materials M 1 erfasst und dargestellt?	☐	☐	☐	☐
Bin ich auf die Lage im Gradnetz sowie auf die davon abhängige Dauer der Frostperiode und die Mächtigkeit des Permafrosts eingegangen?	☐	☐	☐	☐
Ist meine Beschreibung für eine Person nachvollziehbar, die das Material nicht kennt?	☐	☐	☐	☐
Habe ich die unterschiedliche Ausdehnung dargestellt und begründet?	☐	☐	☐	☐
Teilaufgabe 2				
Habe ich die Klimastationen korrekt zugeordnet?	☐	☐	☐	☐
Konnte ich meine Zuordnung anhand konkreter Materialaussagen stichhaltig belegen?	☐	☐	☐	☐
Teilaufgabe 3				
Habe ich mir Klarheit über sinnvolle Beurteilungskriterien verschafft?	☐	☐	☐	☐
Habe ich geeignete Atlaskarten verwendet und wesentliche Informationen herausgearbeitet?	☐	☐	☐	☐
Habe ich genügend Argumente und konkrete Beispiele für meine Urteilungsbegründung angeführt?	☐	☐	☐	☐

Klausuren Geographie
Klausur 19

Bearbeitungszeit: 75 Minuten

Thema: Plastikmüll in den Meeren

Aufgabenstellung

1. Beschreiben Sie die Wege des europäischen Plastikmülls in die Weltmeere. Beziehen Sie auch geeignete Karten aus dem Atlas ein.
2. Erläutern Sie Probleme, die sich aus dem in das Meer eingetragenen Plastikmüll ergeben.
3. Beurteilen Sie, insbesondere vor dem Hintergrund der Umfrage in M 6, das Verhalten der Verbraucher*innen in Deutschland.

M 1: Wo europäischer Plastikmüll landet

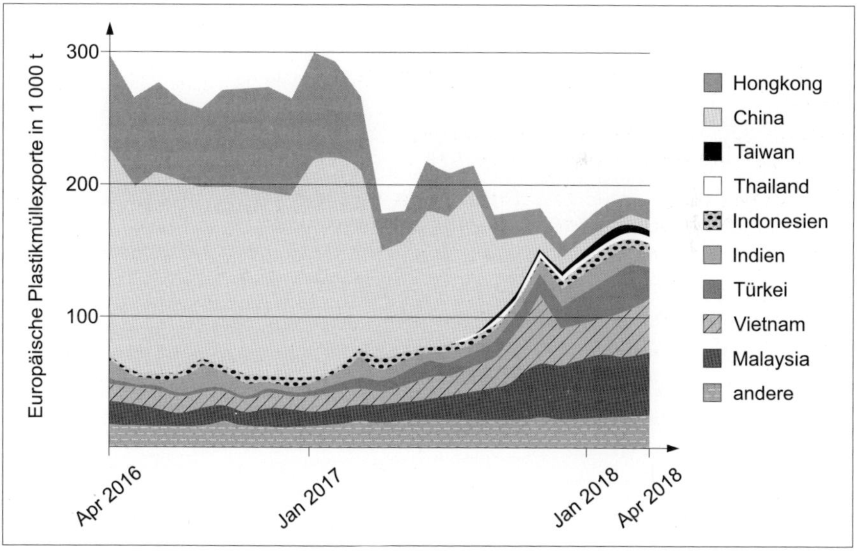

Anmerkung: Importverbot nach China ab 1. Januar 2018

Quelle: © Deutsche Welle

M 2: Europäischer Plastikmüll im Meer

UMWEG ASIEN –
WIE EUROPÄISCHER PLASTIKMÜLL IM MEER LANDET

Viele europäische Länder, darunter auch Deutschland, sehen sich als Vorbild beim Recycling von Plastik. Eine neue Studie zeigt jetzt aber, auch europäischer Plastikmüll landet im Meer, weil er exportiert wird.

[…] Eine neue Studie aus Irland [zeigt, dass] viel von diesem über Flüsse ins Meer getragenen Plastik tatsächlich aus Europa [stammt]. Europäische Staaten exportieren [46 Prozent aller sortierten Plastikabfälle] […] nach Asien – anstatt sie wieder zu verwerten oder zu entsorgen. […]. Ein Großteil davon gehe in die Staaten Südostasiens, wo die Recycling- und Entsorgungssysteme oft unterentwickelt seien. Dort lande der Müll auf überfüllten Deponien und gelange von dort in die Flüsse und schließlich ins Meer.

Quelle: ens: Wie europäischer Plastikmüll im Meer landet, MDR von 02. 07. 2020, https://www.mdr.de/wissen/europas-plastik-schwimmt-in-asiens-fluessen-100.html

M 3: Flüsse, die weltweit die größte Menge an Kunststoffmüll ins Meer spülen, Stand 2017

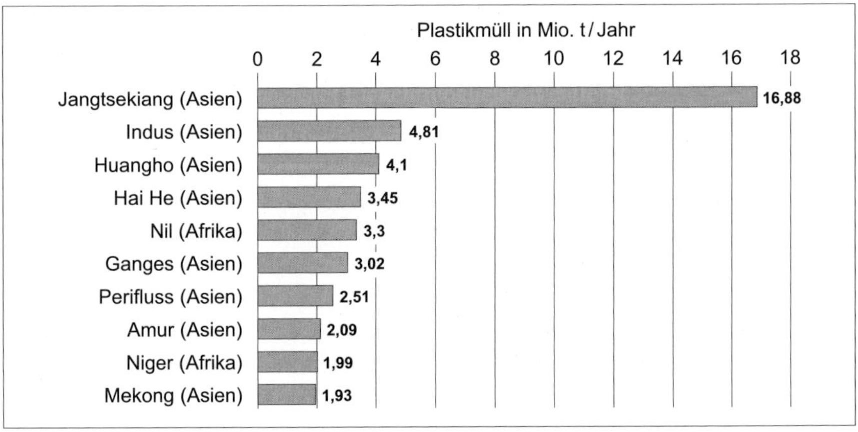

Quelle: Daten nach Helmholtz-Zentrum für Umweltforschung

M 4: Müll im Meer

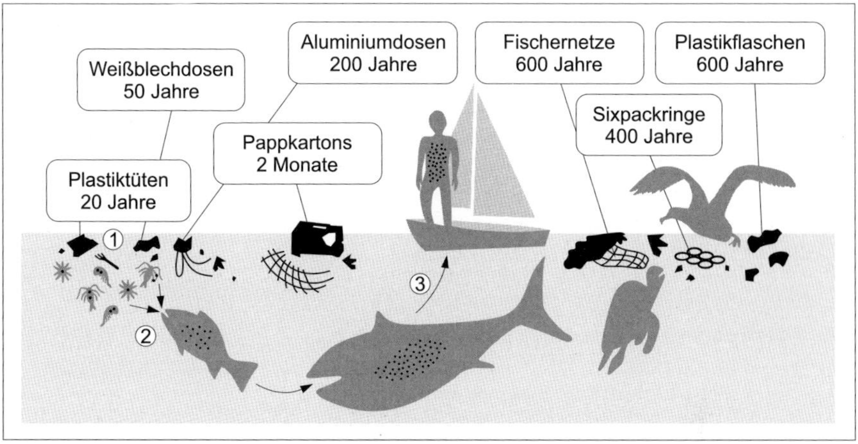

Anmerkung: Eine derzeitige Schätzung des globalen Eintrags von Plastikmüll in die Meere geht von 4,8 bis 12,7 Mio. t pro Jahr aus. Das entspricht einer Lastwagenladung pro Minute. Nur ein geringer Teil des Plastikmülls schwimmt auf der Oberfläche, der Rest wird in tiefere Gewässer oder auf den Meeresboden verfrachtet und ist kaum zurückzuholen. Derzeit haben sich nach Schätzungen auf dem Meeresboden etwa 80 Mio. t angesammelt.

Quelle: verändert nach The Ocean Cleanup (Grafik); Plastikmüll im Meer – die wichtigsten Antworten, WWF vom 15. 01. 2020, https://www.wwf.de/themen-projekte/plastik/unsere-ozeane-versinken-im-plastikmuell/plastikmuell-im-meer-die-wichtigsten-antworten (Anmerkung)

M 5: Die größten Müllstrudel an der Meeresoberfläche

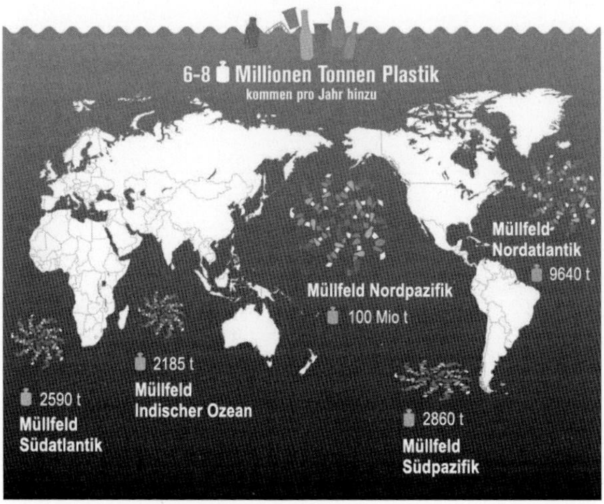

Quelle: www.Tauchen.de (S. Timmann)

M 6: Einstellung der deutschen Verbraucher*innen zu Plastikabfall

Umfrage des Marktforschungsinstituts Ipsos zur Reduktion nicht recycelbarer Produkte 2019

„Welche der folgenden Maßnahmen würden Sie persönlich umsetzen, um die durch die Nutzung von Plastik verursachten Probleme zu reduzieren?“

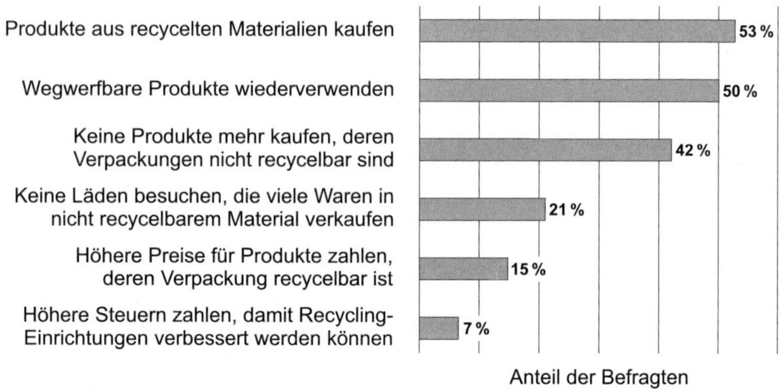

„Tonne auf – Plastikmüll rein. Und irgendwie stellt sich dabei das gute Gefühl ein, der Umwelt allein schon durch das Trennen des Mülls geholfen zu haben. Vielleicht trägt auch dieser Gedanke dazu bei, dass wir Jahr für Jahr mehr Plastikmüll produzieren. In den vergangenen 20 Jahren haben wir unseren Jahresverbrauch auf 25,4 Kilogramm pro Kopf verdoppelt.“

Quelle: eigene Darstellung, Daten nach Earth Day 2019, IPSOS Global Advisor, S. 34–39, https://www.ipsos.com/sites/default/files/ct/news/documents/2019-04/Earth-day-2019.pdf (Grafik); Kurz erklärt – Recycling, Tagesschau vom 05. 02. 2020, https://www.tagesschau.de/faktenfinder/kurzerklaert/kurzerklaert-recycling-101.html (Text)

Lösungsvorschläge

1. *Der Operator „Beschreiben" ist dem AFB I zuzurechnen. Mithilfe der Materialien M 1, M 2 und M 3 sollen Sie in eigenen Worten und fachsprachlich angemessen den Weg des Plastikmülls von Europa bis in die Weltmeere darstellen. Auf M 5 kann hier bereits kurz (!) eingegangen werden. Nicht im Sinne der Aufgabenstellung wäre eine bloße Paraphrasierung des Textes aus M 2.*
Wichtig ist es, strukturiert vorzugehen, also den Weg des Plastikmülls in seinen Zusammenhängen deutlich zu machen. Auch geeignete Atlaskarten, z. B. zu weltweiten Meeresströmungen und Windsystemen, sollten hier einbezogen werden.

Müllexporte in asiatische Länder

46 % des sortierten europäischen Plastikmülls, das sind mehrere Millionen Tonnen pro Jahr, wurden und werden **in asiatische Länder exportiert**, anstatt sie in Europa zu recyceln oder zu entsorgen. Bis 2017 wurde der größte Teil davon nach China (ca. 50 %) und in das faktisch zu China gehörende Hongkong (ca. 20 %) geliefert. Auch die anderen Zielländer liegen mit Ausnahme der Türkei alle in (Süd-)Ostasien. Seit dem ab 2018 geltenden Importverbot durch China werden die nach China und Hongkong exportierten Müllmengen geringer. Gleichzeitig steigen die Mengen des in die anderen genannten Staaten exportierten Mülls. Hinzu kommt als Zielland Taiwan. Insgesamt sinkt die Menge des in asiatische Länder exportierten Mülls ab ca. 2017. Ob diese Mengen nun in Europa recycelt, deponiert oder verbrannt werden oder ob weitere Zielländer hinzukommen, geht aus der Grafik M 1 nicht hervor. Im April 2018 betrug die angegebene Menge fast zwei Drittel der von 2016 (M 1).

Recycling und Entsorgung von Müll in asiatischen Staaten

Problem sind die **in asiatischen Staaten oft unterentwickelten Recycling- und Entsorgungssysteme**. Ein großer Teil des Mülls „lande[t] […] auf überfüllten Deponien und gelang[t] von dort in die Flüsse und schließlich ins Meer" (M 2). Von den zehn Flüssen weltweit, die die größten Mengen Müll ins Meer spülen, liegen acht in Asien, davon münden vier in China ins Meer, weitere fließen durch das Staatsgebiet von China (M 3).

Weltweite Müllstrudel

Über die Meeresströmungen wird der Müll über den ganzen Globus verteilt. Weltweit befinden sich an der Meeresoberfläche z. T. gigantische **Müllstrudel**. Als größtes Müllfeld mit einer Masse von 100 Mio. t wird das im Nordpazifik angegeben (M 5). Ursächlich für die Konzentration des Mülls in diesem Bereich ist das Zusammenspiel von Kuroshio-Strom (vor den ostasiatischen Küsten), nordpazifischem Strom, Kalifornienstrom und Nordäquatorialstrom, die u. a. durch die großen Windsysteme auf der Nordhalbkugel (Nordostpassat, Westwinde) angetrieben werden (Atlas). Der größte Teil des Plastikmülls treibt aber nicht an der Oberfläche der Meere, sondern sinkt auf den Meeresboden ab.

2. *Der Operator „Erläutern“ ist dem AFB II zuzuordnen. Sie sollen dabei Sachzusammenhänge mithilfe ergänzender Informationen verdeutlichen. Gehen Sie dazu z. B. von der in M 2 und M 3 dargestellten Situation aus (z. B. unkontrollierter Eintrag von Müll hinsichtlich der Mengen). Auch die Verteilung im Meer (M 4, M 5) sollten Sie in Ihre Überlegungen einbeziehen. Stellen Sie dann die in M 4 deutlich werdenden Zusammenhänge zwischen der „Lebensdauer“ von Müll, den Abläufen innerhalb der Nahrungskette bis zum Menschen und den weiteren Folgen dar.*
Beziehen Sie in Ihre Lösung neben den Materialien auch bereits Gelerntes und Grundkenntnisse ein, z. B. zu den Themen Müll/Wertstoffe, Meeresströmungen, Windsysteme usw.

Menge des Plastikmülls und unkontrollierter Eintrag

Ein großes Problem liegt in den in das Meer eingetragenen **riesigen und immer noch steigenden Mengen Müll, v. a. Plastikmüll** (M 2, M 3), und in der fehlenden Kontrolle bzw. der Unkontrollierbarkeit des Eintrags. Zu dem über Flüsse in die Meere eingetragenen Müll kommt die Entsorgung von Abfällen auf hoher See und der v. a. an touristisch genutzten Küsten liegengelassene oder weggeworfene Müll. Ebenfalls hauptsächlich über Flüsse wird Mikroplastik unterschiedlicher Herkunft (Kosmetikprodukte, Reifenabrieb usw.) eingetragen. Eine nachträgliche umweltgerechte Entsorgung wird auch aufgrund dieses unkontrollierten Eintrags fast unmöglich. Hinzu kommen ausgediente oder verloren gegangene Fischernetze.

Weltweite Verbreitung des Plastikmülls

Aufgrund der Meeresströmungen verteilt sich der Müll über den ganzen Globus, sowohl an der Wasseroberfläche als auch in tieferen Schichten bis zum Meeresboden. Anders als an Land ist ein „Einsammeln“ der Kunststoffabfälle kaum möglich. In tiefere Schichten gelangter Plastikmüll (derzeit rund 80 Mio. t; M 4) dürfte weitgehend unerreichbar sein.

Lebensdauer von Plastikmüll

Verschärft wird die Problematik durch die je nach Kunststoffart und -form **beträchtliche Lebensdauer von Plastikmüll**, die weit über der von Pappkartons, Weißblech- oder sogar Aluminiumdosen liegen kann. Sie reicht von ca. 20 Jahren (Plastiktüten) bis zu 600 Jahren (Plastikflaschen, Fischernetze; M 4). Während also immer neuer Müll hinzukommt, bleibt der bereits im Meer befindliche Müll lange Zeit erhalten. Allenfalls verringert sich die Größe durch Zerfall der Teile/Teilchen, bis hin zur Größe von Mikroplastik.

Auswirkungen auf Lebewesen

In jeder Form stellt das Plastik ein **Risiko für Meeresbewohner** dar. Der auf den Meeresboden absinkende Teil des Mülls bedeckt den Meeresboden, zerstört damit den Lebensraum von Unterwasserflora und nicht oder langsam beweglicher -fauna (z. B. Korallen, Seeanemonen, Muscheln, Schnecken) bzw. deren Nahrungsgrundlage. In treibenden Fischernetzen verfangen sich Fische,

Vögel und Meeressäuger und verenden. Plastikmüll in verschiedenen Größen wird bei der Nahrungsaufnahme zufällig mitgefressen oder mit Nahrung verwechselt. Ein Teil der Lebewesen geht bereits dabei zugrunde. Plastikfolien „verstopfen" die Verdauungsorgane; Tiere verhungern, da sie kein Hungergefühl mehr verspüren. Aus den Kunststoffen gelöste Gifte werden aufgenommen.

Nahrungskette bis zum Menschen

Kleinere Lebewesen bilden innerhalb der **Nahrungskette** die Beute größerer. Kunststoffteilchen bzw. Mikroplastik und in den Kunststoffen enthaltene Giftstoffe, z. B. Weichmacher, reichern sich in den Körpern der größeren Lebewesen an. Betroffen sind davon neben größeren Fischen z. B. Robben, Seelöwen oder Wasservögel. Meeresfrüchte, Fische und je nach Region auf der Welt auch Meeressäuger und Meeresvögel stehen auf der Speisekarte des Menschen. Am Ende der Nahrungskette befinden wir uns also selbst und werden damit „Opfer" unserer eigenen Müllproduktion und Müllentsorgung.

3. *Der Operator „Beurteilen" entspricht dem AFB III. Erwartet wird, dass Sie auf der Basis von Fachkenntnissen, Materialinformationen und eigenen Schlussfolgerungen zu einer sachlich fundierten, qualifizierenden Einschätzung gelangen. Dabei sollen die angewandten Wertmaßstäbe reflektiert verdeutlicht werden.*
Deutlich wird hierbei v. a. die Widersprüchlichkeit zwischen der erkennbaren Bereitschaft zu umweltgerechtem Verhalten und wenig ressourcenschonenden Konsumgewohnheiten.
Ergebnisse aus den ersten beiden Teilaufgaben, Kenntnisse aus dem Unterricht sowie Wissen aus Medien und Alltag dürfen und sollen Sie in Ihre Antwort einbeziehen.

Mülltrennung in Deutschland

„Tonne auf – Plastikmüll rein." In wenigen Worten wird hier unser Verhalten als Verbraucher*innen treffend beschrieben (M 6, Text). Das **Müllentsorgungssystem in Deutschland** – meist spricht man von „Wertstoffen" statt Müll – gilt weltweit als vorbildlich. Je nach Region, Gemeinde oder Stadt wird Müll nach unterschiedlichen Kategorien sortiert: Papier, Glas, Metall, Kunststoffe und Verbundstoffe, Restmüll. Kaum einer stellt das System der Mülltrennung infrage. Gerade das Bewusstsein, dass die Entsorgung, soweit sie in unserem Blickfeld stattfindet, umweltgerecht abläuft, und das „gute Gefühl", dass wir dadurch einen persönlichen Beitrag zum Schutz der Umwelt leisten, bestärkt uns in unserem Handeln. Über den weiteren Weg des Mülls machen wir uns ab dem Moment, ab dem wir den Müll sortiert entsorgt haben, kaum mehr Gedanken. Die Aussage, dass wir „[i]n den vergangenen 20 Jahren […] unseren Jahresverbrauch [von Plastikmüll] auf 25,4 Kilogramm pro Kopf verdoppelt“ (M 6, Text) haben, dürften angesichts unseres eigentlich ausgeprägten Umweltbewusstseins viele entrüstet von sich weisen oder darüber erstaunt, gar entsetzt sein.

Recycling und Wiederverwendung von Produkten

Ein Teil der Verbraucherinnen und Verbraucher in Deutschland bekundet, zugunsten des Umweltschutzes bereit zu sein, das Konsum- bzw. Kaufverhalten zu ändern (M 6). Über die Hälfte der Befragten gibt an, **Produkte aus recyceltem Material** (z. B. Recyclingpapier, Produkte aus Altglas/Altmetall und recyceltem Kunststoff) kaufen zu wollen. Seit Langem gehört Recyclingpapier zum Angebot von Schreibwarenläden. Dass Altglas und -metall wiederverwertet werden, wird als Standard angesehen. Und immer häufiger werden inzwischen auch Produkte aus recyceltem Kunststoff angeboten: Auf Shampoo- und Spülmittelflaschen wird damit geworben, dass diese zu 100 % aus recyceltem Kunststoff bestehen; aus PET-Flaschen werden Füllstoffe für Textilien hergestellt. Jedoch sind fast ebenso viele (47 %) der an der Umfrage Teilnehmenden nicht bereit, Recyclingprodukte zu erwerben.

Die Hälfte der Befragten würde **wegwerfbare Produkte wiederverwenden**. Vermutlich handelt es sich hierbei v. a. um Verpackungen wie Einkaufstaschen oder Plastiktüten, die mehrfach benutzt werden und zuletzt als Müllbeutel eine Verwendung finden. Gängig sind auch Nachfüllpacks, um z. B. den Seifenspender wiederaufzufüllen. Dass man dabei möglicherweise Geld sparen kann, mag hier ebenfalls eine Rolle spielen. Auch hier muss allerdings gesehen werden, dass die „andere“ Hälfte der Befragten Wegwerfprodukte offenbar nur ein einziges Mal benutzt.

Verzicht auf bestimmte Produkte

42 % können sich den **Verzicht auf Produkte, deren Verpackung nicht recycelbar ist**, vorstellen. Der Einzelhandel hat sich bereits vielfach darauf eingestellt. In den meisten Lebensmittelgeschäften gehören inzwischen auch z. B. unverpacktes Obst und Gemüse zum Sortiment. Andere, z. B. große Elektrofachmarktketten oder Baumärkte, bieten zumindest an, Verpackungen zurückzunehmen, was langfristig zur Reduzierung von Plastikmüll beitragen könnte. Die Mehrheit der Verbraucher*innen (58 %) zeigt sich dieser Überlegung gegenüber aber eher gleichgültig. Es kommt ihnen auf das Produkt an, nicht auf die Verpackung.

Immerhin über ein Fünftel der Befragten wäre sogar bereit, **Läden, die viele Waren in nicht recycelbarer Verpackung anbieten, nicht zu besuchen**. Eine überwiegende Mehrheit würde die damit verbundenen Erschwernisse beim Einkauf jedoch nicht in Kauf nehmen: evtl. längere Wege, ein größerer Zeitaufwand und ggf. der Verzicht auf bestimmte „Lieblingsprodukte“ stehen dem möglicherweise entgegen.

Noch geringer wird die Bereitschaft zu umweltfreundlicherem Verhalten, wenn dadurch **Kosten** auf die Verbraucherin/den Verbraucher zukommen: Nur 15 % würden höhere Preise für Produkte in einer recycelbaren Verpackung bezahlen. Und gerade einmal 7 % halten **höhere Steuern zur Verbesserung von Recycling-Einrichtungen** für angebracht.

Bereitschaft, umweltfreundliches Verhalten finanziell zu unterstützen

Die Umfrage zeigt also zum einen ein großes Umweltbewusstsein der Verbraucher*innen und die Bereitschaft zu umweltfreundlichem Verhalten. In fast allen Bereichen aber ist der Anteil derer größer, die nicht bereit sind, die durch die Nutzung von Plastik verursachten Probleme zu reduzieren.

Einigen wenigen mag man generell fehlendes Umweltbewusstsein vorwerfen können. Für manche mag der damit verbundene Aufwand oder die persönliche Bequemlichkeit eine Rolle spielen. Für einige mag es auch eine Frage des „Sich-leisten-Könnens“, eine Frage der zur Verfügung stehenden Finanzmittel sein. Und bei vielen mag tatsächlich das Gefühl entstanden sein, „der Umwelt allein schon durch das Trennen des Mülls geholfen zu haben“ (M 6, Text). **Aufklärung** über die Wege unseres Plastikmülls rund um den Globus tut not.

Fazit

Mögliche Gewichtung der Teilaufgaben: 30 % : 30 % : 40 %

Checkliste

Aspekt	ja	teil-weise	nein	weiß nicht
TEILAUFGABE 1				
Habe ich die Wege des europäischen Plastikmülls nachvollziehbar beschrieben?	☐	☐	☐	☐
Habe ich die Materialien und den Atlas angemessen einbezogen, d. h. alle Materialien verwendet und den Atlas ebenso, wo sinnvollerweise möglich?	☐	☐	☐	☐
Habe ich die in den Materialien und im Atlas dargestellten Teilaspekte in eine sinnvolle Reihenfolge gebracht?	☐	☐	☐	☐
TEILAUFGABE 2				
Habe ich alle für diese Teilaufgabe wichtigen (oder verwendbaren) Materialien berücksichtigt?	☐	☐	☐	☐
Werden in meinen Ausführungen die Zusammenhänge zwischen dem Eintrag des Plastikmülls in die Meere und den sich daraus ergebenden Problemen und Gefahren deutlich?	☐	☐	☐	☐
Habe ich die Dimensionen der riesigen Mengen Plastikmüll, der globalen Verteilung und der ökologischen Auswirkungen auf den Menschen, der gleichzeitig Verursacher ist, in ihren Zusammenhängen erfasst und verdeutlicht?	☐	☐	☐	☐
TEILAUFGABE 3				
Habe ich alle Aspekte aus M 6 (Text und Umfrageergebnisse) in meine Überlegungen einbezogen?	☐	☐	☐	☐
Habe ich bedacht, dass neben der positiv erscheinenden Darstellung der Umfrage auch die darin deutlich werdende Haltung der nicht erwähnten „anderen Seite" berücksichtigt werden muss?	☐	☐	☐	☐
Habe ich versucht, mögliche Ursachen und Erklärungen für die dargestellten Haltungen zu ergründen?	☐	☐	☐	☐
Bin ich abschließend zu einer zusammenfassenden, qualifizierten Einschätzung des Verbraucherverhaltens in Deutschland gelangt?	☐	☐	☐	☐

Klausuren Geographie
Klausur 20

Bearbeitungszeit: 120 Minuten

Thema: Transeuropäische Verkehrsentwicklung – das Beispiel Feste Fehmarnbelt-Querung (FBQ)

Aufgabenstellung

1. Verorten Sie das Verkehrsprojekt „Feste Fehmarnbelt-Querung" (FBQ) im regionalen und europäischen Verkehrsnetz.
2. Erläutern Sie die erhofften Auswirkungen des FBQ-Projekts.
3. Nehmen Sie Stellung zu Aufwand und voraussichtlichem Ergebnis des FBQ-Projekts.

M 1: Die wichtigsten Netzkorridore des TEN-V-Programms* der EU

Farbkarte M 1

Haben Sie keine Möglichkeit, den QR-Code zu scannen, finden Sie die Farbkarte auch unter *www.stark-verlag.de/109012/Klausur20*

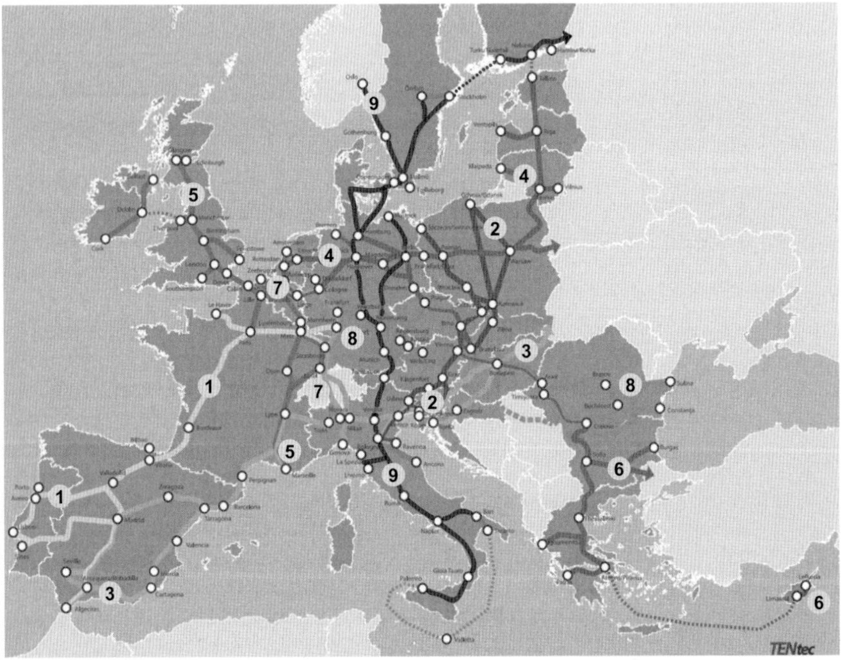

1 Atlantik, 2 Ostsee – Adria, 3 Mittelmeer, 4 Nord-Ostsee, 5 Nordsee – Mittelmeer, 6 Orient – östliches Mittelmeer, 7 Rhein – Alpen, 8 Rhein – Donau, 9 **Skandinavien – Mittelmeer**

* TEN-V (Transeuropäisches Verkehrsnetz): Das TEN-V-Netz besteht aus einem Gesamtnetz und einem Kernnetz mit 9 sog. Korridoren für die wichtigsten Fernverbindungen. Letztere sollen bis 2030, das Gesamtnetz bis 2050 fertiggestellt sein.

Quelle: Kernnetzkorridore des TEN-V, Europäische Kommission, https://op.europa.eu/webpub/eca/landscape-review-transport/de/

M 2: Die Feste Fehmarnbelt-Querung (FBQ)

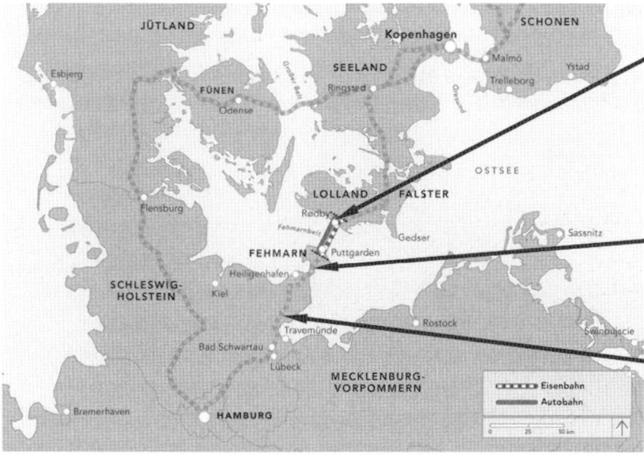

Die Fehmarnbeltbrücke bleibt für Fußgänger, Radfahrer und Lkw-Verkehr erhalten.

Die B 207 wird zwischen Heiligenhafen und Puttgarden vierspurig ausgebaut.

Die 88 km lange Eisenbahnstrecke zw. Lübeck und Fehmarn-Burg wird zweigleisig neu- und ausgebaut sowie elektrifiziert.

Bauart	Absenktunnel
Länge	17,6 km
Im Tunnel	Eisenbahnverkehr: 2 Gleise in 2 Röhren, elektrifiziert; Straßenverkehr: 2 Röhren, je 2 Spuren mit durchgehendem Seitenstreifen pro Fahrtrichtung
Bau	Beginn: 2021; Fertigstellung: 2029
Wegersparnis	140 km
Reisezeit	Zug: 7 Minuten, Auto: 10 Minuten; bisher: ca. 65 Minuten mit der Fähre mit Ein- und Ausschiffen sowie ggf. zusätzliche Wartezeit
Finanzierung	Verantwortung für den Tunnelbau liegt bei Dänemark; Netzanschluss- und -ausbaukosten tragen D bzw. DK, EU-Zuschüsse zum Tunnelbau
Refinanzierung	29 Jahre lang durch Tunnel-Maut (gleicher Preis wie Fähre)
Arbeitsplätze	ca. 3 000 während der Bauzeit, unbekannte Anzahl nach Inbetriebnahme

Quelle: Femern A /S

M 3: Fahrtzeiten und Verkehrsaufkommen (Prognosen)

M 3a: Reisezeiten vor bzw. nach Netzausbau und Eröffnung der FBQ

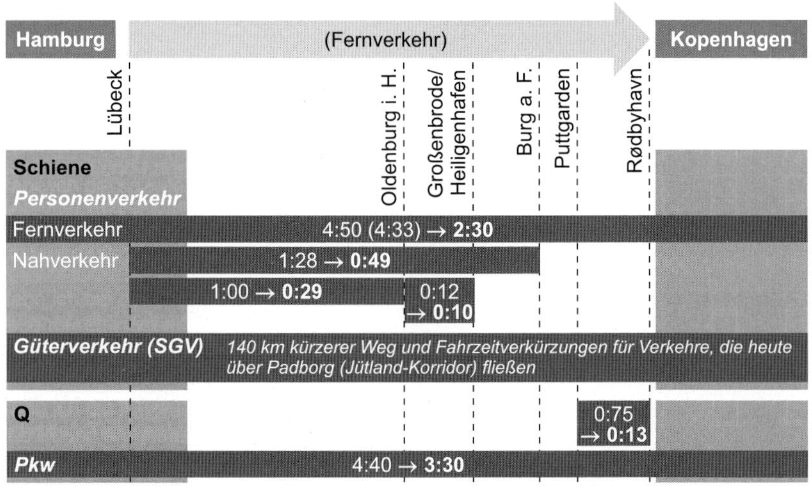

Anmerkung: Q = Querung des Fehmarnbelts (bisher per Fähre)
Die Pfeile (→) geben jeweils die geplante Veränderung nach Fertigstellung an

Quelle: verändert nach © CIMA Beratung + Management

M 3b: Prognostizierte Verkehrsentwicklung auf der FBQ

Beförderungsmittel (pro Tag)	**2022***	**2025**	**2035**	**2047**
Pkws	7 904	9 362	11 107	12 775
Busse	93	99	101	107
Lkws	1 521	1 627	1 844	2 104
Kraftfahrzeuge, insgesamt	**9 515**	**11 088**	**13 052**	**14 986**
Personenzüge	32	36	40	40
Güterzüge	61	65	74	k. A.
Züge, insgesamt	**93**	**101**	**114**	k. A.

* Prognose aus dem Jahr 2014

Quelle: Fehmarnbelt Forecast 2014, Intraplan und BVU, November 2014, S. 195

M 4: FBQ-Benutzer*innen aus Dänemark und Schweden

M 4a: Reiseprognosen für skandinavische Gäste nach Fertigstellung der FBQ

„Wie wird der Fehmarnbelt-Tunnel Ihre Reisepläne in der Zukunft beeinflussen?"
„Wenn der Fehmarnbelt-Tunnel eröffnet ist, mache ich …" (Angaben in %)

Dänemark	Tages-ausflüge	Kurz-urlaubs-reisen	Längere Urlaubs-reisen	Geschäfts-reisen
Sehr wahrscheinlich häufiger als heute	14	11	8	7
Eher häufiger als heute	23	28	21	11
Wahrscheinlich keine Veränderung	56	53	64	71
Eher seltener als heute	1	3	1	2
Sehr wahrscheinlich seltener als heute	6	5	6	9

Schweden	Tages-ausflüge	Kurz-urlaubs-reisen	Längere Urlaubs-reisen	Geschäfts-reisen
Sehr wahrscheinlich häufiger als heute	7	8	5	3
Eher häufiger als heute	16	20	14	6
Wahrscheinlich keine Veränderung	71	66	74	81
Eher seltener als heute	1	2	1	2
Sehr wahrscheinlich seltener als heute	5	5	5	8

Quelle: NIT/IPSOS, 2017 (Befragung zu Reiseabsichten, 2016), https://www.kreis-oh.de/media/custom/2454_2493_1.PDF?1599721271

M 4b: Zum Vergleich: Pkw- und Lkw-Verkehr vor und nach Eröffnung der Großer-Belt-Brücke und der Øresund-Brücke*

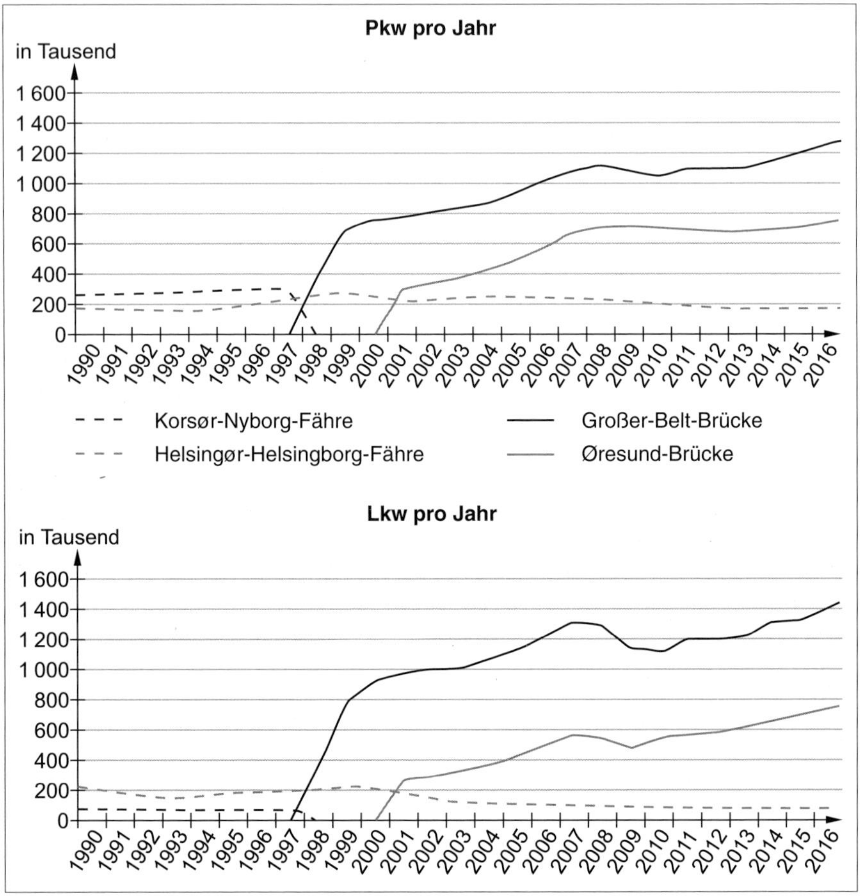

* Die Brücke über den Großen Belt wurde 1998, die Øresund-Brücke 2000 eröffnet (vgl. M 2, Atlas)

Quelle: CIMA – Webiste Storebaelt, 2019, Wikipedia-Mitwirkende (Storebaelt)

M 5: EU: Territoriale Agenda 2030 – Eine Zukunft für alle Orte (Auszug)

(47) Eine Polarisierung zwischen dem Kern Europas und seiner Peripherie, seinen Hauptstädten, Metropolregionen, Städten, ländlichen Gebieten und Gebieten mit geographischen und demographischen Besonderheiten untergräbt eine ausgewogene Raumentwicklung. Gerade kleine und mittlere Städte verfügen über Potenzial, um die Polarisierung abzuschwächen, das bisher wenig genutzt wird. Sie spielen eine entscheidende Rolle für die regionale wirtschaftliche Entwicklung und das soziale Wohlergehen, insbesondere durch ihre nationale und internationale Erreichbarkeit und einen angemessenen Zugang zu Dienstleistungen auf lokaler und regionaler Ebene. Polyzentrische Netzwerke können auch zu nachhaltigerem Verkehr beitragen. Wir rufen politische Entscheidungsträgerinnen und Entscheidungsträger aller Ebenen auf, polyzentrische Entwicklungsmodelle zu fördern, in denen alle Orte eine Rolle spielen. […]

(63) Zuverlässige sekundäre und lokale Verkehrsnetze, die an transnationale Netze und städtische Ballungsräume angeschlossen sind, sind für Lebensqualität und Geschäftsmöglichkeiten von wesentlicher Bedeutung. Dies betrifft insbesondere kleine und mittlere Städte, ländliche, periphere und dünn besiedelte Gebiete, Inseln, Berggebiete und Gebiete in äußerster Randlage. Wir laden Raum- und Verkehrsplanerinnen und -planer ein, neue sozial und ökologisch progressive Modelle für lokale und regionale Mobilitätsdienste (Mobility-as-a-Service) zu erforschen und bei der multimodalen und umweltfreundlichen Erreichbarkeit von und innerhalb von städtischen Ballungsräumen zusammenzuarbeiten. […]

Quelle: Territoriale Agenda 2030 – Eine Zukunft für alle Orte (47/63), Informelles Treffen der Ministerinnen und Minister für Raumordnung, Raumentwicklung und/oder territorialen Zusammenhalt 01. Dezember 2020, Deutschland

M 6: Die FBQ im Spiegel der Presse (Auszug)

Quelle: eigene Zusammenstellung

Lösungsvorschläge

1. *Der Operator „Verorten" (AFB I) erfordert die räumliche Einordnung des vorliegenden Raumbeispiels. Die Aufgabenstellung gibt Ihnen vor, dies in zweifacher Hinsicht zu tun: Zum einen sollen Sie das Verkehrsprojekt FBQ mit Bezug zum vorhandenen regionalen Verkehrsnetz räumlich einordnen, zum anderen vor dem Hintergrund des überregionalen, internationalen europäischen Verkehrsnetzes (M 1, M 2, M 3 a, Atlas).*

Regionale Einordnung

Die geplante feste Verbindung zwischen der deutschen Insel Fehmarn und der dänischen Insel Lolland in Form eines 17,6 km langen **Absenktunnels** soll den **bisherigen Fährverkehr** zwischen Puttgarden auf deutscher und Rødbyhavn auf dänischer Seite **ersetzen**. Diesen haben überwiegend Pkws und Lkws genutzt, aber auch täglich ca. 32 Personenzüge auf dem Weg Richtung Skandinavien (M 2).
Aus diesem Grund soll es im geplanten Tunnel, der aus zwei Röhren besteht, sowohl zwei Spuren in jede Richtung für den Straßenverkehr geben als auch zwei Gleise für den elektrifizierten Eisenbahnverkehr. Auf diesen Gleisen sollen nach Fertigstellung 2029 auch Güterzüge fahren, die bisher den ca. 140 km längeren Weg von Hamburg über Flensburg und die Insel Fünen nach Kopenhagen nehmen mussten (M 2).

Einordnung ins europäische Verkehrsnetz

Die FBQ schließt die letzte Lücke des **europäischen Fernverkehrs-Netzkorridors Nr. 9 „Mittelmeer – Skandinavien"**, die bisher nur per Schiffspassage zurückgelegt werden konnte, wollte man den 140 km längeren Festlandsweg über Flensburg und die dänische Insel Fünen vermeiden. Nachdem 1997 bzw. 2000 die Brücken über den Großen Belt und den Øresund fertiggestellt wurden, vervollständigt die FBQ diese europäische Fernverbindung auf der Strecke Palermo/Sizilien–Norditalien– Innsbruck–München–Hannover–Hamburg–Kopenhagen– Malmö –Oslo/ Stockholm mit Abzweigungen von Hannover/Hamburg nach Berlin (M 1, M 2, M 3 a).

2. *Der Operator „Erläutern" (AFB II) verlangt von Ihnen, dass Sie aus dem Material entnehmbare Sachverhalte und Zusammenhänge verdeutlichen. Vor dem Hintergrund der Themenstellung „transeuropäische Verkehrsentwicklung" sollen Sie darlegen, welche Zielsetzungen und Auswirkungen mit diesem Verkehrsprojekt zwischen Deutschland und Dänemark verbunden sind. Auch bei dieser zweiten Teilaufgabe müssen Sie Ihr Augenmerk sowohl auf die Planungen auf regionaler Ebene beidseits des Tunnels richten als auch auf die gesamteuropäischen Zielsetzungen. Hierfür ist die intensive Auswertung der Materialien M 1, M 3, M 5 und M 6 notwendig.*

Im Zuge des Ausbaus des TEN-V-Netzkorridors Mittelmeer–Skandinavien werden sowohl europäische, nationale als auch regionale Zielsetzungen verfolgt. Diese beziehen sich zum einen auf Verbesserungen des Verkehrs auf dieser Fernverbindungsstrecke, was Reisezeiten und Reisekomfort betrifft. Zum anderen stehen der Ausbau und die Optimierung lokaler und regionaler Verkehrsanbindungen und deren Auswirkungen auf die im Einzugsbereich lebenden und wirtschaftenden Menschen im Vordergrund (M 1).

Ausbau des europäischen Eisenbahn-Fernverkehrsnetzes

Nach Fertigstellung der FBQ wird sich eine **verringerte Fahrtzeit** per Eisenbahn zwischen Hamburg und Kopenhagen um 2:20 Std. ergeben, per Pkw um 1:10 Std. Der Güterzugverkehr spart ebenfalls deutlich an Zeit aufgrund der um 140 km **kürzeren Transportstrecke**. Dazu entfallen beim Personenverkehr das doppelte Umsteigen auf die Fähre und die Fahrt per Schiff, die nicht von allen als Reisevariante akzeptiert ist (Unwohlsein, Kreislaufprobleme usw.). Aufgrund der Verbesserungen erhofft man sich eine deutliche Zunahme an Personen- und Warentransport; ersteres sowohl bzgl. der Tagespendler*innen, die ihren Arbeitsplatz jeweils jenseits des Tunnels haben, als auch der Touristinnen und Touristen (M 2, M 3 a).

Zeitersparnis im Fernverkehr

Die europäische Zielsetzung für den Gesamtraum lautet, auch an der **nördlichen Peripherie Europas** eine **ausgewogene Raumentwicklung** zu ermöglichen. Dies soll nicht nur in den großen Zentren geschehen, sondern auch auf dem Land sowie in den Klein- und Mittelstädten. Hierfür ist eine gute Verkehrsinfrastruktur von grundlegender Bedeutung, da sie es ermöglicht, am Wirtschaftsleben teilzuhaben und je nach Wunsch Orte mit höherer Zentralitätsstufe binnen akzeptabler Pendelzeiten zu erreichen (M 1, M 5).

Raumentwicklung im Norden Europas

Während Dänemark für das Tunnelprojekt finanziell verantwortlich ist, liegt die **Zuständigkeit** für Ausbau und Anschlussbauten diesseits und jenseits des Tunnels beim jeweiligen Staat. So nutzt Schleswig-Holstein den Streckenausbau dazu, sein eigenes Schienennetz auf der Strecke Lübeck–Burg auf zwei Spuren zu erweitern und zu elektrifizieren sowie die B 207 zwischen Heiligenhafen und Puttgarten vierspurig auszubauen. Hiervon erhofft man sich einen **regionalen Entwicklungsimpuls:** Die Standortgegebenheiten verbessern sich ja z. B. im Hinblick auf Fahrtkosten, Transportkosten und Pendelzeiten. So verkürzt sich der Nahverkehr auf der Strecke Lübeck–Burg um fast 40 Minuten. Man erwartet hierdurch **Ansiedlungsanreize für neue Unternehmen**. Auch der sogenannte **kleine Grenzverkehr** soll **inten-**

Regionale Verbesserungen auf deutscher Seite

siviert werden, da der Grenzübertritt durch den Tunnel auf 109 Minuten verkürzt wird (M 2, M 3 a, M 5).
Die Auswirkungen dieser Streckenverbesserungen sind auch für den Tourismus vorteilhaft, da sich Hin- und Rückfahrt per Bahn bis zu deutschen Urlaubsorten an der Küste westlich von Heiligenhafen um eine halbe Stunde verkürzen, diejenigen bis Fehmarn um bis zu 45 Minuten. Auch bei der Benutzung des Pkws ergibt sich eine Zeitersparnis aufgrund des Straßenausbaus. Innerhalb der schleswig-holsteinischen Urlaubsregion werden die Verkehrsverhältnisse durch den Kapazitätsausbau und die Modernisierungen allgemein verbessert.

Regionale Verbesserungen auf dänischer Seite

Ähnliche Strukturverbesserungen mit vergleichbaren positiven Auswirkungen dürfte es auch in Schonen auf dänischer Seite geben. Außerdem sieht man durch die FBQ die Möglichkeit gegeben, einen **Beitrag zum gewünschten polyzentrischen Netzwerk** zu leisten, indem durch lokale Streckenanbindungen die relativ wenig besiedelten ländlichen Räume und ihre Kleinstädte gestärkt werden (M 5).

Allgemeine Verbesserungen

Beiderseits der Grenze erhofft man sich durch intensivere persönliche Kontakte und einen stärkeren **kulturellen Austausch**, die aufgrund der extrem kurzen Passagezeiten durch den Tunnel (Zug: 7 Minuten, Auto: 10 Minuten) deutlich erleichtert werden, auch ein weiteres Zusammenrücken und noch größeres **Verständnis** unter **europäischen Nachbarn**. So nennt eine Zeitung die FBQ bereits „**Schlüssel zu** […] **einer neuen Region**“ (M 6).

3. *Für die von Ihnen geforderte Stellungnahme (AFB III) bietet das Material vielfältige Argumentationsmöglichkeiten. Dem Aufwand und den Problemen, die Planung und Bau der FBQ mit sich bringen, sollen Sie die möglichen positiven Ergebnisse und Auswirkungen gegenüberstellen und abschließend im Sinne einer „Kosten-Nutzen-Abwägung“ bewerten (M 2–M 6).*

Aufwand und Probleme

Die Errichtung eines solch großen Bauwerks bedeutet immer einen deutlichen **Eingriff in die Natur**, der sorgsam bedacht sein muss: Ausgleichsregelungen müssen ggf. geschaffen, auf die Bedürfnisse der Anwohner*innen muss Rücksicht genommen, Nachhaltigkeitsaspekte müssen bedacht werden.
Im Fall der FBQ gab es zu Beginn des Projekts wegen des untermeerischen Eingriffs **Bedenken bzgl. der marinen Flora und Fauna**. Überirdisch mussten Regelungen gefunden werden im Zusammenhang mit einem **Ersatzlebensraum für Molche und Frösche**. **Emissionen** wurden und werden befürchtet wegen der Durchfahrt von Güterzügen durch die Tourismusgebiete **entlang der Eisenbahnstrecke**. Erst nach langwierigen juristischen Aus-

einandersetzungen konnte 2020 mit den Baumaßnahmen begonnen werden (M 6).
Neben den EU-Zuschüssen zum eigentlichen Bau des Tunnels fallen **erhebliche Baukosten** für Anschlussstrecken und Streckenausbauten an. Laut Planung wird es 29 Jahre – also eine ziemlich lange Zeit – dauern, bis die Ausgaben durch Mauteinnahmen refinanziert sein sollen (M 2, M 3 b).
Während der Bauzeit von geplant acht Jahren wird es zu Beeinträchtigungen kommen, die evtl. negative Auswirkungen auf den **Tourismus** in unmittelbarer Nähe zu den Bauvorhaben haben können.

Erhoffte wirtschaftliche Auswirkungen

Grundlage aller ökonomischen Kalkulationen ist die Frequentierung der FBQ durch Tages- und Kurzzeitbesucher*innen und Pendler*innen. Die diesbezüglichen Prognosen weisen aus, dass binnen sechs Jahren nach Fertigstellung, d. h. bis 2035, 40 % mehr Pkws und jeweils 20 % mehr Lkws, Personen- und Güterzüge den Fehmarnbelt queren werden als 2022, was entsprechende **Mautgebühren** mit sich bringen würde. Der Autoverkehr werde danach bis 2047 um weitere 15 % steigen (M 3 b).
Bei anderen Verkehrsprojekten bzw. Brückenbauten, z. B. am Großen Belt und am Øresund, kam es jeweils ab dem dritten Jahr nach Fertigstellung zu einem deutlichen Anstieg beim Pkw- und Lkw-Verkehr um das Drei- bis Sechsfache. Somit erscheint auch die **vorsichtig-positive Prognose bzgl. der Frequentierung der FBQ** realistisch (M 4 b).
Ob die Fehmarnbelt-Region tatsächlich genügend Ansiedlungsanreize für neue Unternehmen bietet, muss abgewartet werden. Während der Bauzeit schuf die FBQ 3 000 Arbeitsplätze – ein wichtiger Beschäftigungsimpuls. Für Unterhaltung und Controlling wird die benötigte Anzahl an Arbeitskräften jedoch sicher deutlich geringer sein (M 2).
Die Befragung von Urlauberinnen und Urlaubern sowie Geschäftsleuten aus Dänemark und Schweden ergibt ein unterschiedliches Bild: Bei den Tages- und Kurzurlaubern sowie Geschäftsleuten aus Dänemark könnte die Zahl um bis zu 40 % steigen, mit Sicherheit jedoch nur um 11–14 %. Bei den aus größerer Entfernung anreisenden Schwedinnen und Schweden liegt diese Zahl bei unter 30 %, bei den „sicher" häufiger Anreisenden sogar unter 10 % (M 4 a).
Aussagen zur Entwicklung des Verkehrsaufkommens aus geschäftlichen oder touristischen Gründen in der deutschen Fehmarnbelt-Region gibt es zurzeit nicht. **Investitionen in die touristische Infrastruktur** z. B. für Radwege oder Strandanlagen bieten hier aber Grund für eine optimistische Haltung (M 6).

Aufgrund der Erfahrungen am Großen Belt und am Øresund ist **vorsichtiger Optimismus** erlaubt. Mit Blick auf die **Covid-19-Pandemie** seit Anfang 2020 und ihre Auswirkungen u. a. auf den Tourismus ergibt sich ggf. ein anderes Bild. Es wird notwendig sein, mit Augenmaß und unter Miteinbeziehen lokaler, regionaler sowie nationaler Planungs- und Entscheidungsinstanzen die geplante „polyzentrische Vernetzung“ zu realisieren. Transnationale Verkehrsverbindungen wie die FBQ können hierbei eine wesentliche Rolle spielen. Fazit

Mögliche Gewichtung der Teilaufgaben: 30 % : 40 % : 30 %

Checkliste

Aspekt	ja	teil-weise	nein	weiß nicht
TEILAUFGABE 1				
Habe ich die vorhandenen verkehrsbezogenen Gegebenheiten auf deutscher Seite in Schleswig-Holstein und im Bereich der Insel Fehmarn sowie auf dänischer Seite detailliert angeführt?	☐	☐	☐	☐
Habe ich die Einbindung der FBQ in das europäische TEN-V-Fernverkehrsnetz verdeutlicht?	☐	☐	☐	☐
TEILAUFGABE 2				
Habe ich die Zielsetzungen und Erwartungen, die mit der FBQ verbunden sind, richtig erkannt und klar benannt, und zwar in regionaler wie in europaweiter Hinsicht?	☐	☐	☐	☐
Habe ich wesentlichen Sachverhalte dargestellt, z. B. im Hinblick auf die Verkehrsinfrastruktur, die allgemeine Raumplanung und den Tourismus?	☐	☐	☐	☐
Habe ich die Materialien im jeweiligen Sachzusammenhang intensiv ausgewertet, und zwar nicht nur an einer einzigen Stelle, sondern ggfs. mehrmals?	☐	☐	☐	☐
Ist meine Beschreibung für eine Person nachvollziehbar, die das Material nicht kennt?	☐	☐	☐	☐
TEILAUFGABE 3				
Habe ich die Auswirkungen beiderseits der deutsch-dänischen Grenze in den Blick genommen?	☐	☐	☐	☐
Habe ich den finanziellen Aufwand und die ökologischen Beeinträchtigungen deutlich genug angeführt?	☐	☐	☐	☐
Habe ich bei meiner Argumentation die Statistiken bzgl. der Reiseprognosen und der Erfahrungen bei der Großer-Belt- und Øresund-Brücke berücksichtigt?	☐	☐	☐	☐
Habe ich Presse-Überschriften in meine Für-und-Wider-Erörterung miteinbezogen?	☐	☐	☐	☐
Habe ich abschließend eine Stellungnahme formuliert?	☐	☐	☐	☐

Klausuren Geographie
Klausur 21

Bearbeitungszeit: 90 Minuten

Thema: Der Hafen Antwerpen – ein zukunftsfähiger Nordseehafen in Europa?

Aufgabenstellung

1. Lokalisieren Sie den Hafen Antwerpen und stellen Sie seine Verkehrslage in Bezug auf den regionalen und globalen Warenhandel dar.
2. Analysieren Sie die Strukturen und Entwicklungen des Hafens Antwerpen.
3. Nehmen Sie begründet Stellung zur Themenfrage.

M 1: Hafen Antwerpen 2020

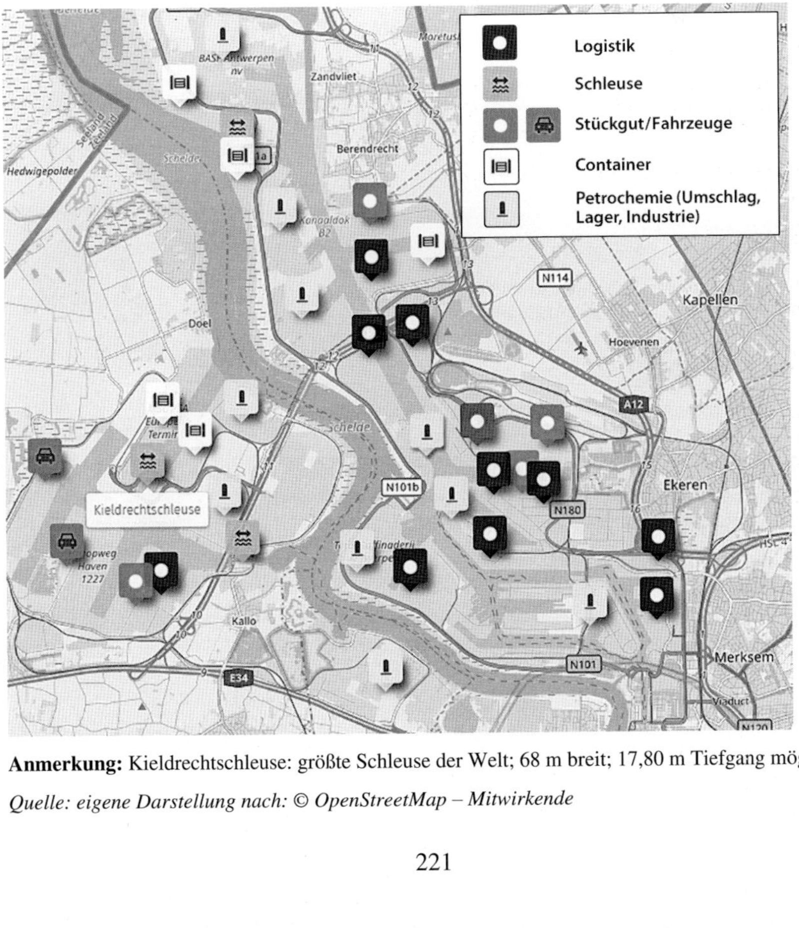

Anmerkung: Kieldrechtschleuse: größte Schleuse der Welt; 68 m breit; 17,80 m Tiefgang möglich

Quelle: eigene Darstellung nach: © OpenStreetMap – Mitwirkende

M 2: Daten zum Hafen Antwerpen 2020

M 2a: Ankommende Seeschiffe nach Schiffstyp

Containerschiffe	4 581
Tanker	4 101
Stückgutfrachter	2 284
Ro-Ro-Schiffe	1 157
Gastanker	931
Bulkschiffe (Trockenmasse)	400
Kühlschiffe	107
Sonstige	94
Gesamt	**13 655**

M 2b: Containerumschlag nach Herkunfts-/Zielregion

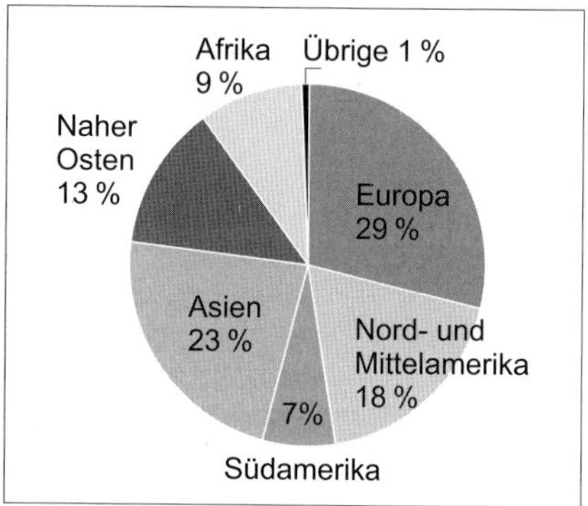

M 2c: Maritimer Güterumschlag

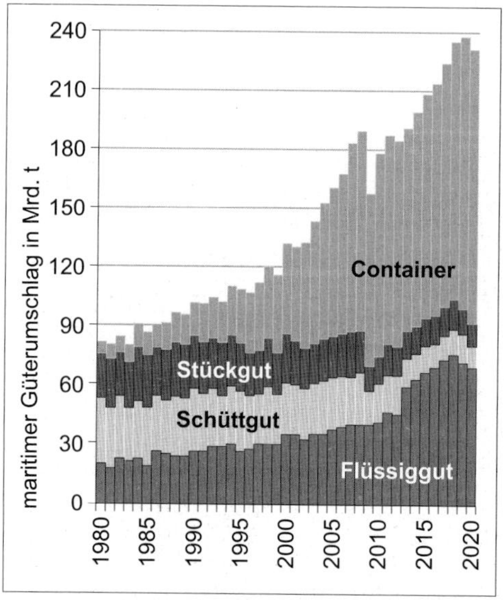

	Umschlag
Container	12,0 Mio. TEU 139,1 Mio. t
Stückgut (nicht in Containern)	
davon u. a.	
Eisen und Stahl	5,1 Mio. t
Fahrzeuge	3,8 Mio. Stück
Schüttgut	
davon u. a.	
Erz	1,2 Mio. t
Kohle	1,2 Mio. t
Flüssiggut	
davon u. a.	
Erdöl	2,1 Mio. t
Erdölderivate (Benzin, Diesel, …)	52 Mio. t
Chemikalien	14,6 Mio. t

Quelle: Statistisches Jahrbuch 2020 – Port of Antwerp

M 3: Das Öl- und Chemiecluster im Hafen Antwerpen

- Weltweit zweitgrößtes Cluster der Erdöl- und Chemieindustrie
- Knotenpunkt verschiedener westeuropäischer Pipelines
- Lagerung, Umschlag und eine über mehrere Stufen der Wertschöpfungskette integrierte Produktion von Chemieprodukten (Rohöl, Gas, Benzin, Dünger bis hin zu Kunststoffen)
- Raffinerie-Kapazität: 40 Mio. t/Jahr
- Chemie-Produkte: 20 Mio. t/Jahr
- 57 Pipelines mit insgesamt 1 000 km Länge
- Tanks von 7,2 Mio. m^3 Lagerungskapazität
- 12 000 direkt mit der Chemieindustrie verknüpfte Jobs

Auswahl der weltweit umsatzstärksten, auf dem Hafengelände vertretenen Chemie-Unternehmen:

- BASF (Deutschland)
- Dow (USA), Ineos (GB)
- Exxon Mobil (USA)
- Air Liquide (Frankreich)
- Evonik (Deutschland)
- Covestro (Deutschland)
- Bayer (Deutschland)
- Solvay (Belgien)
- Lanxess (Deutschland)

Quelle: nach Port of Antwerp, https://www.wko.at/branchen/industrie/poa-chemical-cluster.pdf, Port of Antwerp, C&EN (Text); Aerovista Luchtfotografie. Shutterstock (Foto)

M 4: „Hafen der Zukunft“ – Auszug der Homepage des Hafens Antwerpen

Nachhaltiger Hafen	**Intelligenter Hafen**
Um bis 2050 klimaneutral zu werden, geht der Hafen Antwerpen mit Innovationen, die den Hafen umweltfreundlicher machen, über die Grenzen hinaus. So hat der Hafen von Antwerpen beispielsweise nachhaltig produziertes Methanol und Wasserstoff als alternative Kraftstoffe für seine eigene Flotte eingeführt. Gemeinsam mit anderen Unternehmen ergreifen wir Maßnahmen, um die Verschmutzung von Luft, Wasser und Boden zu reduzieren. Wir suchen auch nach Lösungen, um zur Energiewende beizutragen […].	Intelligente Technologien bewähren sich im Hafen. Ein „digitaler Zwilling“ des Hafens, ein leistungsstarkes 5G-Netz, autonome Drohnen oder intelligente Kameras für Inspektionen oder die Erkennung von Ölverschmutzungen – der Hafen Antwerpen testet sie alle. Mithilfe dieser Innovationen will man den Hafen vollständig aus der Ferne kontrollieren und verwalten.
Mobiler Hafen	**Zusammenarbeit**
Der Hafen von Antwerpen sucht nach Möglichkeiten, mehr Güter auf nachhaltige Weise zu transportieren. Um diese Verkehrsverlagerung zu erreichen, arbeiten wir an Lösungen wie autonomen Binnenschiffen. Digitale Anwendungen wie Smart Asphalt und eine Binnenschifffahrtsanwendung sollen die Verkehrssituation im und um den Hafen überwachen und verbessern.	Der Hafen ist eine offene Plattform für Forschung und Entwicklung. Indem er Menschen und Ideen zusammenbringt, gestaltet der Hafen von Antwerpen den Hafen der Zukunft. Zusammen mit Start-ups, Scale-ups, Beschleunigern, Investmentfonds, Behörden und Wissenseinrichtungen schafft der Hafen Antwerpen ein starkes Ökosystem, das Innovationen unterstützt und beschleunigt.

Quelle: übersetzt nach Port of the future, Port of Antwerp, https://www.portofantwerp.com/en/port-future

M 5: Die wichtigsten Containerhäfen der Welt 2020

Rangliste 2020	Containerladung (in Mio. t) 2015	2020
1. Shanghai	36,5	43,5
2. Singapur	30,9	36,9
3. Ningbo-Zhoushan	20,6	28,7
4. Shenzhen	24,2	26,6
5. Guangzhou	17,2	23,2
6. Qingdao	17,4	22,0
7. Busan	19,4	21,8
8. Tianjin	14,1	18,4

Rangliste 2020	Containerladung (in Mio. t) 2015	2020
9. Hongkong	20,1	18,0
10. Rotterdam	12,2	14,3
11. Dubai	15,6	13,5
12. Port Kelang	11,8	13,2
13. Antwerpen	9,6	12,0
14. Xianmen	9,1	11,4
15. Tanjung Pelapas	9,1	9,8

Quellen: eigene Darstellung nach World Shipping Council (Daten 2015), Hafen Hamburg (Daten 2020)

Lösungsvorschläge

1. *Sehr häufig beginnen Klausuren mit dem Operator „Lokalisieren". Damit wird gefordert, eine räumliche Einordnung vorzunehmen, die sich auf die Aufgabenstellung bezieht. Da der zweite Teil der Aufgabe eine genauere Kennzeichnung der Handelslage vorsieht, können Sie dieses Thema in der Lokalisiation knapp halten. Der Operator „Darstellen" ist ebenso wie „Lokalisieren" dem AFB I zuzuordnen. Sie sollen die Lage des Hafens beschreiben und in einen Sachzusammenhang mit Ihrem Wissen über globale Handelswege bringen. Die Herausforderung besteht darin, die regionale Lage (M 1) mit der globalen Verkehrslage (Atlas) zu verknüpfen. Suchen Sie also im Atlas eine Karte, die internationale Schiffsrouten zeigt, sowie Karten, die verdeutlichen, auf welchen Verkehrswegen die Waren von Antwerpen aus ins Hinterland umgeschlagen werden können.*

Lokalisation

Der Hafen Antwerpen ist einer von sechs Häfen in Belgien. Er liegt direkt **an der Schelde nordwestlich des Stadtzentrums** und erstreckt sich an den breitesten Stellen über eine Fläche von ca. 14 km von Nord nach Süd sowie von West nach Ost. Über den Fluss und die angrenzende **Westerschelde** erreichen die Schiffe die ca. 60 km entfernte **Nordsee**. Ca. 40 km südlich liegen die Hauptstadt und der Ballungsraum Brüssel. Die Hafenstadt Gent ist 40 km entfernt. Der Weg zur Nordsee führt durch niederländisches Territorium, auch der größte Hafen Europas, **Rotterdam**, ist keine 80 km Luftlinie entfernt (M 1).

Internationale Schifffahrtsrouten

Nach Westen besteht über den Ärmelkanal Anschluss an **sämtliche weltweiten Schifffahrtsrouten**. Um Asien zu erreichen, müssen jedoch entweder das Mittelmeer und der Suezkanal durchfahren werden oder man muss Afrika umrunden, denn das Polareis beschränkt bisher eine nördliche Durchfahrt in Richtung Asien. In Richtung Osten ist der Weg durch Festland begrenzt und führt über den Nord-Ostsee-Kanal bis in die Ostsee. Skandinavien und Großbritannien sind sehr gut erreichbar (Atlas).

Binnenschifffahrt

Binnenschifffahrtswege gibt es über die **Schelde** und zahlreiche **Kanäle**, z. B. den Albert-Kanal, bis zu den großen europäischen **Wirtschaftsräumen Brüssel, Paris und Ruhrgebiet**. Vor allem ist aber der Zugang zum belgischen Binnenland gegeben.

Straßen- und Schienenanbindung

Auch die Zug- und Straßenverbindungen ermöglichen einen Zugang zum Hinterland. Neben den umliegenden Städten ist insbesondere das Ruhrgebiet über die **Autobahnen**, die **bis in das Hafengebiet** führen, gut zu erreichen. **Direkte Zugverbindungen** führen über Brüssel nach Paris, aber auch direkt nach Rotterdam (M 1, Atlas).

Fazit

Insgesamt ist die Lage des Hafens in Bezug auf die **weltweite Erreichbarkeit** als eher **mäßig günstig** einzuschätzen. Zudem liegt mit dem Hafen Rotterdam ein Konkurrent in unmittelbarer räumlicher Nähe. Durch die **gute Zug- und Straßenverbindung in das Hinterland** Belgiens, nach Paris sowie zu dem großen **Wirtschaftsraum** um Rhein und Ruhr eignet sich der Hafen trotzdem als **Hub** für einen **multimodalen Warenumschlag** ins europäische Binnenland.

2. *Etwas zu „analysieren" bedeutet, dass Sie die Einzelheiten und Entwicklungen, die in den Materialien aufgeführt sind, erfassen und in einen Zusammenhang bringen. Wichtig ist es im Fach Geographie, auch die räumlichen Strukturen zu beachten und diese mit den anderen Daten in Bezug zu setzen. Verknüpfen Sie Ihr im Unterricht erworbenes Wissen zu den Themen der Globalisierung, Verkehr und Logistik mit den im Hafen Antwerpen sichtbaren Prozessen. Achten Sie aber darauf, alles, was mit der Zukunftsfähigkeit des Hafens zu tun hat, in dieser Teilaufgabe nur in Bezug auf aktuelle Entwicklungen aufzugreifen, um Überschneidungen mit der dritten Teilaufgabe zu vermeiden.*

Entwicklung des Güterumschlags

Der **Güterumschlag** am Hafen Antwerpen hat sich seit 1980 von ca. 80 Mio. t auf 240 Mio. t im Jahr 2019 in einem **stetigen Wachstum** verdreifacht. Nur die **Weltwirtschaftskrise** 2008 hat in den Folgejahren bis 2012 zu einem **Einbruch und einer Stagnation** des Umschlags als Folge eines Rückgangs des globalen Warenhandels geführt. Auch die Auswirkungen der **Coronakrise** für den Welthandel spiegeln sich in einem leichten Rückgang von ca. 10 Mio. t im Jahr 2020 (M 2c).

Unterscheidung der Güterarten im Einzelnen

Während 1980 **Container** den geringsten Anteil am Umschlag hatten und Schüttgüter wie Kohle mit 30 Mio. t den größten Anteil, ist bis 2020 der Anteil der Container am Güterumschlag auf 140 Mio. t gewachsen, wohingegen die Menge der **Schüttgüter** erheblich gesunken ist; Kohle und Erz machen jeweils nur noch 1,2 Mio. t aus (M 2c). Dies ist sicher einerseits eine **Folge des Strukturwandels** in den deutschen, belgischen und französischen Kohleregionen, aber andererseits auch ein deutlicher Hinweis auf die stetig voranschreitende **Containerisierung** im Zuge der Globalisierung, da der Container den Transport und Umschlag durch seine weltweiten Standardmaße vereinfacht hat.

Zusammenhang der Entwicklungen mit der Globalisierung

Dabei sind die wichtigsten **Herkunfts- und Zielregionen** der Container mit fast 80 % Europa, Nord- und Mittelamerika und Asien, die als sogenannte **Triade** den Welthandel dominieren (M 2b). Die Bedeutung der Container zeigt sich auch bei der Anzahl von 4 581 Containerschiffen, die ein Drittel der **Schiffsankünfte** 2020 ausmachen, wobei auch ein Teil der 1 157 Ro-Ro-Ankünfte Container geladen haben könnte. Weitere wichtige Schiffstypen sind Tanker, die insgesamt mehr als ein Drittel der Ankünfte ausmachen (M 2a). Dass das Flüssiggut trotzdem nur

Rückschlüsse auf räumliche Lage

ein Viertel des gesamten Warenumschlags ausmacht, deutet im Umkehrschluss auf die **Größe der Containerschiffe** hin, die heutzutage mehr als 24 000 TEU laden können. Im Hafengebiet nehmen die Lagerflächen für Container daher im Verhältnis zur Umschlagsmenge auch wenig Raum ein. Sie können gestapelt gelagert und effizient **multimodal** auf andere Verkehrsträger wie Zug und Lkw umgeschlagen werden. Die Lager und Umschlagplätze für Container sind nur nahe der **Kieldrechtschleuse** – mit für Containerschiffe mit 17,8 m ausreichendem Tiefgang – und nördlich nahe Berendrecht zu finden, da dort der Tiefgang für die Schiffe vermutlich ebenfalls ausreichend ist (M 1).

Wirtschaftliche Schwerpunkte

Wie wichtig das **Flüssiggut** trotz des geringeren Umschlaganteils für den Hafen ist, zeigt sich in der räumlichen Struktur: Auf beiden Seiten der Schelde sind zahlreiche Tanklager mit 7,2 Mio. m^3 Lagerungskapazität und weiterverarbeitenden Industrien der Petrochemie zu finden (M 1, M 3). Daraus lässt sich schlussfolgern, dass die Tanker **petrochemische Grundstoffe**, also Öl und Gas, oder daraus **hergestellte Produkte** wie Benzin oder Chemikalien geladen haben, die vor Ort entweder weiterverarbeitet oder umgeschlagen werden. Diese Prozesse werden zudem durch ein nach Westeuropa reichendes Pipelinenetz unterstützt. So hat sich am Hafen das weltweit zweitgrößte **Chemiecluster** entwickelt, das direkt mit **Global Playern** der Chemieindustrie, z. B. BASF, Bayer und Evonik, verbunden ist und 12 000 direkte Arbeitsplätze schafft (M 3).

Besonderheit Chemiecluster

Westlich der Kieldrechtschleuse hat sich ein kleiner Schwerpunkt mit **Fahrzeugen** gebildet, die einen Großteil des Stückguts auszumachen scheinen (M 1).

Logistik und Digitalisierung

Insbesondere an den Randbereichen der Hafenflächen und im Süden des Hafens nahe der Eisenbahn und den Autobahnen sind Logistikflächen zu finden, wo sich vermutlich auch Logistikunternehmen angesiedelt haben. Diese organisieren die heutzutage komplexen **multimodalen Umschlagprozesse**, kümmern sich um notwendige Zwischenlagerung und damit verbundene Anforderungen wie Kühlung und Verpackung. Die zunehmend komplexen Abläufe am Hafen werden durch digitale Elemente wie z. B. einen „digitalen Zwilling“ unterstützt (M 1, M 4).

Zwischenfazit

Man kann aus den Strukturen und Entwicklungen schlussfolgern, dass sich der Hafen Antwerpen im Zuge der Globalisierung mit dem Containerumschlag und der Ausbildung des Chemieclusters auf zwei wirtschaftliche Schwerpunkte spezialisiert hat, aber auch auf weitere weniger bedeutende Standbeine, wie z. B. den Fahrzeugumschlag, nicht verzichtet.

3. *In der dritten Teilaufgabe leitet Sie ein Operator des AFB III: „Stellung nehmen". Hier wird von Ihnen erwartet, die vorher untersuchten Aspekte in Hinblick auf die Zukunftsfähigkeit auszuwerten. Im Mittelpunkt stehen die Gewichtung der Argumente und die Begründung Ihrer Stellungnahme. Wichtige Informationen für Ihre Lösung finden Sie in den Materialien M 4 und M 5. Sie müssen trotzdem die Ergebnisse aus den vorherigen Teilaufgaben und damit alle Materialien noch einmal aufgreifen.*

Es ist offensichtlich, dass der Hafen Antwerpen in die Zukunft investiert. 2016 wurde die **Kieldrechtschleuse** eröffnet, die mit 17,80 m Tiefgang auch zukünftig die immer größer werdenden Containerschiffe aufnehmen kann (M 1). Zudem werden mit „Nachhaltigkeit" und „Digitalisierung" zwei zukunftsbestimmende Anforderungen an Häfen aufgegriffen. Der Hafenbetreiber hat sich das Ziel gesetzt, **bis 2050 klimaneutral** zu sein und zur **Energie- und Verkehrswende** beizutragen, z. B. durch alternative Wasserstoff- und Methanol-Antriebe. Die Zusammenarbeit mit der **Forschung und Entwicklung** ist eng, was man z. B. an innovativen Projekten im digitalen und umwelttechnischen Bereich sieht (digitaler Zwilling, autonome Binnenschiffe und Drohnen). In **Zusammenarbeit mit der lokalen Wirtschaft** werden auch Start-ups und Scale-ups gefördert (M 4).

Investitionen

Nachhaltigkeit

Digitalisierung

Innovation

Mit dem Containerschwerpunkt und insbesondere dem **Ausbau des Chemieclusters** hat sich der Hafen zudem ein sicheres Standbein erarbeitet, der ihn auf dem globalen Markt in naher Zukunft weiterhin unverzichtbar macht, sodass Antwerpen neben Rotterdam zu den wenigen weltweit wichtigen europäischen Häfen gehört und als **Containerhafen auf Rang 13** aufsteigen konnte (M 2, M 3, M 5).

Die Umschlagsentwicklung zeichnet sich durch ein stetiges, deutliches **Wachstum** aus. Es ist anzunehmen, dass der Einbruch durch die Coronakrise nach einigen Jahren genauso aufgefangen werden kann wie der durch die Wirtschaftskrise 2008 verursachte (M 2, M 5). Auch kleinere Schwerpunkte wie der Fahrzeugumschlag sichern die nahe Zukunft und federn mögliche Schwankungen der anderen Marktbereiche ab. Trotzdem wirken sich die Einflüsse von weltwirtschaftlichen Ereignissen zumindest kurzfristig deutlich aus.

Bewertung der Wirtschaftsschwerpunkte und der Entwicklung

Es ist jedoch wahrscheinlich, dass die Wirtschaftsbereiche Petrochemie und Fahrzeugbau als **Folge der Klimakrise** einen weltweiten **Strukturwandel** durchlaufen werden, der mit Nachfrageeinbrüchen einhergehen wird. Es wird daher wichtig sein, in diesem Bereich Weichen zu stellen. Mit der Umsteuerung auf nachhaltigen Umschlag und Transport schreitet der Hafenbetreiber

Klimakrise und fossile Rohstoffe

voran, aber die Umstellung der Chemieindustrie auf andere, nicht **fossile Rohstoffe**, liegt nicht in der Hand der Verantwortlichen.

Zuletzt ist die **Lage** des Hafens Antwerpens **an der Schelde** nicht optimal. Die Schiffe müssen einen zusätzlichen Weg von 60 km bis zur Nordsee einplanen. Das fällt bei einer weltweiten Strecke von Asien nach Europa zwar nicht so sehr ins Gewicht, dennoch ist der nächstgelegene große Containerhafen in **Rotterdam** leichter erreichbar und wird daher wichtigster **Konkurrent** bleiben (Atlas). Gleichzeitig entstehen zusätzliche Kosten, da die Fahrrinne regelmäßig ausgebaggert und vertieft werden muss, um den größer werdenden Schiffen eine Durchfahrt zu ermöglichen. Eventuell könnte dies wie im Hamburger Hafen auch mit Umweltkonflikten verbunden sein. Sollte durch die Erderwärmung die Nordostpassage nach Asien befahrbar werden, würde dies – allen ökologischen Risiken zum Trotz – die Lagebewertung für den Hafen von Antwerpen jedoch deutlich verbessern.

Abhängigkeit von globalen Prozessen

Bewertung der Lage

Als **Fazit** kann man sagen, dass der Hafen innovativ ist und die Hafenbetreiber viele Projekte für seine Zukunftsfähigkeit anstoßen. Jedoch könnte sich der in der Vergangenheit gewählte Wirtschaftsschwerpunkt der Petrochemie als Problem herausstellen. Die Stellung als Containerhafen ist relativ sicher, aber Rotterdam bleibt ein wichtiger Konkurrent. Insgesamt ist zudem die Frage, wie sich die Klimakrise auf den globalen Verkehr auswirken wird.

Fazit

Mögliche Gewichtung der Teilaufgaben: 25 % : 45 % : 30 %

Checkliste

Aspekt	ja	teil-weise	nein	weiß nicht
TEILAUFGABE 1				
Habe ich die lokale Lage des Hafens an der Schelde beachtet?	☐	☐	☐	☐
Habe ich die regionalen Möglichkeiten des Warenumschlags auf die verschiedenen Verkehrsträger und die Lage zu wichtigen Wirtschaftszentren beachtet sowie entsprechende Fachbegriffe wie „multimodal“ und „Hub“ verwendet?	☐	☐	☐	☐
Habe ich die globale Lage des Hafens in Bezug auf weltweite Schifffahrtsrouten beachtet und mit meinem Unterrichtswissen verknüpft?	☐	☐	☐	☐
TEILAUFGABE 2				
Habe ich die Entwicklung und Strukturen des Hafens in Bezug auf Güterumschlag, Zielregionen und wirtschaftliche Schwerpunktbildung ausgewertet?	☐	☐	☐	☐
Habe ich die Materialaussagen miteinander verknüpft sowie Rückschlüsse in Bezug auf im Unterricht gelernte Merkmale und Prozesse der Globalisierung gezogen?	☐	☐	☐	☐
Habe ich die räumliche Struktur des Hafens anhand von M 1 untersucht?	☐	☐	☐	☐
Habe ich die Begriffe „Containerisierung“, „Global Player“, „multimodaler Umschlag“, „Logistik“ und „Cluster“ verwendet?	☐	☐	☐	☐
TEILAUFGABE 3				
Bin ich auf die Innovationen im Bereich Digitalisierung und Nachhaltigkeit eingegangen, in die der Hafen Antwerpen investiert?	☐	☐	☐	☐
Habe ich auch die bereits in Teilaufgabe 1 und 2 dargestellten Aspekte Lage, Wirtschaftsschwerpunkt und Entwicklung aufgegriffen und in Bezug auf die Fragestellung gewertet?	☐	☐	☐	☐
Habe ich Unterrichtswissen in Bezug auf globale Entwicklungen über Wirtschaftskrisen und die Klimakrise eingebracht?	☐	☐	☐	☐
Wird mein eigener Standpunkt in der Argumentation deutlich?	☐	☐	☐	☐